绿色建筑设计与节能管理

田小红　汪　霖◎著

汕头大学出版社

图书在版编目（CIP）数据

绿色建筑设计与节能管理 / 田小红，汪霖著 . 汕头 ：汕头
大学出版社，2024. 6. -- ISBN 978-7-5658-5311-1

Ⅰ . TU201.5

中国国家版本馆 CIP 数据核字第 2024595VP6 号

绿色建筑设计与节能管理

LÜSE JIANZHU SHEJI YU JIENENG GUANLI

著　者：田小红　汪　霖
责任编辑：郭　炜
责任技编：黄东生
封面设计：优盛文化
出版发行：汕头大学出版社
　　　　　广东省汕头市大学路 243 号汕头大学校园内　邮政编码：515063
电　话：0754-82904613
印　刷：河北万卷印刷有限公司
开　本：710 mm×1000 mm　1/16
印　张：17.75
字　数：245 千字
版　次：2024 年 6 月第 1 版
印　次：2024 年 7 月第 1 次印刷
定　价：98.00 元
ISBN 978-7-5658-5311-1

版权所有，翻版必究

如发现印装质量问题，请与承印厂联系退换

前　言

在当今科技飞速发展的背景下，对绿色建筑的研究已成为可持续发展的热点与核心，绿色建筑在实现环境可持续性和提高能效的应用上具有无限的潜力。

绿色建筑是指以环境保护和资源节约为核心，用科技和创新的方式对建筑设计、施工及运营进行提取与重构而生成的产物，是可持续建筑的简称，用于促进生态和环境的和谐发展。当下社会人们对健康和舒适的居住环境的需求逐渐提高，绿色建筑产业的发展也有利于增强生态平衡，从而提高生活质量。现代的建筑行业越来越重视环境保护和资源利用效率，建筑设计不仅要具有功能性，还要有一定的可持续性和节能性。2022年3月，住房和城乡建设部发布《关于印发"十四五"建筑节能与绿色建筑发展规划的通知》，提出大力推广绿色建筑，强调了绿色建筑在现代社会中的重要地位。当今时代，全民的环保意识越发提升，人们也愿意去重新解读与发扬绿色建筑的理念，中国的绿色建筑产业也日渐发展起来。因此，我们展开对《绿色建筑设计与节能管理》一书的研究，以期在本专业领域的当今发展与建设中有所贡献。

本书在内容上紧跟时代潮流，密切关注建筑学科的前沿动态，将最新的绿色建筑理论研究成果与实际案例相结合，使得读者能够清晰地了解到绿色建筑开发的前沿动态。同时，本书在结构上进行了精心的设计，既有理论的阐述，又有案例的分析，使得读者在阅读过程中能够循序渐进，系统地掌握绿色建筑的知识。本书从多个角度对绿色建筑的设计和节能管理进行了探讨，包括内环境设计、外环境设计、可再生能源系统技术、新材料应用以及节能运行管理，使得读者能够全面、立体地了解绿色建筑的各个方面。这种综合性的内容安排和实际操作指导，不仅为专业人士提供了宝贵的参考，也为广大读者提供了学习和了解绿色建筑的全面视角。

第一章绿色建筑的基本概念、发展及评估体系，从理论基础和评价标准角度进行了阐述，为探索绿色建筑的各个方面奠定了基础。

第二章绿色建筑节能设计的必要性、标准剖析及要求，详细探讨了绿色建筑节能设计的重要性和实施标准，对绿色建筑节能措施的理解至关重要。本章通过剖析现有标准和提出具体设计要求，不仅指出了绿色建筑节能设计的方向，也为实际操作提供了指导。

第三章和第四章分别从绿色建筑的内环境设计和外环境设计出发，探讨了照明设计、冷热设计、声学设计以及场地规划、景观设计和铺装设计的重要性和方法，强调了创造健康舒适内环境和外环境对于绿色建筑的重要性。这两章不仅为读者提供了设计理念和方法，也展示了如何通过综合设计提升绿色建筑的环境性能和用户体验。

第五章和第六章进入绿色建筑的节能管理层面，分别讨论了可再生能源系统技术管理以及新材料应用管理。第五章对能源系统概述、可再生能源的应用、可再生能源系统的管理进行了深入探讨，突出了技术在实现绿色建筑能源自给自足中的作用。第六章则从新材料的概述、应用到应用管理，展现了新材料在提升绿色建筑性能和环境友好度中的重要作用。

第七章专注于绿色建筑节能运行管理，不仅概述了建筑节能运行的管理，还提出了具体的管理策略，为如何在绿色建筑的运行维护阶段实现能效最大化和环境影响最小化提供了指导。

本书通过对绿色建筑领域的设计、节能管理的深入、全面的阐述，为绿色建筑的应用奠定了坚实基础，为建筑专业人士、研究人员以及对绿色建筑感兴趣的读者提供了宝贵的资源和灵感。

目 录

第一章　绿色建筑概述

第一节　绿色建筑的基本概念

一、绿色建筑的定义

随着我国城镇化步伐的加快、人民生活水平的不断提高，人们对居住环境的要求也日益提高，高品质、宜居的生活环境已经成为大众新的追求目标。这种追求不仅体现在对居住舒适度的需求上，更体现在对健康、环保以及可持续性方面的考虑上。但是，在经济和社会快速发展、人们的生活品质显著提升的同时，能源消耗增加和生态环境破坏等问题日益突出。建筑业作为国家的支柱产业之一，应随着社会对环境的保护意识的增强，主动适应、贯彻绿色建筑理念，以推动建筑业的可持续发展。绿色建筑理念也称为建筑业的"可持续发展理念"，旨在通过有效降低资源消耗、提高资源利用率、延长建筑使用寿命、减轻环境污染和加强生态文明建设，推动建筑业的可持续发展。如今，这一理念已成为全球建筑业发展的重要趋势和目标，不仅在理论研究中得到了深入探讨，也在实践中得到了广泛应用。

绿色建筑的核心在于对建筑全寿命周期的资源优化管理，这包括但不限于采用节能材料、利用可再生能源、实施节水措施、确保室内环境质量以及采用高效的废物管理和循环利用策略。通过这些措施，绿色建筑不仅能够为用户提供健康、舒适的居住环境和工作环境，还能够显著减少建筑对自然环境和生态系统的负面影响，从而实现经济效益、社会效益和环境效益的和谐统一。尽管绿色建筑理念已被广泛认可并应用于建筑工程设计之中，但人们在推广和实施这一理念过程中仍面临一些挑战，如对绿色建筑理念认识不足、理论基础薄弱、相关政策法规不完善等，再加上绿色建筑的初期投资相对较高，这制约了我国绿色建筑的发展和应用。

绿色建筑作为一种全球性的建筑发展趋势，在不同国家和地区由于经济发展水平、技术能力、社会文化背景的差异，其定义的侧重点存在较大的差别。各国和各地区对环境或社会目标的重视程度以及对绿色建筑概念的理解和需求可以根据对应国家和地区的绿色建筑标准或评价体系来了解。国外各机构对绿色建筑的定义如表 1-1 所示。

表 1-1　国外各机构对绿色建筑的定义

机构	绿色建筑的定义
世界绿色建筑委员会（World Green Building Council, WGBC）	绿色建筑是指在设计、建造或运营中，对自然环境减少或消除负面影响，并产生正面影响的建筑物
美国材料与试验协会（American Society for Testing and Materials, ASTM）	在建造和使用期间及之后，绿色建筑在提供指定建筑功能的同时，尽量减少对当地、区域和全球生态系统的影响；绿色建筑优化资源管理和运营性能，并将对人类健康和环境的风险降至最低限度
美国国家环境保护局（U. S. Environmental Protection Agency, EPA）	绿色建筑指在建筑全寿命周期（选址到设计、建造、运行、维护、改造和拆除）中，环保并节约资源的建造和使用过程的实践
日本建筑学会（Architectural Institute of Japan, AIJ）	绿色建筑是指在其全寿命周期内，为节约能源、资源、回收材料和尽量减少有毒物质的排放而设计的建筑，与当地的气候、传统、文化和周围环境相协调，以能够维持和改善人类生活质量，同时保持地方和全球生态系统稳定
英国的建筑服务研究与信息协会（Building Services Research and Information Association，BSRIA in the UK）	绿色建筑指的是基于高效的资源利用和生态效益原则建造的提供健康居住环境的建筑

尽管各国对绿色建筑的理解有所差异，但共同的核心在于对建筑全寿命周期内减少对生态环境影响、提高资源利用率的重视，这不仅包括高效能源系统的使用、废物产生和水资源消耗的减少，还包括建筑材料的选择、室内环境质量、建筑的可持续性和对生物多样性的保护等方面。随着全球气候变化和环境退化问题的日益严峻，绿色建筑的理念被越来越多的国家和组织所采纳，它已经成为推动可持续发展、实现环境保护和社会福祉目标的重要手段。国际合作和经验分享在推动绿色建筑理念和实践的全球化进程中起着关键作用，有助于不断提高建筑业的环境性能标准，有助于推动更广泛的环境保护和可持续发展目标的实现。

在 20 世纪 90 年代初绿色建筑理念传入我国后，学界对于如何精确定义"绿色建筑"展开了广泛的讨论，形成了两种主要的观点：目标说和过程说。[①] 这两种观点从不同的角度解析了绿色建筑的本质和目标，反映了对建筑可持续性的深刻理解与追求。目标说侧重绿色建筑的最终目标和静态特征，强调建筑在设计和运营过程中需要遵循的基本原则，如保护自然环境、节约资源、提供优质的室内环境、尊重和融入地域文化与环境，并在造价与运营成本之间寻求平衡。这种观点认为，绿色建筑应是一个综合性的概念，不仅关注建筑本身的环境效率和资源利用率，还关注其对人的健康和福祉的影响，以及对社会文化的尊重和促进。目标说试图从一个较为全面和多维的视角，定义绿色建筑，强调其终极目的是实现建筑与自然环境、社会环境的和谐共存。而过程说则从一个动态和全寿命周期的视角考虑绿色建筑，不仅关注建筑物的最终状态，还强调在建筑的规划、设计、建造、运营及废弃全过程中的每个环节都应采取环保、节能的措施。过程说强调绿色建筑的实现是一个动态发展的过程。随着经济、技术和社会的进步，绿色建筑的具体要求和实现方式也会不断发展和变化。这种观点强调了绿色建筑实践的持续性和适应性，

---

① 黄献明.绿色建筑的生态经济优化问题研究 [D].北京：清华大学，2006.

认为只有通过持续的努力和创新，才能实现建筑的可持续发展，才能满足不断变化的环境和社会需求。两种观点虽然侧重点不同，但都强调了绿色建筑在促进环境保护、节能减排和提高人类生活质量方面的重要作用，其中目标说更多地从理想和目标的角度出发，为绿色建筑的实践提供了方向和标准；而过程说则从实践和操作的角度出发，关注如何在建筑全寿命周期中实现这些目标。这两种观点相辅相成，共同构成了对绿色建筑进行深层次理解的基础，为我国乃至全球的绿色建筑发展提供了理论支撑和实践指导。随着时间的推移，两种观点在实践中的交融和相互促进，不仅推动了绿色建筑概念的深化和扩展，还为实现建筑业的可持续发展目标提供了重要的思路和方法。

2004 年，中华人民共和国建设部简称建设部（现称中华人民共和国住房和城乡建设部，简称住房城乡建设部），在《全国绿色建筑创新奖管理办法》中给出了绿色建筑的明确定义，将其描述为 "绿色建筑是指为人们提供健康、舒适、安全的居住、工作和活动的空间，同时实现高效率地利用资源（节能、节地、节水、节材）、最低限度地影响环境的建筑物"。这个定义不仅强调了建筑的功能和舒适度，还将环境影响和资源利用率作为核心要素。2006 年，《绿色建筑评价标准》（GB/T 50378—2006）的发布，进一步深化了绿色建筑的定义。该标准是我国第一个关于绿色建筑的评价标准，这一标准的出台，标志着我国绿色建筑发展进入了一个全新的阶段，为绿色建筑的设计、施工、评估和运营提供了明确的指导和评价体系。随着绿色建筑技术的进步和社会需求的变化，我国又分别在 2014 年和 2019 年更新发布了《绿色建筑评价标准》，这些不断更新的标准既反映了我国在绿色建筑领域的深入研究和实践经验的积累，也展现了我国在推动绿色建筑发展方面的决心和努力。不同版本《绿色建筑评价标准》中绿色建筑的定义如表 1-2 所示。

表 1-2　不同版本《绿色建筑评价标准》中绿色建筑的定义

项目	2006 版	2014 版	2019 版
绿色建筑定义	在建筑的全寿命周期内，最大限度节约资源（节能、节地、节水、节材）、保护环境和减少污染，为人们提供健康、适用和高效的使用空间，与自然和谐共生的建筑	在建筑的全寿命期内，最大限度地节约资源（节能、节地、节水、节材）、保护环境、减少污染，为人们提供健康、适用和高效的使用空间，与自然和谐共生的建筑	在建筑的全寿命期内，节约资源、保护环境、减少污染，为人们提供健康、适用、高效的使用空间，最大限度地实现人与自然和谐共生的高质量建筑

二、绿色建筑的相近概念

（一）生态建筑

1969 年，美国建筑师保罗·索勒瑞（Paola Soleri）提出了生态建筑的概念，这一创新思想将生态学原理与建筑设计紧密结合起来，标志着对建筑与自然和谐共生理念的深刻探索。保罗·索勒瑞的理念强调[1]，在满足设计标准的同时，追求建筑与自然环境的和谐发展，这一点在当今建筑设计与实践中显得尤为重要，生态建筑的核心在于如何在现代社会实现人与自然的和谐相处，生态环境要求人们在建筑设计过程中深入考虑与自然条件的结合，以最大限度地利用自然资源，减少能源消耗，并且减少对环境的负面影响。生态建筑的具体实践包含多个层面，如选择可持续的建材、利用自然地形与气候条件优化建筑的能效，以及整合绿色能源技术。其中，使用当地建筑材料不仅能减少由运输造成的碳排放，还能促进本地经济的发展。同样，考虑地势和风向来增强自然通风，以及利用太阳能发电和热水系统，可以显著降低建筑对化石燃料的依赖，减少温室气体排放。这些

---

[1] SOLERI P. Arcology: The City in the Image of Man [M]. Cambridge : MIT Press，1969 : 10-13.

做法体现了生态建筑对于资源效率和环境保护的重视。然而，生态建筑并不意味着以牺牲人类的居住舒适度为代价，相反，它旨在通过智能设计和技术创新，提升居住和工作环境的品质，同时保护和恢复自然生态，这一点体现了生态建筑的深远意义——不仅仅是减少对环境的伤害，更是通过创新的设计和建造方法，促进人类社会与自然环境的可持续发展。

生态建筑的理念着眼于实现人、建筑和自然环境的和谐共生，在这一理念指导下，建筑设计和建造不仅追求功能性和美观性，更重视建筑与其所处自然环境之间的深层次互动和整合。通过对当地自然生态条件的深入理解和尊重，运用生态学和建筑科技的基本原理，以及现代科技手段，生态建筑旨在创建一个既能满足人类居住、工作需求，又能与自然环境和谐相融的生活空间。因此，生态建筑的设计和实现，要求建筑师和工程师深刻洞察自然环境的特性，如地形、气候、植被、水文等，以确保建筑物能够最大限度地利用自然资源，如设计合理的方向和布局以利用自然光照，采用天然通风系统以减少对空调的依赖，以及利用雨水收集和回收利用系统以减少水资源的消耗。这种设计理念不仅提高了建筑的能源利用效率，还减少了环境的负担。同时，生态建筑注重室内环境质量和用户的舒适度，通过采用无毒或低毒的建筑材料，以及有效的室内空气质量管理系统，保证室内环境的健康和安全。生态建筑还可以通过绿色植物的配置美化居住环境，改善室内外的气候条件，增加生物多样性，为用户提供一个舒适宜人的居住和工作环境。

为了实现生态建筑的目标，建立一个良性循环的系统，形成一个可持续的生活方式，人们在建筑设计和建造过程中，不仅要考虑经济效益和社会需求，更要充分考虑环境的承载能力和生态系统的平衡。

（二）可持续建筑

在1992年的联合国环境与发展会议上，可持续建筑的概念被首次提出，从此可持续建筑获得国际社会的广泛关注，这是全球建筑业在面对环境挑战时的一个重大转变。这一理念的提出，体现了国际社会对于建筑与环境关系重新审视的需求，以及对于实现长远可持续发展目标的共同承诺。特别是《21世纪议程》的发布，不仅强调了建筑对环境和资源的影响，更提出了可持续建筑应当综合考虑其对经济、社会和文化的影响，乃至对人类发展观念的转变。各国虽然在自然资源分布、发展历程，以及公众对居住健康和环境保护意识方面存在显著差异，但在可持续建筑的基本原则上达成了广泛共识，这些共识主要围绕资源节约和能耗降低、生物多样性保护以及居住舒适度提高三个核心要点展开。通过推广使用可再生能源，可持续建筑旨在减轻环境的负担，同时确保人类活动不损害生物多样性，保护自然生态系统的完整性。而居住舒适度的提高不仅关乎个人健康和福祉，也是提升建筑物整体可持续性的关键因素。

可持续建筑的推进并非一蹴而就的，它要求在全球范围内对建筑业的传统理念和实践进行深刻的改革。这种改革需要根据各国的实际情况来制定合适的发展策略，因为不同国家之间在经济发展水平、文化传统、社会结构等方面的差异意味着可持续建筑的发展策略也需具有高度的灵活性和适应性。例如，发展中国家可能更加注重提高能源利用效率和降低建造成本，而发达国家可能更侧重建筑的生态设计和长期运营的可持续性。可持续建筑的发展还需要跨学科的合作和创新思维，涉及建筑师、工程师、城市规划者、政策制定者以及居民等多方利益相关者的共同努力。通过集成创新的设计理念、先进的建造技术以及有效的政策支持和公众教育，可持续建筑可以成为加强环境保护、促进经济发展和增进社会福祉的重要力量，进而引导人们重新思考与自然环境的关系，推动人类向更加和谐、可持续的生活方式转变。

（三）节能建筑

节能建筑作为绿色建筑概念中的一个重要组成部分，与绿色建筑相比，其范畴确实相对较小，主要集中于提高能效和减少建筑运营阶段的能耗。这一概念之所以易于推广和发展，是因为它关注的问题较为具体且直接关系到能耗的减少，既能保护环境，也能为建筑所有者节省长期的运营成本。节能建筑的设计和实施，通常涉及一系列专门的技术和方法，例如，应用高效的保温隔热材料和能效高的供暖、通风和空调（Heating Ventilation Air-Conditioning, HVAC）系统，以及利用自然光照减少人工照明的需求等。节能建筑也可以采用先进的建筑技术，如智能建筑管理系统，进一步优化能源使用，实现建筑能耗的动态监控和管理。

为了推广节能建筑，许多国家制定了建筑节能设计标准，定义了建筑设计和建造过程中必须遵守的最低能效要求，如外墙和屋顶的绝热性能标准、窗户的热传导系数限制，以及 HVAC 系统的能效比等。通过这些标准，政府可以确保新建建筑在设计和建造时就充分考虑了能效因素，从而在全寿命周期中实现能源的节约。然而，推动节能建筑的发展不仅需要制定标准，还需要制定财政激励措施、提升公众教育和意识，以及提供技术支持和创新等。常见的节能建筑包含以下两种类型。

1. 零能耗建筑和近零能耗建筑

零能耗建筑代表对建筑能效目标的极致追求，它不仅涵盖了节能建筑的基本要求，还提出了建筑在其全寿命周期内实现能源自给自足的理想状态。这意味着零能耗建筑通过高效的设计和可再生能源的运用，如太阳能、风能等，能够产生足够的能源来满足自身所有的操作需求，包括供暖、冷却、照明等。这种建筑不依赖外部的传统能源供应，从而大幅度减少了对化石燃料的依赖，有效减少了温室气体的排放，对保护环境和推动可持续发展具有重要意义。尽管零能耗建筑的理念令人向往，但由于技术、成本和地理位置等多种因素的限制，零能耗建筑在现实中相对较难实现。因此，近零能耗建筑成了一个更为实际的目标，它们虽然可能会消耗极少量的传统能源，但大部分或几乎所有的能源需求都通过可再生能源来满足。近零能耗建筑通过采用高效的建筑材料、先进的能源管理系统和可再生能源技术，最大限度地减少了能源需求和提高了能源的自给能力。

想要实现零能耗建筑或近零能耗建筑，需要在设计初期就综合考虑建筑的方位、布局和结构，以最大化利用自然光照和促进自然通风，减少对人工照明和空调的依赖。同时高效的建筑外壳设计，如超级绝热材料、高性能窗户和门以及其他被动式设计，对于减少能耗至关重要。然后配合太阳能光伏板、太阳能热水器、地热系统等可再生能源技术，可以为建筑提供所需的热能和电力。除此之外，要推广零能耗建筑或近零能耗建筑，不仅需要技术创新，还需要政策支持、经济激励和社会认知的提高。政府可以通过制定相关的建筑标准和政策，提供税收减免、补贴等激励措施，鼓励建筑业采用零能耗或近零能耗设计和技术。提升公众对零能耗建筑或近零能耗建筑价值和重要性的认识，也是推动这一领域发展的关键。

2. 零碳建筑和低碳建筑

为了应对二氧化碳排放对气候变化造成的日益严峻的负面影响，低碳建筑和零碳建筑的概念应运而生，这两种类型建筑共同的目标是通过全面提高建筑在设计、建造、运营、管理乃至拆除全寿命周期中的能效，减少对化石燃料的依赖，从而实现二氧化碳排放的大幅度降低。在当前全球面临的环境挑战中，低碳建筑和零碳建筑不仅代表建筑业的一种积极响应，还是建筑向可持续发展转型的重要步骤。

低碳建筑强调的是在建筑的全寿命周期中最大限度地减少能源消耗和碳排放，包括使用高效的建筑材料，采用先进的建筑设计理念，例如，被动式建筑设计以自然的方式进行采暖、通风和冷却，从而减少了对外部能源的需求。低碳建筑还倡导使用可再生能源，如太阳能、风能等，以替代化石燃料，进一步降低碳排放。而零碳建筑则旨在实现建筑全寿命周期内的净零碳排放。这意味着建筑在使用过程中产生的二氧化碳排放可以通过各种措施被完全抵消，例如，在建筑设计中集成光伏系统产生的绿色能源超过建筑自身的能源需求，或者利用种植树木等碳汇项目来抵消剩余的碳排放。零碳建筑的实现，需要对建筑设计、材料选择、能源管理等方面进行创新和优化。

要实现低碳建筑和零碳建筑，需要建筑师、工程师、政府、行业组织和业主等各方的共同努力。例如，建筑师需要在建筑设计初期将能效和碳排放考虑在内，选择低碳足迹的建筑材料，采用可再生能源，以及在建筑运营过程中采取有效的能源管理和维护措施。同时，政府和行业组织可以通过制定相关的政策和标准，提供财政和技术支持，促进低碳建筑和零碳建筑的实现。

第二节　绿色建筑的发展

一、国外绿色建筑的发展

（一）绿色建筑早期探索

在 18 世纪中期至 19 世纪上半期，随着产业革命的推进，城市化进程加速，这带来了一系列社会和环境问题，工业生产的污染、居住区的过度密集、城市卫生条件的恶化以及环境质量的下降等问题变得日益严重，这些问题不仅影响了城市居民的生活质量，还引发了一系列社会问题。在这样的背景下，英国、法国、美国等早期资本主义国家开始出现城市公园和公共绿地建设运动，这被视为对当时城市环境问题的一种积极响应。城市公园和公共绿地不仅美化了城市环境，更重要的是它们在改善城市卫生环境、保障公共健康、提供公众休闲娱乐空间，以及促进城市良性发展等方面起到了至关重要的作用。通过为城市居民提供与自然亲近的机会，城市公园和公共绿地在某种程度上弥补了城市化进程中人与自然之间的隔阂，有助于提升居民的身心健康水平和生活质量。在城市公园和公共绿地的建设中，许多创新的规划理念和方法被采用了。例如，公共绿地与住宅联合开发模式，旨在将居住区与公共绿地融为一体，提高居住环境的舒适度和生态环境质量；废弃地的恢复利用，即对废弃工业用地或其他空地的绿化，不仅增加了城市的绿地面积，还改善了城市环境；设置敞开空间以提高城市的预防火灾能力，强调了城市规划中的安全性；注重植被的生态调节功能，如科学植树和绿化，增强了城市的生态系统服务功能。这些实践体现了当时人们对城市发展与自然环境关系的深入思考，反映了人们对于建立一个与自然和谐共处的城市环境的追求。这一时期的城市公园建设运动，不仅为居民提供了宝贵的休闲空间，还为城市规划和建设树立了生态意识的典范，对后来的城市绿地系统建设和生态城市规划产生了深远的影响。这一时期的城市公共绿地建设运动预示了现代生态规划和可持续发展理念的萌发。特别是早期的城市规划者和建筑师通过重视城市绿地系统的建设和管理，开启了对城市可持续发展路径的探索。他们的实践和思考，为后世提供了关于如何在城市化进程中保持生态平衡、如何通过城市绿地系统提升城市环境质量的宝贵经验和启示。

20世纪初，西方世界开始关注建筑如何更好地适应地域特征和气候变化，这一趋势反映了人们开始对建筑与自然环境的关系进行深入理解。1913年，法国的奥古斯丁·雷（Augustine Ray）通过对10个大城市住宅的日照问题的研究，开启了自然资源，尤其是太阳能在建筑设计中的应用探索。1932年，英国皇家建筑师学会发表的《建筑定位》（"The Orientation of Building"），进一步强调了建筑朝向对于能效和舒适度的重要性，这标志着建筑设计开始系统性考虑环境因素。20世纪40年代至50年代，随着技术的进步和环境意识的提升，气候和地域条件成为建筑设计中不可忽视的重要影响因素，路易斯·康（Louis Kahn）、保罗·鲁道夫（Paul Rudolph）和奥斯卡·尼迈耶（Oscar Niemeyer）等这一时期的建筑师的作品不仅体现了对功能和形式的追求，更显著地融入了对气候适应性的深刻理解，这些建筑通过考虑自然光照、通风和地形等因素，展示了如何通过设计实现与环境的和谐共生。在现代主义建筑盛行的时代，众多建筑师在标榜"国际式"设计风格的同时，试图寻求建筑与自然环境之间的深层次联系。其中，弗兰克·劳埃德·赖特（Frank Lloyd Wright）的建筑哲学尤为突出，他将建筑视为"有生命的有机体"，并在其著作《自然的住宅》（*The Natural house*）中强调整体概念的重要性，认为建筑不仅要与其所处的自然环境和谐相融，还要与使用者的生活方式密切相关，这体现出一种生态设计原则的初步实践。

（二）绿色建筑概念形成

第二次世界大战结束后，在社会经济快速发展的同时，其与资源消耗、环境破坏之间的深刻矛盾越发凸显，尤其是在欧洲、美国和日本，建筑能耗和环境污染问题逐渐受到广泛关注。随着时间的推移，人们逐渐意识到，传统的以牺牲环境为代价的发展模式是不可持续的。建筑业作为资源消耗的大户，自然成了人们关注和改革的焦点。在这样的背景下，学术界和产业界开始积极探索如何在保证建筑功能和舒适度的同时，实现资源的高效利用和对环境影响的最小化。在节能和环保要求的引导下，建筑设计和施工的各个方面都实现了不同程度的发展，进而促进了建筑节能理念的形成。绿色建筑不仅仅关注建筑本身的能效和环境影响，更加重视建筑与自然环境的和谐共存，以及建筑对人的健康和福祉的正面影响，其实践涉及节能建筑材料的开发和应用、太阳能和其他可再生能源的利用、雨水收集和回收利用系统、绿色屋顶和垂直花园等。这些实践不仅提高了建筑的能源利用效率，减少了对环境的负面影响，也提升了居住和工作空间的品质，为人们创造了更加健康、舒适和美观的居住和工作环境。

1963 年，维克托·奥戈亚（Victor Olgyay）完成了著作《设计结合气候：建筑地方主义的生物气候研究》（*Design with Climate：Bioclimatic Approach to Architectural Regionalism*），这一著作的问世标志着 20 世纪建筑设计与环境适应性研究到达了一个高潮。维克托·奥戈亚的理论强调了建筑设计应当遵循"气候—生物—技术—建筑"的综合设计过程，这一观点不仅概括了早期人们对建筑与气候、地域之间关系的研究成果，更提出了一种全新的设计理论——生物气候地方主义。这种设计理念认为，建筑不应只是一个静态的结构物，而是需要与其所处的自然环境——特别是气候条件——形成密切的联系和响应。

1969 年，保罗·索勒瑞提出生态建筑理念，这标志着人们对建筑与环境相互作用关系理解的深化，也预示着建筑设计和城市规划领域即将发生的生态转型。同年，美国建筑师伊恩·麦克哈格（Ian Me Harg）发表著作《设计结合自然》（*Design with Nature*）。伊恩·麦克哈格在《设计结合自然》一书中，通过对人类活动与自然环境相互依存关系的深入分析，提出了一种以生态原理为基础的规划和设计方法，强调了地形、水文、植被等自然要素在城市规划和景观设计中的重要性，倡导利用自然的力量解决环境问题，而非对抗自然。这种方法为后来的可持续发展理念奠定了基础，影响了一代又一代的建筑师和规划师，推动了生态建筑学理论的发展，并对后续的建筑设计和城市规划产生了深远的影响。

随着环境意识的觉醒，以及《寂静的春天》（*Silent Spring*）、《设计结合自然》等一批重要著作的相继问世，生态世界观开始深入人心，人与自然和谐共处的思想广泛传播。这些思想的传播促使社会各界，尤其是建筑界开始对传统的建筑观念进行深刻的反思，探索建筑设计与自然环境更为和谐的融合方式。这一时期的建筑研究工作开始转向寻找能够将建筑设计与自然环境的相互作用最大化的方法，建筑师和理论家致力开发新的设计策略，这些策略不仅考虑了建筑的能效和舒适度，还试图通过设计来增强建筑与其所在地理和文化环境的联系。生物气候地方主义成了这一时期的一个重要理念，它鼓励建筑师利用当地材料、尊重当地气候特性，以及利用自然通风和日照等自然资源，以达到减少能源消耗和提高居住舒适度的目的。生物气候地方主义和环保主义强调了建筑设计不仅要满足人的需求，还要促进生态的健康和可持续性发展，反映了其对人类居住环境质量的全面关注，包括对健康、环境以及社会文化的积极贡献，为后续的可持续建筑、绿色建筑和生态建筑设计提供了理论基础和设计原则。

20 世纪 70 年代初期，石油危机的爆发成为全球经济和环境议题的转折点，这场危机不仅揭示了全球对化石燃料过度依赖的脆弱性，也引发了对传统发展模式的深刻反思。人们开始意识到，为了实现真正的可持续发展，必须在建筑设计和生产过程中融入绿色原则和生态原则。在这一时期，被动节能和环境适宜设计的概念开始获得广泛关注，这些理念强调利用自然环境条件，如太阳能、风能和地热能，以及优化建筑的方位、布局和结构设计，从而最大限度地减少能源消耗，提高能源利用效率。美国等国家的建筑师开始回归和重新审视乡土建筑智慧和传统建筑方法，探索如何将这些古老的知识和现代技术结合起来，创造出既环保又节能的建筑解决方案。太阳能建筑的兴起，特别是太阳能住宅的设计和建造，成了那个时代绿色建筑探索的一个重要方向。该类建筑通过利用太阳能板收集太阳能，以及设计高效的热能存储和管理系统，既降低了对传统能源的依赖，也为建筑提供了可持续的能源供应。生态建筑运动是与健康建筑紧密相关的先进运动，它强调从整体角度审视人与建筑的关系，不仅需要满足人类的生理和物质需求，更关注人的精神和情感需求。生态建筑运动推动了建筑学研究的深化，不再将建筑仅仅视为物理结构的堆砌，而是作为人类与自然环境相互作用的综合体。

20 世纪 80 年代，绿色建筑的发展确实遭遇了一段低潮期，这是因为全球能源价格不断下降，社会对于节能减排的关注度相对减弱，这直接影响了绿色建筑概念的推广和实践。在这一时期，建筑业的许多实践者重新回归到以往的高能耗和粗放型设计模式。这种转变，从某种程度上，反映了市场和经济因素对建筑业发展方向的直接影响。尽管绿色建筑在这一时期的发展步伐放缓，但这并不意味着生态建筑理念的消亡。实际上，正是在这个被视为"静默"的十年里，绿色建筑的理念在学术界和部分实践者中被逐渐深化，这为后来的绿色建筑浪潮积蓄了力量。在这一阶段，人们对绿色建筑的讨论并未完全停止，如"太阳能会议"等活动仍然在持续，虽然这些讨论和会议在当时可能未能引起社会的广泛关注，但它们为绿色建筑领域的人才培养、理论发展和技术创新提供了重要平台。而且，仍有一批建筑师和研究者即便在经济和社会效益不那么好的情况下，坚持绿色建筑的理念，继续在节能建筑技术、可持续材料应用以及环境友好设计等方面进行探索和实践，这些努力虽然在当时可能未能获得广泛的认可，但为绿色建筑的理念在建筑界内部的传播和理论基础的深化奠定了坚实的基础。

1981 年，国际建筑师协会（International Union of Architects, UIA）第十四届大会在华沙召开，提出将建筑学领域引入一个新的阶段——环境建筑学这一概念的提出，标志着建筑设计的范畴被扩展到了与环境的全面互动之中，强调了建筑设计不仅仅是艺术和科学的结合，更是一个综合考虑自然环境、社会环境及人工环境的过程。这种思想的转变促使建筑师和规划者在设计时必须深入理解和洞察环境的特点，以确保建筑的地域性（地方性、地区性）及民族性得到充分体现，从而实现建筑与环境的和谐共生。1984 年，联合国成立了世界环境与发展委员会（The World Commission on Environment and Development, WECD），旨在探索经济增长与环境保护之间的平衡，这一举措反映了国际社会对环境问题的关注和对可持续发展路径探索的迫切需求。1987 年，《我们共同的未来》报告，正式提出了"可持续发展"的概念，这一概念很快成为国际上解决环境与发展问题的共识和行动指南。该报告强调，只有实现经济发展与环境保护的协调一致，才能确保人类社会的长期生存和繁荣。这些重要事件共同推动了建筑学和发展理念的重大转变，即从传统的以人的需求为中心，转向更加注重环境保护和资源有效利用的新模式。在此背景下，建筑设计不仅仅重视功能性和美观性的空间，更加重视建筑的生态性和可持续性，即建筑项目应当在满足当前社会需求的同时，不损害未来世代满足自己需求的能力。这一时期，可持续发展的概念深入人心，促进了绿色建筑、生态城市等理念和实践的发展。这些理念和实践的发展，使建筑领域的专业人士必须具备更加广泛的知识背景，包括生态学、环境科学、社会学等，以确保能够在设计和建造过程中做出有益于可持续发展的决策。

到了 20 世纪 90 年代，随着全球对环境问题的再次关注，特别是对全球气候变化的日益担忧，绿色建筑理念再次获得了广泛的关注和迅速的发展，这印证了 20 世纪 80 年代的"静默"期（实际上是绿色建筑概念沉淀和积累的时期，这为 20 世纪 90 年代绿色建筑理念的复兴和快速发展奠定了重要的思想和理论基础）。在这一背景下，绿色建筑不仅在理论上得到了更深入的探讨，在实践中也取得了显著的进展，多项绿色建筑标准和认证体系相继建立，绿色建筑技术和解决方案得到了广泛的应用和推广，这使得 20 世纪 90 年代成了绿色建筑和可持续发展理念深入人心、快速发展的十年。在这一时期，全球建筑业和相关组织开始采取实际行动，推动绿色建筑理念的实践和普及。英国建筑研究所（British Building Research Establishment，BBRE）在 1990 年制定的建筑研究所环境评估方法（Building Research Establishment Environmental Assessment Method, BREEAM）评估体系成为世界上第一个绿色建筑评估体系，这不仅标志着绿色建筑量化评估体系的诞生，也为全球绿色建筑的推广和实施提供了重要的参考和模板。BREEAM 评估体系的推出，促进了建筑设计、施工及运营全过程的环保理念和实践的发展，BREEAM 评估体系涵盖了能源利用效率、内部环境质量、水资源管理、材料选择、废物处理和生态影响等多个方面。这一评估体系的实施，不仅有助于提升建筑项目的环境性能，也有助于鼓励建筑业的可持续创新。

布兰达·威尔（Brenda Vale）和罗伯特·威尔（Robert Vale）在 1991 年出版的《绿色建筑：为可持续发展而设计》（*Green Architecture: Design for a Sustainable Future*）一书，进一步深化了绿色建筑的理念，提出了绿色建筑的六项原则，包括节能设计、资源高效利用、环境保护、室内环境质量优化、可持续材料使用和建筑用户健康维护。这些原则为绿色建筑提供了更为全面和深入的理论基础，强调了建筑设计和建造过程对环境影响的综合考量，推动了建筑设计向更加人性化、生态化的方向发展。1992 年，在巴西里约热内卢召开的联合国环境与发展大会（United Nations Conference on Environment and Development, UNCED），被认为是可持续发展概念在全球范围内得到广泛接受的标志性事件。在大会上，可持续发展的定义被国际社会广泛认同，绿色建筑作为实现可持续发展目标的重要手段之一，得到了国际社会的高度重视。此次大会不仅为绿色建筑的发展注入了新的动力，也为后续的国际合作和政策制定提供了重要的指导原则。1993 年，美国出版的《可持续设计指导原则》和国际建筑师协会第十九次代表大会通过的《芝加哥宣言》，进一步强调了可持续建筑设计的重要性，并提出了具体的设计原则和目标，如最小化资源消耗、减少环境污染、保持和恢复生物多样性等，这些对后续的建筑设计和建造实践产生了深远的影响。1995 年，美国绿色建筑委员会（United States Green Building Council, USGBC）提出的能源与环境设计先导（Leadership in Energy and Environmental Design, LEED）评估体系，成为评价建筑环境性能的重要工具，促进了绿色建筑在美国乃至全球的推广。LEED 评估体系的成功实施，证明了绿色建筑评估体系在提升建筑环境性能、指导绿色建筑实践中的重要作用。1999 年成立的世界绿色建筑协会（World Green Building Council, WGBC），则是绿色建筑全球化发展的里程碑，标志着绿色建筑理念和实践已经成为全球建筑业的重要组成部分。WGBC 的成立，不仅促进了全球范围内绿色建筑的信息交流和技术合作，更推动了绿色建筑标准和评估体系的国际化发展。

（三）绿色建筑现代发展

21 世纪，绿色建筑理念在全球范围内得到了广泛的认同，而且其内涵和外延也得到了进一步的丰富和深化。这一时期的绿色建筑理念不仅关注建筑本身的能源利用效率和环境影响，还重视建筑的寿命周期管理、室内环境质量、用户健康以及它对社会和经济的积极贡献。绿色建筑已成为全球范围内推动可持续发展、应对气候变化的重要途径。随着绿色建筑理念的深入人心，各国在英国 BREEAM 评估体系和美国 LEED 评估体系的成功经验基础上纷纷推出了适合本国地域特点的绿色建筑评估体系，如日本、德国、澳大利亚、挪威、法国等国家都开发出适应自身国情的绿色建筑标准和认证体系。这些评估体系涵盖了能源使用、水资源管理、材料选择、室内环境质量、土地使用以及废弃物管理等多个方面，为绿色建筑的设计、施工和运营提供了全面的指导和评价标准。更值得注意的是，越来越多的国家和地区开始将绿色建筑标准作为强制性规定，这标志着绿色建筑已从自愿性措施转变为政府和行业政策的一部分，成为新建筑项目必须遵循的基本要求。

随着全球对绿色建筑重视程度的提升，众多绿色建筑工程相继问世，成为可持续发展理念实践的典范，这些工程不仅在技术上展现了创新，还在环境保护、能源节约和居住舒适度提升方面取得了显著成效，引领了全球建筑业的绿色转型。这些工程不仅为绿色建筑的推广提供了有力证明，也为建筑业的可持续发展探索了新的路径。

贝丁顿"零能耗发展"社区是英国在可持续建筑和城市规划领域的一次重要实践，其在 2002 年的建成不仅代表了英国乃至全球在绿色建筑领域的创新尝试，也体现了人类向零能耗建筑目标迈进的坚定步伐。该社区位于伦敦附近的萨顿市，通过整合先进的建筑技术和可持续设计理念，展示了如何在现代城市环境中创造出既环保又舒适的居住和工作空间。该社区用地约 1.7 公顷，包括 271 套公寓和 2 369 平方米的办公、商业空间，成为英国乃至全球瞩目的低碳生活实验区。该社区无论是设计还是建造，都采取了一系列绿色建筑技术措施，以确保其高效节能且对环境影响较小。该社区建筑采用了 300 毫米厚的超级绝热材料外保温技术，大幅度减少了建筑的热损失，从而降低了对外部能源的依赖。该社区建筑的所有窗户均采用了内充氩气的三层玻璃窗，与传统双层玻璃窗相比，三层玻璃窗能更有效隔绝外部的热流和噪声，同时保持室内的温度稳定。所有的窗框采用的是木材，相比金属材料，木材的热传导率更低，这进一步优化了建筑的保温性能。该社区内部的通风和热回收系统非常先进，采用了风力驱动的换热器，这种换热器可以根据风向的变化自动调整方向，一边排出室内的污浊空气，一边利用废气中的冷量预冷室外热的新鲜空气，这有效提升了空气调节的能效。此外，贝丁顿"零能耗发展"社区还引入了热电联产系统，这是一种高效的能源利用方式，该系统能同时提供电力和热能，满足社区居民的生活和工作需求，同时能大幅降低能源消耗和碳排放。贝丁顿"零能耗发展"社区的成功实践，不仅展现了可持续建筑技术的成熟和可行性，也为全球绿色建筑和可持续城市规划提供了宝贵的经验和启示，证明了即便在快速发展的现代社会，人类也能通过科技创新和智慧规划，实现与自然环境的和谐共生，创造出既环保又舒适的生活空间。

德国凯塞尔可持续建筑中心于 2001 年正式竣工，它作为 21 世纪初欧洲绿色建筑发展的里程碑，展示了如何通过综合应用多项先进的建筑技术和设计理念，实现建筑的能源利用效率最大化和环境影响最小化。与英国贝丁顿"零能耗发展"社区类似，凯塞尔可持续建筑中心的设计充分考虑了建筑与自然环境的和谐共生，强调了在保障现代生活舒适性的同时，达到节能和环保的目标。凯塞尔可持续建筑中心的设计采用了混合通风系统，这一系统结合了自然通风和机械通风的优点，根据室外气候条件和室内空气质量进行自动调节，有效地保持了室内空气的新鲜与舒适，同时减少了对传统空调系统和供暖系统的依赖。这种通风方式不仅提高了能源利用效率，也为建筑内部创造了更为健康的居住和工作环境。该建筑中心利用辐射采暖与供冷系统，通过地板或天花板传递热能或冷能。相比传统的对流式加热和制冷方式，辐射系统能更均匀地调节室温，提高舒适度的同时降低能耗。除此之外，地源热泵系统的运用，则进一步提升了建筑能效，该系统利用地下恒温的特性，为建筑供暖和制冷提供了稳定的能源，显著降低了对外部能源的需求。凯塞尔可持续建筑中心的实践证明，人类通过科学的设计和技术的应用，即便在现代城市环境中，也能实现建筑的高效节能和环境友好。这一建筑中心不仅为德国乃至欧洲的绿色建筑发展提供了重要的示范作用，也为全球可持续建筑的设计和实施提供了宝贵的经验和启示。

竣工于 2003 年的日本大阪酒井燃气大厦，通过运用多种节能措施，如高效的建筑外壳、智能的能源管理系统以及优化的自然光利用等，达到了节能和提高使用舒适度的双重目标。

2004 年竣工的希腊特尔斐考古博物馆则是一个成功的改建项目，它通过改善围护结构、采用夜间通风和混合通风系统，以及优化日光照明设计，显著提高了建筑的节能效果。

2006 年竣工的葡萄牙里斯本 21 世纪太阳能建筑，采用了被动式采暖、被动式供冷系统和地热能利用等技术，充分展现了太阳能等可再生能源在建筑设计中的应用潜力。

这些绿色建筑项目的成功，不仅展现了绿色建筑技术的成熟与创新，还体现了全球建筑业对环境保护和可持续发展的承诺。通过这些项目的实践，绿色建筑理念逐渐深入人心，为未来建筑的发展方向提供了宝贵的经验和启示。

二、国内绿色建筑的发展

（一）我国古代建筑的绿色理念

我国古代的绿色建筑理念、丰富的建筑建造经验是我国悠久建筑历史中的一笔宝贵财富。这种建筑文化不仅深深植根于中华民族的哲学思想、生活方式和审美观念中，也体现了古人对自然环境的深刻理解和尊重。在资源相对匮乏的环境条件下，我国古代建筑师凭借对自然环境的细致观察和深刻理解，发展出一套独具特色的绿色建筑技术和设计理念。

我国古代建筑的生态精神深深根植于中华文化的深厚土壤之中，这体现了我国古代人民对自然的深刻理解和崇高敬意。这种生态精神不仅仅体现在建筑的物理形态上，更体现在与自然和谐共生的哲学思想和生活方式上。在我国古代建筑中，无论是庭院深深的四合院，还是依山傍水的江南水乡，都体现了引入自然、融入自然的设计理念。我国古代民居的生态精神是对"生生之谓易"的生命哲学的实践，体现了古人对生活与宇宙之间关系的深刻领悟。这种生态智慧和建筑实践，不仅为现代绿色建筑提供了丰富的借鉴和启示，也为全球可持续发展的探索提供了宝贵的经验。在当今资源日益紧张、环境问题日益严峻的背景下，我国古代的生态建筑理念和实践对指导现代人与自然和谐共生、建设可持续发展的社会具有重要的意义和价值。

我国古代建筑的选址讲究"依山靠水"，追求与自然环境的和谐统一，这不仅仅是对自然美景的欣赏和利用，更是一种生态智慧的体现。合理的选址使建筑得以利用自然条件来调节气候，如山体可阻挡寒风、水体可调节温度，这种选址方式还充分考虑了防洪、排水等实际需要，展现了古人对自然规律的尊重和遵循。同时，古代建筑师会选择对人居环境有利的地点，以确保建筑物能够顺应自然环境；会考虑气候因素，如通过合理的朝向安排来利用自然光照和通风，以达到节能的目的。在建筑布局上，我国古代建筑强调宅院与自然环境的融合，庭院中常常种植花草树木，这既能美化环境，又能调节气候，创造出一种清新自然的居住氛围。这种院落式布局形成了良好的微气候环境，既保持了室内外的通风和自然光照，又有效地调节了温度，提高了居住舒适度。孟浩然《过故人庄》中所描述的"绿树村边合，青山郭外斜"和陶渊明笔下的"榆柳荫后檐，桃李罗堂前"，都生动地描绘了古人居住环境的自然美景和生态智慧。在建筑材料的选择上，我国古代建筑广泛使用了当地的天然材料，如木材、石材、土坯等，这些材料不仅来源广泛、易于获取，还可回收利用，减少了对环境的破坏，特别是在土木结构的建筑中，捏土为砖、化砖为土的良性循环，更是节约资源的典范。同时，古代建筑技艺如木结构榫卯技术，不仅展现了极高的工艺水平，也因其可拆卸性和重复利用性，体现了一种早期的可持续建造理念。

我国古代建筑的建造不仅仅是一种住宅形式的选择，更是一种生态文明建设的实践，它们遵循自然之道，适应当地气候和自然环境，将生态平衡、资源节约贯穿于建筑设计、选材、建造的全过程。例如，我国传统民居设计大多数选择东南朝向，这基于我国大部分地区亚热带季风气候的特点，这种东南朝向的民居能够在春夏秋三季进行东南风的自然通风，促进室内空气流通，同时在冬季能有效抵御寒冷的西北风，达到自然调节室内温度的目的，这降低了对人工采暖和供冷的依赖。在严寒地区，厚重的墙体和火炕不仅反映了对冬季低温环境的适应，也体现了节能的理念。例如，京津地区的四合院通过房屋围绕院子的方式形成了一个封闭的空间，有效地减少了冬季的冷风侵袭，夏季则可以通过开放式的院落实现良好的自然通风，这体现了对不同季节气候变化的精妙适应。南方地区的开放式屋檐出挑设计可以防暑降温；而多雨潮湿地区的干栏式住宅，通过将居住空间抬高，既能防潮又有利于通风。林区的木屋、草原的蒙古包以及黄土高原的窑洞，均极具地域特色，都基于对当地自然条件和资源的深刻理解，以最小的环境干预达到舒适居住的目的。

根据现代评估显示，古代建筑形式在节能方面具有明显优势，窑洞和骑楼、吊脚楼等建筑模式的节能效率远高于现代高层建筑的节能效率，这不仅证明了古代建筑设计理念的先进性，也为今天的绿色建筑提供了宝贵的借鉴和启示，特别是在面对全球能源危机和气候变化的挑战时，我国古代的建筑智慧和节能经验，仍然具有重要的现实意义和应用价值。

（二）我国现代绿色建筑发展

在欧美发达国家，绿色建筑的发展往往是城市化进程的一个后续阶段，特别是在郊区城市化和逆城市化的背景下，绿色建筑理念逐渐成熟并得到广泛应用。相比之下，我国的绿色建筑发展历程较短，且其发展背景与欧美国家有显著不同。在我国，绿色建筑的兴起与快速的城市化进程紧密相连，绿色建筑是在改革开放和城市建设高峰期间逐步发展起来的。

20世纪80年代初，随着改革开放的推进和经济的快速发展，我国的城市化进程速度加快，住房需求激增，在全国范围内一场前所未有的建设热潮被掀起了。然而，由于当时的建设技术和管理水平相对落后，许多建筑在设计和施工中未能充分考虑节能和环保要求，使冬季过冷、夏季过热等问题普遍存在，建筑能耗高、居住舒适度低成为普遍现象。面对这一挑战，我国各地开始尝试探索和研究改善建筑性能的方法，力求实现建筑的节能减排和环境友好性。在这一过程中，北方地区的生土建筑因其独特的优势而受到重视。生土建筑将当地易得的土壤作为主要建筑材料，具有造价低廉、施工简便、保温隔热性能良好等特点，成为适应我国国情、具有地域特色的绿色建筑实践之一。这种建筑形式不仅改善了室内环境，提高了居住舒适度，也体现了对自然资源的有效利用和保护，成为我国绿色建筑发展过程中的一个重要里程碑。随着时间的推移，我国在绿色建筑领域的研究和实践不断深化，从最初的节能减排和居住环境改善，逐步扩展到建筑材料的环境友好性、建筑寿命周期的可持续性以及建筑与环境的和谐共生等。绿色建筑理念逐渐成为我国城市化建设中不可或缺的一部分，促进了建筑业向更加可持续、环境友好的方向发展。

自1992年在巴西里约热内卢召开的联合国环境与发展大会后，绿色建筑的概念被引入我国，绿色建筑在我国的发展得到了政府的高度重视。政府开始大力推动绿色建筑的发展，不仅在政策和法规层面进行了大量工作，也在实践和推广上做出了贡献，这旨在倡导大众积极参与环境保护、控制污染、努力构建资源节约型和环境友好型社会。在政策推动方面，政府制定了一系列政策和规划，明确了绿色建筑发展的目标和方向；在法律法规方面，政府通过立法手段明确了建筑节能、环境保护等方面的要求，为绿色建筑的发展提供了法律保障；在行业标准和规范体系方面，我国建立了一套相对完善的绿色建筑评价体系，为绿色建筑的实施提供了技术支持。同时，政府通过财政补贴、税收优惠等手段，鼓励和支持绿色建筑的研究、设计和建造。在社会各界的共同努力下，绿色建筑在我国得到了快速发展，越来越多的绿色建筑项目在全国各地落地实施，成为城市建设中的一道亮丽风景线。

2001 年，《绿色生态住宅小区建设要点与技术导则》的发布是我国绿色建筑发展史上的一个重要里程碑。该文件强调："以科技为先导，以推进住宅生态环境建设及提高住宅产业化水平为总体目标，以住宅小区为载体，全面提高住宅小区节能、节水、节地、治污总体水平，带动相关产业发展，实现社会、经济、环境效益的统一"。

2002 年，政府进一步更新政策和技术文件，如《商品住宅装修一次到位实施导则》和《中国生态住宅技术评估手册（2002 版）》，这标志着我国在绿色建筑领域的政策框架和技术标准逐步完善。这些政策和技术文件不仅为绿色住宅的设计、施工和验收提供了明确的指导，也通过对多个住宅小区的评估和指导，推动了生态住宅建设理念和技术的实际应用。

2004 年，建设部（现为住房城乡建设部）启动的"全国绿色建筑创新奖"，进一步加强了对绿色建筑创新的鼓励和认可，标志着我国绿色建筑发展进入全面发展阶段。这一奖项的设立，不仅激发了建筑业内外人员对绿色建筑的广泛关注和积极参与，也为优秀的绿色建筑项目提供了展示平台，促进了绿色建筑理念和技术的进一步传播和应用。

自 2005 年起，我国绿色建筑和建筑节能的发展进入一个新的阶段，伴随着首届国际智能与绿色建筑技术研讨会暨首届国际智能与绿色建筑技术与产品展览会的召开，以及相关政策和标准的发布，我国在推进绿色建筑发展方面取得了显著成就。首届国际智能与绿色建筑技术研讨会暨首届国际智能与绿色建筑技术与产品展览会的成功举办，标志着我国开始系统性地引入和推广智能化和绿色建筑技术。同年发布的《关于发展节能省地型住宅和公共建筑的指导意见》，为我国绿色建筑的发展提供了政策层面的明确方向，强调了节能省地在建筑发展中的重要性，提出了具体的发展目标和措施。

2006 年，中华人民共和国科学技术部和建设部（现为住房城乡建设部）签署的"绿色建筑科技行动"合作协议，进一步加强了政府对绿色建筑科技研究和应用的支持，不仅促进了绿色建筑技术的研发和推广，也加快了我国绿色建筑的科技进步和产业化发展。同年召开的第二届国际智能、绿色建筑与建筑节能大会暨新技术与产品博览会，以"绿色、智能通向节能省地型建筑的捷径"为主题，涵盖了绿色建筑设计理论与方法、建筑智能化与绿色建筑、建筑节能、建筑生态、材料与绿色建筑以及住宅产业与绿色建筑等多个方面。这次大会不仅为国内外专家学者和业界人士提供了一个交流和展示的平台，也推动了绿色建筑理念和技术在我国的进一步普及和应用。在此次大会上，建设部（现为住房城乡建设部）正式发布了《绿色建筑评价标准》（GB/T 50378—2006），这一标准的发布，标志着我国在绿色建筑领域迈出了重要的一步，为绿色建筑的设计、施工、运营和评价提供了科学、系统的评价体系和标准，促进了绿色建筑在我国的健康发展。

在 2007 年至 2009 年，北京成功举办了第三届至第五届国际智能、绿色建筑与建筑节能大会暨新技术与产品博览会；2010 年和 2011 年北京分别成功举办了第六届和第七届国际绿色建筑与建筑节能大会暨新技术与产品博览会。这一系列会议不仅是绿色建筑领域内知识、技术和经验交流的重要平台，更是我国在绿色建筑理论、技术及实践上取得的最新成果的集中展示。尤其是 2011 年的第七届大会，明确传达了"十二五"规划中对住房城乡建设领域节能减排的高要求，标志着我国绿色建筑的发展进入一个新的政策导向和实践探索阶段。2007 年，建设部（现为住房城乡建设部）发布的《绿色建筑评价技术细则（试行）》和《绿色建筑评价标识管理办法（试行）》，为我国特色的绿色建筑评价体系的建立奠定了基础。这一评价体系的建立，不仅为中国绿色建筑的设计、施工、运营提供了标准和指导，更为推广绿色建筑理念、增强公众环保意识发挥了重要作用。

2008 年，住房城乡建设部采取了一系列措施，如推动绿色建筑评价标识的颁发和绿色建筑示范工程的建设，有效地促进了绿色建筑在我国的实际应用和普及。同时，示范工程的建设不仅向社会大众展示了绿色建筑的可行性和有效性，也为今后绿色建筑的推广提供了有力的案例支持。同年成立的中国城市科学研究会绿色建筑与节能专业委员会，及其启动的绿色建筑职业培训和政府培训项目，进一步加强了绿色建筑领域人才的培养和知识的普及。通过该专业委员会的工作，绿色建筑领域的研究、技术交流和标准制定等得到了加强，这为我国绿色建筑的科学发展和技术创新提供了有力支撑。

2009 年和 2010 年分别启动《绿色工业建筑评价标准》和《绿色办公建筑评价标准》的编制工作，这标志着我国绿色建筑的发展进入一个新的阶段，我国在绿色建筑领域的评价体系开始向更加细分的建筑类型（不仅涵盖住宅建筑，还包含工业和办公建筑）延伸，这展现了我国在全面推广绿色建筑方面的决心和力度。

2011 年，住房城乡建设部发布的《中国绿色建筑行动纲要》更是将我国绿色建筑的发展推向了一个新高度，该纲要提出了全面推行绿色建筑的"以奖代补"经济激励政策，这一政策的实施，极大地激发了社会各界参与绿色建筑发展的积极性，为绿色建筑的推广和应用提供了强有力的政策支持和经济激励。

2012 年，中华人民共和国财政部（简称财政部）与住房城乡建设部联合颁布的《关于加快推动我国绿色建筑发展的实施意见》更是一个里程碑，该实施意见对高星级绿色建筑给予了财政奖励，明确了对二星级及以上绿色建筑的具体奖励标准，这不仅是对绿色建筑实践的认可和鼓励，也是对绿色建筑发展的重要推动。在 2012 年 11 月 8 日召开的中国共产党第十八次全国代表大会上，大力推进生态文明建设被提上了日程，这一战略定位，进一步明确了绿色建筑在我国未来发展中的重要地位，体现了我国政府将绿色、低碳、可持续的发展理念纳入国家总体发展战略的决心。

2013 年 1 月 1 日国务院发布的《国务院办公厅关于转发发展改革委住房城乡建设部绿色建筑行动方案的通知》提出："'十二五'期间，完成新建绿色建筑 10 亿平方米；到 2015 年末，20% 的城镇新建建筑达到绿色建筑标准要求。"这一目标的设定，充分反映了我国政府对绿色建筑发展的高度重视和坚定决心。

2015 年 1 月 1 日实施的《绿色建筑评价标准》（GB/T 50378—2014），标志着我国绿色建筑发展进入一个全新的阶段，它不仅是我国绿色建筑发展历程中的重要里程碑，也是我国政府推进生态文明建设、实现可持续发展战略目标的重要措施。通过这些措施的实施，我国绿色建筑事业将得到进一步的推动，这将为构建资源节约型、环境友好型社会贡献力量。随着绿色建筑理念的不断深入人心和技术的不断进步，我国绿色建筑的发展前景将更加广阔，这将为实现绿色发展、生态文明建设目标做出贡献。

第三节　绿色建筑的评估体系

一、国外绿色建筑的评估体系

（一）英国 BREEAM 评估体系

1. BREEAM 评估体系的发展历程

BREEAM 评估体系的制定与实施对促进建筑业的可持续发展产生了深远的影响。1988 年，英国建筑研究所（BRE）开始研发本国的建筑环境评估体系。1990 年，BREEAM 正式发布，这开创了全球绿色建筑评价的先河。BREEAM 的诞生不仅为英国乃至全球的建筑项目提供了评价建筑环境性能的科学方法，也推动了建筑设计、建造和运营过程中的环境保护和资源节约。

从 1990 年到 2004 年，BREEAM 评估体系不断扩展其评价范围，推出了多个针对不同建筑类型的评价分册，包括办公建筑、住宅、学校、医疗设施、零售商店等，这些分册对应不同类型建筑的特点，提供了详细的评价指标和标准。在这一阶段，BREEAM 评估体系的评价标准逐渐成为英国乃至国际上建筑项目环境性能评价的重要参考。随着时间的推移，BREEAM 评估体系的评价标准的不断更新和完善，可以使其适应建筑业和环境保护领域发展的新需求。通过引入新的绿色建筑技术、材料和设计理念，BREEAM 评估体系鼓励建筑业采取更加可持续的建造和运营方式，以减少建筑对环境的影响，提升建筑的能效和居住舒适度。它的成功实践不仅提升了英国乃至全球建筑业的环境意识和可持续发展能力，也为其他国家和地区绿色建筑评价体系的建立和发展提供了宝贵的经验和参考。

2. BREEAM 评估体系的评价标准

BREEAM 评价是绿色建筑评价领域的先驱，其综合性和系统性为全球绿色建筑的评价和认证提供了重要的参考，自最初的 2 个版本针对办公建筑和住宅之后，BREEAM 评估体系随着英国建筑规范和标准的发展，不断更新和扩展其评价体系，以适应更广泛的建筑类型和环境保护要求。如今，BREEAM 评价的内容涵盖了建筑项目从设计、建造到运营全过程的环境影响，这反映了对建筑可持续性的全面关注。BREEAM 评价的九大评价方面包括管理、健康与舒适、能源、交通、水资源、原材料、土地利用、地区生态和污染，这些方面共同构成了 BREEAM 评价对建筑环境性能的全面评价框架。

（1）管理。涉及建筑项目的整体管理政策和规程，评估项目管理在促进环境目标实现方面的有效性。

（2）健康与舒适。关注室内外环境对居住者或使用者的健康和舒适度的影响，包括空气质量、采光、声环境等。

（3）能源。评价建筑的能耗和二氧化碳排放水平，强调能源利用效率和使用可再生能源的重要性。

（4）交通。考虑场地规划和运输对二氧化碳排放的影响，鼓励采用绿色交通方案。

（5）水资源。关注建筑的水资源利用效率和渗漏问题，评估水资源的节约和循环利用措施。

（6）原材料。评价建筑使用的材料选择及其对环境的影响，鼓励使用低环境影响的材料。

（7）土地利用。强调绿地保护和褐地的再利用，促进土地资源的可持续利用。

（8）地区生态。考察建筑项目对本地生态价值的影响，鼓励保护和增强生物多样性。

（9）污染。评估建筑在建造和运营过程中对空气和水的污染情况，包括化学物质的使用和处理。

每一评价方面下设有若干子条目，这些子条目具体化了评价的内容和标准，使得评价过程更加明确和可操作。建筑项目通过满足这些标准和要求获得相应的分数，最终根据总分获得不同等级的 BREEAM 认证。BREEAM 评估体系不仅为建筑项目提供了清晰的环境性能改进方向，也为业界和相关政策制定者提供了促进可持续建筑发展的重要工具。随着环境保护意识的不断增强和绿色建筑技术的不断进步，BREEAM 评估体系将继续引领绿色建筑的发展方向，促进全球建筑业的可持续发展。

3.BREEAM 评估体系的等级评定

BREEAM 评分机制的设计旨在全面衡量建筑项目在可持续性方面的表现。通过细化各个环境类别的评分点，并结合生态积分的权重比，BREEAM 评估体系使评价结果能够准确反映建筑项目对环境影响的整体表现。这种评分机制不仅激励建筑设计师和运营团队在项目的各个方面采取环保措施，还通过设定不同等级的认证标准，鼓励行业追求更高的环境性能。BREEAM 评分机制评分点的设定涵盖了建筑项目的管理、健康与舒适、能源使用、交通水资源管理、材料选择、土地使用、生态影响和污染控制多个方面，每个评分点根据其对建筑整体环境性能的影响程度，被赋予不同的权重，这些权重反映了 BREEAM 评估体系对各环境因素重要性的评估，确保了评分机制既科学又合理。在计算最终得分时，各个类别中评分点的得分将根据相应的权重比进行加权计算，然后加上生态积分确定的权重比。这种评分机制使评价结果能够全面反映建筑项目在环境可持续性方面的整体表现，同时体现了 BREEAM 评估体系对生态保护的重视。

BREEAM 评价结果分为 4 个等级：通过、好、很好和优秀，每个等级都设定了相应的最低分值，如图 1-1 所示。这些最低分值旨在明确不同认证等级的性能标准，激励项目团队在设计与建造、管理与运营等方面采取更为积极的环保措施。例如，要达到"优秀"等级，建筑项目不仅要在各个类别中获得高分，还要在整体环境性能上展现出卓越表现。BREEAM 评分机制和等级制度为建筑业提供了清晰的可持续发展目标，鼓励各方主动采取措施提升建筑的环境性能。

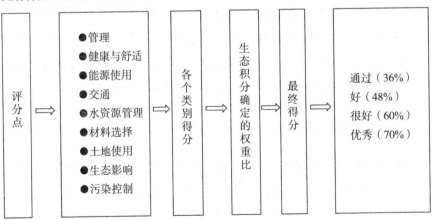

图 1-1 BREEAM 评估体系的等级评定图

随着越来越多的建筑项目参与 BREEAM 认证，这一评估体系不仅推动了绿色建筑技术和管理方法的创新，也促进了建筑业整体向更加环保、高效、健康的方向发展，为建筑业的可持续发展贡献了重要力量。

（二）美国 LEED 评估体系

1. LEED 评估体系的发展历程

LEED 评估体系自 1998 年由 USGBC 颁布以来，已经成为全球较为广泛认可和应用的绿色建筑评价体系之一。LEED 评估体系自诞生之日起便以其全面、科学的评价标准和指导原则，引领着全球建筑业的绿色转型。2000 年发布的 LEED 2.0 版本在 LEED 1.0 版本的基础上进行了重要的扩展和完善，增加了更多的评价指标和详细的实施指南。2009 年推出的 LEED 3.0 版本，进一步加强对能源利用效率和碳排放的考量，引入区域优先积分，鼓励采用适应当地环境和气候的设计和技术。2013 年的 LEED 4.0 版本，则在内容和结构上进行了全面的更新，不仅增加了对寿命周期的评估和对室内环境质量的评价，还提高了对材料和资源的使用要求，强调了对建筑全寿命周期的考量。除了上述主要版本外，LEED 评估体系有多个地方性评估体系，如波特兰 LEED 评估体系、西雅图 LEED 评估体系、加利福尼亚 LEED 评估体系等，这些版本根据当地的气候、文化、法规等实际情况进行了相应的调整和优化，使 LEED 评估体系能够更好地服务于全球不同地区的绿色建筑项目。LEED 评估体系的持续更新和完善，反映了绿色建筑领域对环境保护、能源节约、健康舒适等方面要求的提高，同时体现了 USGBC 对全球可持续发展目标的坚定承诺。

随着 LEED 认证体系的不断推广和应用，越来越多的建筑项目选择按照其标准进行设计、建造和运营，这使得 LEED 认证不仅成为衡量建筑绿色、健康、节能水平的重要标准，也成为项目可持续性的重要象征。从商业办公楼到住宅，从学校、医院到零售中心，LEED 认证正在全球范围内推动着建筑业向更加绿色、健康、高效的方向发展。

2.LEED 评估体系的评价标准

LEED 评估体系的设计体现了其全面性和灵活性，该评估体系适用于各种类型的建筑项目，包括商业建筑、住宅、核心及外壳建筑、商业内部装修、现有建筑的运营管理、住宅评价以及社区规划与发展等。这一评估体系涵盖了建筑寿命周期的各个阶段，从新建筑的设计和建造，到现有建筑的运营和维护，乃至社区的规划和发展，LEED 评估体系都提供了一套完整的评价标准。

LEED for New Construction，简写为 LEED-NC，主要面向新建筑项目，这一评价标准涉及可持续场址、水资源利用效率、能源与大气、材料与资源以及室内环境质量等方面。该标准鼓励采用创新设计和技术，以减少对环境的负面影响，提高建筑的能源利用效率和居住舒适度。

LEED for Core & Shell，简写为 LEED-CS，适用于核心及外壳建筑项目，即核心和外壳（结构、外墙和屋顶）由建筑开发商负责建造，而内部装修由租户负责完成的建筑。这一评价标准强调建筑的外壳设计和核心区域能效，以及对租户可持续空间的支持。

LEED for Commercial Interior，简写为 LEED-CI，专门针对商业空间的内部装修项目，这一评价标准包括能源利用效率、材料选择、室内环境质量等，鼓励租户和业主在商业空间的设计和装修中采用绿色建筑策略。

LEED for Existing Building，简写为 LEED-EB，关注现有建筑的运营和维护，通过评价建筑的能源利用效率、水资源利用效率、材料使用和室内环境质量等方面的表现，鼓励建筑所有者和管理者采取措施提高建筑的整体性能。

LEED for Home，简写为 LEED-H，专为住宅设计，这一评价标准包括节能、水资源利用效率、环保材料使用、室内环境质量和创新设计等，旨在促进住宅的可持续性和居住舒适度。

LEED for Neighborhood Development，简写为 LEED-ND，针对更广

泛的社区规划与发展项目，这一评价标准涵盖了可持续地点选择、社区设计、绿色基础设施和建筑设计等方面，鼓励实施可持续的社区开发项目。

3.LEED 评估体系的等级评定

2013 年开始实施的 LEED 4.0 版本更加注重建筑全寿命周期内的可持续性和环境影响，旨在引导和激励建筑师、工程师、开发商和所有者采用先进的绿色建筑技术和实践，以实现能源利用效率最大化、环境影响最小化的目标。LEED 4.0 版本通过"选址与交通""可持续场地""节水""能源与大气""材料与资源""室内环境质量""创新"和"区域优先"等 8 个方面的综合考察和评判，体现了对建筑项目可持续性的全面评价。LEED 认证的 4 个等级——合格级、银级、金级和铂金级——提供了不同水平的认证目标，鼓励项目团队追求更高标准的绿色建筑设计和建造，具体评价标准如表 1-3 所示。这种分级制度不仅有助于增强行业内的可持续发展意识，也为市场上的绿色建筑项目提供了明确的评价标准。

表 1-3　LEED 评估体系的等级评价标准

等级	得分（%）
未分类	＜ 40
合格级	40 ～ 49
银级	50 ～ 59
金级	60 ～ 79
铂金级	≥ 80

目前，全球已有数以千计的建筑项目获得了 LEED 认证，这些项目遍布世界各地，包括商业办公楼、住宅、学校、医院等多种类型的建筑。在我国，LEED 评估体系的理念和标准得到了广泛的认可和应用，《中国生态住宅技术评估手册》的编写参考了 LEED 评估体系的结构，这体现了 LEED 评估体系在国际上的引领作用和影响力。LEED 评估体系之所以

能够在美国市场乃至国际社会获得广泛认可，是因为其覆盖范围广泛，同时操作实施简单易行。LEED 评估体系不仅为建筑项目提供了一套全面的可持续发展指导和评价标准，还通过详细的技术指南和案例分析，使得绿色建筑的设计和建造变得更具体和更易于操作。

（三）加拿大 GBTool 评估体系

1. GBTool 评估体系的发展历程

绿色建筑挑战（Green Building Challenge, GBC）自 1996 年由加拿大发起以来，已经成为推动全球绿色建筑评估体系发展的重要平台。GBC 的核心成果之一——GBTool（The Green Building Tool）评估体系是一套评价建筑物能量及环境特性的评估体系，它的发展历程体现了国际社会对于建立统一绿色建筑评价标准的共同努力和追求。具体来讲，GBTool 评估体系是在 1998 年加拿大温哥华的"绿色建筑挑战 98"（GBC98）国际会议上，由来自 14 个国家的参与者基于对 35 个项目的探索和实践后共同确立的。这一评估体系的特点在于其灵活性和适应性，它能够根据不同国家和地区的技术水平、建筑文化进行调整，这使其成为一个真正国际化的绿色建筑评价工具。2000 年，"可持续建筑 2000"国际会议在荷兰马斯特里赫特召开，促使 GBTool 评估体系进行了重要的更新。各参与国利用这一工具对各种典型建筑进行了为期两年的测试，这不仅提升了 GBTool 的评价效率和准确性，也促进了绿色建筑评价方法的标准化和国际化。

GBC 的目的不仅在于发展统一的性能参数指标，更在于建立一个全球化的绿色建筑性能评价标准和认证系统，各国通过这一系统可以分享有用的建筑性能信息，这增进了国际的交流与合作，最终实现了不同国家和地区之间的绿色建筑实例的可比性，这种国际化的合作与交流，对于促进全球绿色建筑的发展具有重要意义。随着时间的推移，GBTool 评估体系作为 GBC 项目的核心成果，不断得到完善和发展，不仅为绿色建筑的评价提供了科学、全面的方法体系，也为全球绿色建筑领域的研究者、设计师和政策制定者提供了宝贵的资源和参考。今天，GBTool 评估体系不仅是一个评价工具，更是促进全球绿色建筑发展的催化剂，对于推动建筑业的可持续发展，实现全球环境保护和节能减排目标发挥着至关重要的作用。

2.GBTool 评估体系的等级评定

GBTool 评估体系的环境性能评价采用了一种分层次、多维度的评价方法，旨在全面评估建筑在环境可持续性方面的表现。它将环境性能问题细分为四个层次：环境性能问题、环境性能问题分类、环境性能标准和环境性能子标准，进而对建筑项目进行细致而全面的评价。这种评价方法不仅有助于识别和评估建筑设计和运营中的环境影响，也为改善建筑性能提供了明确的指引。

环境性能问题的 7 个方向——室内环境质量、资源消耗、服务质量、经济性、环境负荷、管理和交通——涵盖了建筑对环境可持续性的主要影响因素，每一个方向都关乎建筑的设计、施工、运营和维护过程，这反映了 GBTool 评估体系对建筑全寿命周期环境性能的关注。其中，室内环境质量关注建筑内部空气质量、光照、声环境等，直接影响用户的健康和舒适度；资源消耗涉及建筑在运营和维护过程中对水、能源等自然资源的使用效率，强调资源节约和循环利用；服务质量涉及评估建筑提供的居住、工作或休闲空间的质量，包括空间的功能性、灵活性和适应性；经济性涉及从建筑的投资、运营和维护成本等方面评估其经济效益，以及长期经济性能；环境负荷主要考察建筑在建造和运营过程中对外部环境的影响，包括废弃物产生、污染排放等；管理主要负责评价建筑的运营管理是否采取了有效的环境管理策略和实践；交通主要关注建筑位置对交通模式的影响，以及对使用公共交通、骑行和步行等绿色出行方式的支持。

GBTool 评估体系的评价等级设置为 −2 ～ 5 分，这可以反映建筑在环境性能方面的不同表现，这种等级设置鼓励建筑项目追求更高的环境性能标准，同时为建筑性能的比较提供了便利。0分作为基准指标，代表本地区可接受的最低建筑性能要求，有助于确保所有被评价的建筑至少满足当地的规范和标准。因此，−2～0分范围内的建筑是不符合最低建筑性能要求的，1～4分代表中间不同水平的建筑性能要求，5分代表被评价建筑的性能高于当前建筑实践标准要求的性能。

（四）德国 DGNB 评估体系

1. DGNB 评估体系的发展历程

德国作为生态节能建筑和被动式设计的先行者，对绿色建筑有深刻的理解和独到的见解。长期以来，德国依赖其严格和高标准的工业体系来推进建筑业的可持续发展，这奠定了其独立自主开发和推广绿色建筑的基础。德国的绿色建筑理念不仅仅局限于单一的技术或方法，而是一种综合性的全面考虑了能效、环境保护、用户健康和资源节约的设计与建造理念。

2006年，德国政府开始组织专家对国际上已有的绿色建筑评估体系，如英国的 BREEAM 评估体系和美国的 LEED 评估体系进行深入研究，其目的是汲取国际经验，结合德国自身的工业标准和技术优势，创立一套更加适合德国国情的可持续建筑评估体系。最终在 2008 年德国开发出自己的可持续建筑评估体系——DGNB（Deutsche Gesellschaft für Nachhaltiges Bauen）评估体系。DGNB 评估体系的特点在于它不仅仅关注建筑的能源利用效率，还广泛涵盖建筑的整个寿命周期，包括材料的选择、室内环境质量、水资源管理、土地使用、生态影响以及社会文化影响等多个方面，力求达到经济性、环境友好性和社会责任的平衡，其评价方法综合、系统，涉及的评价标准和指标非常详尽，这体现了德国在绿色建筑领域的高要求和科学性。

DGNB 评估体系的制定和推广，得到了德国交通、建设与城市规划部和德国可持续建筑协会的共同参与和支持，这不仅确保了 DGNB 评估体系的权威性和科学性，也反映了德国政府在推动绿色建筑和可持续城市发展方面的决心和努力。作为一套具有国家标准性质的评估体系，DGNB评估体系的目标不仅包括提升建筑项目的环境性能，还包括通过提高建筑质量和效率，促进整个建筑业的可持续发展。随着 DGNB 评估体系的不断推广和应用，越来越多的建筑项目通过了 DGNB 认证，这不仅提高了德国乃至全球建筑业的绿色建筑水平，也为国际绿色建筑发展提供了重要的参考和借鉴。

2.DGNB 评估体系的评价标准和等级评定

德国的 DGNB 评估体系被广泛认为是全球领先的绿色建筑评估体系之一，其透明、易理解和易操作的特点，使其成为推动可持续建筑发展的重要工具。DGNB 评估体系涵盖 61 条标准，从经济质量、生态质量、过程质量、社会文化及功能质量、技术质量和基地质量 6 个领域对建筑物进行全方位评价。

（1）经济质量。关注建筑的寿命周期成本，评估建筑的经济效益和成本效率。

（2）生态质量。评价建筑对环境的影响，包括能耗、水耗、材料使用及对生物多样性的影响。

（3）过程质量。涉及建筑项目的规划、设计、施工和运营过程，强调项目管理和参与者协作的重要性。

（4）社会文化及功能质量。考虑建筑的使用功能、空间质量、室内环境质量及对用户健康和舒适的影响。

（5）技术质量。关注建筑的结构、能源系统、水系统和其他技术装备的性能。

（6）基地质量。评估建筑选址对周边环境和社区的影响，以及对基地资源的利用。

DGNB 评估体系的评价过程分为设计阶段的预认证和施工完成后的正式认证两个阶段，这确保了建筑项目从早期就开始关注和融入可持续建筑的理念和措施。DGNB 评估体系中每一条标准都有明确的使用方法和目标值，通过成熟的软件和数据库支持，使评价过程更科学、更高效。项目团队只需根据相应公式对已记录的建筑质量数据进行计算分析，即可得出最终评分。

DGNB 评估体系的评分结果分为铜级（50% 以上）、银级（65% 以上）和金级（80% 以上），这清晰地定义了不同认证等级的性能标准。最终的评分结果通过罗盘图的形式展现，这种直观的表示方式使得评分结果易于理解和解读，有助于项目团队、投资者和使用者全面把握建筑的可持续性能表现。

DGNB 评估体系不仅为建筑项目提供了全面的可持续发展指标和评价工具，也推动了德国乃至全球建筑业在环境保护、资源节约、社会责任等方面的持续进步，为实现建筑业的绿色转型和可持续发展贡献了重要力量。随着越来越多的建筑项目采用 DGNB 认证，其对推动全球绿色建筑和可持续城市发展的影响将持续扩大。

二、国内绿色建筑的评估体系

绿色建筑这一概念自 20 世纪 90 年代初传入我国后，经历了大跨越式的发展，如今更是逐渐扩展到全国范围内，可以说，绿色建筑已经成为我国城镇建设和发展的重要方向之一。我国在绿色建筑方面取得的成就是有目共睹的，在过去的数十年发展时间里，我国绿色建筑标准从无到有、从少到多、从单个社区到整个城区、从试点城市到全国推广的发展过程，既展现了我国在推动绿色建筑发展方面的决心和努力，也体现了绿色建筑在我国城镇化进程中的重要地位。目前，我国的直辖市、省会城市及计划单列市的保障性安居工程已经被强制执行绿色建筑标准，这标志着绿色建筑在我国已经从自愿性推广阶段转变为部分强制性实施阶段，这不仅加快了绿色建筑在我国的普及速度，也提高了我国建筑业整体的环保和能效标准。自 2006 年原建设部（现为住房城乡建设部）首次正式颁布《绿色建筑评价标准》（GB/T 50378—2006）以来，该评价标准经过 2014 年的改版，以及 2019 年的修订，不断完善和更新，以适应绿色建筑发展的新要求和新趋势。该评价标准通过建立一套科学、合理的评价体系，引导建筑设计、施工、运营全过程的绿色化，促进节能减排，提高建筑的生态环境质量，确保人类健康，并实现建筑的经济、社会、生态和资源效益的最大化。

《绿色建筑评价标准》（GB/T 50378—2006）的评价对象包括住宅建筑和公共建筑，对于住宅建筑，评价标准原则上以住区为对象，但也允许以单栋住宅为评价对象。这种分类评价的方式，旨在根据不同类型建筑的特点和功能，采取不同的评价方法和标准，以确保评价结果的科学性和准确性。评价标准主要从以下几个方面对建筑进行评价：第一，节地与室外环境，强调建筑的土地节约和室外环境设计，包括绿化率、硬化地面控制等；第二，节能与能源利用，包括建筑的热工性能、能源利用效率、可再生能源利用等；第三，节水与水资源利用，即评价建筑的水资源利用效率，包括雨水利用、废水回用和水的使用等；第四，节材与材料资源利用，关注建筑材料的环保性和可持续性，包括材料的选择、使用和废弃物处理；第五，室内环境质量，涉及室内空气质量、采光、视觉舒适度和声环境等；第六，运营管理（住宅建筑）或全寿命周期综合性能（公共建筑），包括建筑的使用和维护，以及绿色运营管理措施等。

2019 年修订后的《绿色建筑评价标准》（GB/T 50378—2019）在内容和要求上都进行了全面更新，更加注重建筑的整体性能和用户体验，强调了建筑的寿命周期管理，同时引入更多关于建筑智能化和信息化管理的内容，强调了节能降耗、资源利用、环境保护和居住舒适四个方面的综合平衡，旨在通过更高的标准推动绿色建筑业的高质量发展。绿色建筑评价指标体系涵盖安全耐久、健康舒适、生活便利、资源节约和环境宜居 5 类指标，每一类指标都细分为控制项和评分项，此外，还设有加分项以鼓励采用超出基本要求的创新措施和技术，绿色建筑评价分值如表 1-4 所示。这种设置旨在确保建筑项目在满足基本要求的同时，能在某些方面达到更高的标准，从而推动建筑业向更加绿色和可持续的方向发展。

表 1-4　绿色建筑评价分值

评价步骤	控制项基础分值	评价指标评分项满分值					提供与创新加分项满分值
		安全耐久	健康舒适	生活便利	资源节约	环境宜居	
预评价	400	100	100	70	200	100	100
实际评价	400	100	100	100	200	100	100

注：在预评价时，物业管理和施工管理不得分。

控制项的设置是为了确保所有评价的建筑项目至少满足一定的基本标准，其评定结果应为达标或不达标，这些控制项通常涉及建筑设计和施工的基本安全性、耐久性和环境保护要求，是建筑项目必须遵守的最低标准。只有当建筑项目满足所有控制项的要求时，才能进一步参与评分项和加分项的评分。评分项更加注重建筑项目在可持续性方面的具体表现，如能源和水资源的高效利用、室内环境质量的提升、建筑材料的环保性能等。评分项的设计旨在引导项目团队采取更加积极的措施，提高建筑的整体环境性能。对评分项的评分可以量化地评价建筑项目在各个方面的表现，进而得出整体评价结果。而加分项则为建筑项目提供了展示创新和实现环境可持续性额外努力的机会，通常涉及最新的绿色建筑技术、先进的环保材料应用、生态设计理念的实践等方面。加分项能够鼓励项目团队探索和实施超出常规标准的创新解决方案，能够进一步提升建筑的环境性能和可持续性。绿色建筑评价的实施是为了确保建筑项目从设计到施工再到竣工后的每一个阶段都能遵循可持续发展的原则。预评价通常在建筑施工图设计完成后进行，这样项目团队可以及早识别问题并采取措施来满足绿色建筑的各项标准，从而使建筑项目竣工后顺利通过最终评价，实现绿色建筑认证。

《绿色建筑评价标准》（GB/T 50378—2019）将绿色建筑分为基本级、一星级、二星级、三星级 4 个等级，以激励建筑业追求更高的环境性能。达到基本级的要求意味着建筑满足了绿色建筑的基础标准，即满足了全部控制项的要求。这些控制项通常涵盖建筑的基本环境保护和能效措施，是实现更高绿色建筑等级的前提。对于一星级、二星级和三星级的评定，建筑除了满足全部控制项要求外，每类指标的评分项得分不应小于其评分项满分值的 30%，这一要求确保了建筑在各个方面都达到了一定的环境性能水平。此外，当总得分分别达到 60 分、70 分、85 分，并且满足标准相关要求时，建筑分别可以获得一星级、二星级、三星级的评定。这些分数阈值反映了建筑在绿色建筑方面的综合表现，高等级的认证标志着建筑在节能减排、资源利用、环境保护等方面取得了显著成效。

我国的绿色建筑评价体系通过设定明确的评价标准和等级，鼓励建筑业采用更高效和更环保的设计、材料和技术，这种评价机制不仅提升了建筑的环境性能和居住舒适度，还促进了可持续材料和技术的应用，推动了建筑业的绿色转型。

第二章　绿色建筑节能设计探索

第一节　绿色建筑节能设计的必要性

一、绿色建筑设计的内容

绿色建筑设计理念强调在建筑的规划、设计、施工、运营和维护等全寿命周期内采取环保和可持续的方法，以减少对自然环境和人类健康的负面影响。这种设计方法不仅考虑建筑本身的能效和环保材料的使用，还包括对水资源的合理管理、室内环境质量的改善、废物的减少和再利用等方面。因此，在绿色建筑设计的过程中，设计师和建筑师会利用现代科技和创新思维，寻找减少能源消耗和提高能源利用效率的方法。例如，使用太阳能、风能、地热能等可再生能源，以及采用高效的保温材料和节能设备，可以大幅度降低对传统化石能源的依赖。绿色建筑设计注重建筑与周边环境的和谐共处，通过建筑位置的科学选择、合理布局和自然景观设计，可以保护当地生态系统，减少建筑工程对自然环境的破坏。例如，保留现场的自然植被、使用地形适应性设计、创建屋顶花园和绿化墙等措施，可以有效地改善城市的生态环境，增加生物多样性。绿色建筑设计还着重于提升居住和工作环境的舒适度和健康性，通过优化自然采光和通风、使用无毒害和低排放的建筑材料，以及设计高效的室内空气质量管理系统，可以为用户提供一个更加安全、健康、舒适的生活空间。

随着全球对可持续发展的重视以及全民环境保护意识的增强，绿色建筑设计已经成为建筑业的一项重要趋势，它不仅能够帮助减缓气候变化，提升城市的生态环境质量，还能够促进经济的绿色转型，为人类社会的可持续发展贡献力量。因此，推广和实施绿色建筑设计，不仅是对环境负责任的行为，也是实现经济、社会和环境三重底线可持续发展的重要手段。绿色建筑设计主要包含以下三部分内容。

（一）节约资源

绿色建筑设计不仅仅是技术上的挑战，更是对未来生活方式的深思熟虑，它要求设计师在建筑的规划、设计、施工，以及后期运营过程中全面考虑节能节水、利用可再生资源，以及提高居住舒适度等多方面因素，确保建筑能够在保护环境的同时，满足人们对健康、舒适生活空间的需求。

在节能方面，绿色建筑设计注重利用先进的建筑技术和材料，如高效的绝热材料、低能耗的建筑设备，以及采用太阳能、风能等可再生能源，进而减少建筑对传统能源的依赖，大大降低能源消耗；在节水方面，通过雨水收集系统、水循环使用技术和高效的水龙头、淋浴头等设备，绿色建筑设计可以实现水资源的节约和循环利用，这可以减少对水资源的消耗；在提高居住舒适度方面，绿色建筑设计强调对自然光和自然风的最大化利用，以创造一个光线充足、空气新鲜的居住环境，通过合理的窗户设计和建筑方位布局，可以有效利用自然光，减少人工照明的需求，同时可以保证室内空气流通，提高空气质量。此外，绿化是提升绿色建筑居住舒适度的另一个重要方面，屋顶绿化、垂直绿化以及周边景观绿化不仅可以美化环境，还能改善微气候环境，降低周围环境的温度，提供更多的新鲜空气。同时，绿化有助于减少噪声污染，创造一个更加宁静的居住环境。通过这些综合措施，绿色建筑设计旨在为人类提供一个既环保又舒适的居住和工作环境，展现了对人类未来生存与发展环境的深远考量和承诺。

（二）减少能源消耗

绿色建筑设计的目标是最大限度地减少对环境的负面影响，同时为人们提供健康、舒适的生活和工作环境，这需要在建筑的规划、设计、施工和使用过程中全面考虑节能减排和资源高效利用。因此，绿色建筑设计贯穿于建筑的整个寿命周期，包括前期的调研、规划和设计阶段，中期的建造施工阶段，以及后期的使用、维护阶段甚至拆除和材料回收阶段，这使其在减少能源消耗和减排方面比传统建筑设计更为先进和细致。

在调研、规划和设计阶段，绿色建筑设计强调对建筑位置的自然条件进行深入分析，如太阳辐射、风向风速、地形等，以便合理安排建筑方位和布局，最大化利用自然光照和通风，减少对人工照明和空调的依赖。同时，选用高性能的建筑材料，如保温隔热材料、低辐射玻璃等，可以进一步提高建筑的能源利用效率。在建造施工阶段，绿色建筑设计要求采用低碳环保的建筑技术和材料，以减少施工过程中的能源消耗和废物产生，例如，采用预制构件能够减少现场施工，采用建筑垃圾资源化再生利用技术能够减少废物的排放。在使用和维护阶段，绿色建筑设计使建筑通过智能化管理系统，对其能耗进行实时监控和优化，实现了高效能源管理，同时通过定期维护和检修确保了建筑设备的高效运行，延长了建筑寿命。在拆除和材料回收阶段，绿色建筑设计考虑到建筑材料的可回收性和可再利用性，通过采用可回收的建筑材料和组件，建筑的拆除不再是对资源的一种浪费，而是成为资源循环利用的一个环节。

（三）提高资源效益

绿色建筑设计理念在处理资源效益问题上强调的不仅是能源节约和环境保护，还包括经济效益和社会责任能力的综合提高，这种理念通过遵循寿命周期设计原则，确保从建筑的调研、规划到设计、建造施工、使用、维护乃至最终拆除的每个环节都能实现资源的高效利用和环境影响的最小化。这要求设计团队在各个环节间不断进行信息交流和反馈，采用跨学科的方法，整合建筑、能源、环境科学等多领域的知识和技术，实现全局最优化。例如，采用太阳能板、地源热泵系统、雨水收集系统等高效节能的建筑材料和系统，不仅减少了能源消耗，还有效地减轻了建筑对环境的负担；选择竹材、再生钢铁等再生材料，可以减少对原生资源的需求，同时可以减少建筑废弃物的产生。

　　绿色建筑的经济效益还体现在能够通过节省的能源和水资源成本来逐步收回增加的初期投资上。单纯从成本角度分析，绿色建筑在设计和建造施工阶段需要的成本可能比传统建筑更高，但从长期来看，由于运营成本的大幅度降低，这些额外成本将得到有效回收。绿色建筑还能提高建筑的市场价值，从而吸引更多对可持续发展有意识的租户和购买者。在社会效益方面，绿色建筑设计通过提供健康、安全的居住和工作环境，优化的自然光照，良好的室内空气质量，较少的噪声污染等，有助于提升居住和工作空间的舒适度，从而提高人们的满意度和生产力。更重要的是，绿色建筑通过减少对环境的影响，变相承担了对社会和未来世代负责的角色，展现了一种可持续发展的生活方式。

二、绿色建筑节能设计的特点

　　建筑节能是指在建筑的规划、设计、新建（改建、扩建）、改造和使用过程中执行建筑节能设计标准，采用节能型的建筑技术、工艺、设备、材料和产品，提高保温隔热性能和采暖供热系统、空调制冷制热系统效率，加强建筑用能系统的运行管理，利用可再生能源，保证绿色建筑的需要。建筑节能是当前建筑设计和建造过程中的重要一环，它不仅影响建筑的能源消耗和运营成本，还直接影响环境保护和可持续发展的大局。建筑节能的措施遵循降低能源需求、提高能源利用效率、采用可再生能源等原则，旨在减少建筑对传统能源的依赖，减少温室气体排放，实现经济与环境的双赢。

从广义上讲，建筑节能覆盖了建筑的全寿命周期，即从建筑材料的选择和生产开始，到建筑的建造施工，再到建筑的使用、维护，乃至最终建筑的拆除和材料回收。在这个过程中，每一个环节都采用节能型的技术和方法，以确保全寿命周期内能源使用的最优化。例如，在建筑材料的生产过程中，采用低能耗的生产技术和再生材料，可以减少建筑材料生产的能源消耗；在建筑建造施工过程中，采用高效节能的施工技术和设备，可以减少施工活动对环境的影响；在建筑的使用、维护阶段，采用高效的保温隔热结构、节能设备和智能化能源管理系统，可以大幅降低建筑的运营能耗；在建筑的拆除和材料回收阶段，合理回收利用建筑材料和组件，可以减少建筑废弃物的产生，实现资源的循环利用。而狭义上的建筑节能主要关注建筑投入使用后的能耗优化，例如，增加墙体、屋顶的绝热材料厚度，采取高性能窗户等可以减少热量的流失；优化采暖供热系统、空调制冷制热系统，采用高效的设备和合理的系统设计，可以提高系统的运行效率；加强建筑用能系统的运行管理，利用智能化控制系统对建筑内部的照明系统、空调制冷制热系统、采暖供热系统等进行精细化管理，可以实现能源的精准调配和使用；积极利用可再生能源，如太阳能、风能等，以替代或补充传统能源，可以进一步降低建筑的能源需求和环境影响。

建筑能耗的优化和管理是实现建筑节能目标的关键环节，特别是在建筑的使用阶段，因为建筑投入使用后的运营能耗约占整个寿命周期能耗的 80%。正如我国最新版《公共建筑节能设计标准》所强调的，公共建筑的节能设计需要充分考虑当地的具体气候条件，并采取相应的技术和措施来提高能效，同时确保室内环境的舒适度不受影响。这个标准变相凸显了节能减排在保障人们的生活和工作质量方面的重要性，具体措施如下。

（1）提高建筑围护结构的保温隔热性能是降低能耗的基础。围护结构包括建筑的外墙、屋面、地面以及窗户和门等部分，使用高效的隔热材料和技术，如双层或三层玻璃窗、外墙保温系统、屋顶绿化等，可以大幅度减少热能的传递，减少空调制冷制热系统的能耗，实现室内温度的稳定与舒适，夏季可以有效阻隔外界热量的进入，冬季则可以减少室内热量的流失。

（2）提高建筑设备系统能效，实现运营能耗控制。这一关键措施涉及空调制冷制热系统、照明系统、通风系统等的优化设计和高效运行。例如，采用先进的节能技术和设备，如变频技术、LED（light emitting diode）灯、智能控制系统等，可以显著提高能源利用效率，减少不必要的能耗；智能化管理系统能够根据室内外环境和人员使用情况自动调节设备运行状态，避免能源的浪费。

（3）积极利用清洁和可再生能源，这一步是实现建筑节能的重要方向。太阳能、风能、地热能等可再生能源的利用，不仅可以减少传统能源的消耗和环境污染，还可以为建筑提供一种长期可持续的能源解决方案。例如，在日照充足的地区安装太阳能光伏板，可以转换太阳能为电能，用于建筑的照明和小功率设备；地热能的利用可以为建筑提供稳定的供暖和制冷来源。

为了实现建筑节能，绿色建筑节能设计还需注重节能措施的综合性和系统性，对建筑设计、材料选择、设备配置以及能源管理等多方面进行综合考虑和优化，同时搭配政策的引导和支持。因此政府应制定合理的标准和激励机制，鼓励建筑业采纳更为绿色和可持续的设计与运营方式。

与普通建筑相比，绿色建筑的节能设计和构建过程由于更加注重节能性和环保性，从而在减少整体能耗、降低环境影响以及提高使用效率和寿命方面具有明显优势。在节能方面，绿色建筑通过采用高效的保温隔热材料、智能化能源管理系统、合理的窗户朝向和布局、太阳能和风能等一系列技术和措施，进一步减少了对传统能源的需求，实现了能源的可持续利用。在环保方面，绿色建筑通过采用可回收、低污染的建筑材料和施工技术，大大减少了对环境的负面影响。绿色建筑的使用寿命之所以得到延长，是因为这类建筑在设计和构建时考虑了耐久性和可持续性，选择了高质量、耐用的材料，采用了能够适应未来环境变化和技术更新的灵活设计，从而确保了建筑能够适应长期的使用需求，减少了未来维护和改造的需求和成本。

绿色建筑节能设计通过综合考虑建筑的能效、环境影响以及用户的舒适度，实现了建筑可持续发展的目标。这种设计不仅着眼于减少能源消耗和环境污染，还力求改善居住和工作环境，以提高人们的生活质量。以下是绿色建筑节能设计的三个主要特点。

（一）对建筑室内热环境的调整

在室内热环境调整上，绿色建筑节能设计采用了高效的隔热保温材料和节能的设计方法，这能够显著改善建筑的热性能，减少能源的需求。在夏季，这些设计可以防止外部热量的侵入，减少空调制冷系统的使用频率和强度；而在冬季，良好的保温效果可以减少采暖需求，从而显著减少能源消耗。同时，使用高效的窗户和屋顶系统，可以最大限度地利用自然光和保持室内温度的稳定，这进一步优化了能源使用。

（二）对照明和空气的要求

绿色建筑节能设计在照明和空气质量管理上提出了更高的标准，通过采用节能灯具、自然采光设计以及智能照明控制系统，有效减少了照明能耗。例如，照明系统可以根据室内外光线强度和使用需求自动调整亮度，以减少不必要的能源浪费。同时，绿色建筑节能设计通过优化通风系统设计，采用高效的空气过滤系统和新风系统，确保了节能设计室内空气质量，这不仅降低了空调系统和通风系统的能耗，也为用户提供了更健康、更舒适的室内环境。

（三）对噪声的隔绝

绿色建筑节能设计充分考虑到建筑的地理位置、周围环境以及建筑内部活动的特点，通过使用节能吸音材料和隔音设计，如双层隔音玻璃、墙体和地板的隔音层等，有效减少了来自外部和内部的噪声污染，有效减少了噪声对用户的影响。同时绿色建筑节能设计通过合理的布局和空间规划，如设置缓冲区域和使用植被覆盖，进一步减少了噪声污染。

三、绿色建筑节能设计的重要作用

绿色建筑节能设计作为实现能源和环境可持续发展战略的关键组成部分，不仅体现了对未来资源利用和环境保护的深度考量，还直接体现了建筑的经济效益、居住舒适度以及社会责任感，在全球范围内被广泛认为是推动建筑业进步和响应环境挑战的基本路径。在面临能源资源紧缺和环境污染等全球性问题的当下，建筑节能通过全寿命周期的综合节能措施，力图在保障建筑功能和室内环境质量的前提下，最大限度地降低能源消耗和环境影响。

（一）绿色建筑节能设计有助于大气环境保护

在我国，能源消耗以煤炭为主，其在燃烧过程中产生的大量污染物已成为环境保护和气候变化的重大挑战，特别是在建筑领域，建筑采暖和用电大量依赖煤炭能源，这不仅加剧了能源的消耗，还在很大程度上增加了温室气体和其他有害气体的排放。据统计，建筑在全寿命周期中的能源消耗占全国能源消耗总量的比例已达到惊人的45%，在北方城市，冬季因燃煤采暖导致的空气污染问题尤为严重，空气污染指数远远超过了世界卫生组织的推荐标准。面对这一状况，绿色建筑节能设计成为缓解能源紧张、减少环境污染、应对气候变化的重要手段，通过采用高效的节能材料、优化建筑结构的热工性能、使用高效节能的建筑设备和系统，以及积极利用可再生能源等措施，显著降低了建筑的能源消耗，减少了煤炭等传统能源的使用，从而有效减少了温室气体和其他有害气体的排放，这对改善大气环境、减弱温室效应具有重大意义。绿色建筑节能设计还具有显著的经济和社会效益，因为它通过减少能源消耗能够大大降低建筑的运营成本。在全球气候变化日益严峻的背景下，实施节能设计，不仅是我国实现能源结构转型和绿色低碳发展的需要，也是履行国际环保责任、积极应对气候变化的重要举措。

（二）绿色建筑节能设计有助于实现可持续发展

20 世纪 70 年代的石油危机是全球性的能源危机，这场危机震撼了世界，尤其是能源依赖度高的发达国家，它使全世界意识到能源资源的有限性和珍贵性。人类开始认识到，能源不仅是经济发展的基础，也是保障国家安全和提高人民生活质量的关键。对于我国来说，这场危机同样敲响了警钟，指出了我国能源利用效率低下和能源消耗过快的问题，尤其是建筑领域的能耗问题日益凸显。近些年，我国经济快速增长，但是能源供应的增长速度却远远跟不上经济发展的需求，这种能源供需的矛盾成为制约我国经济持续、健康发展的重要因素。在这样的背景下，建筑用能的大量增加尤其引人关注，建筑在全寿命周期中的能源消耗占全国能源消耗总量的比例预计随着人民生活水平的提高将进一步上升，因此，建筑业成为能源消耗的重要领域。

绿色建筑节能设计通过采用节能型建筑材料、优化建筑设计、提高建筑设备的能效以及利用可再生能源等措施，可以显著降低建筑的能耗，进而减少整个社会的能源需求，缓解能源供需矛盾，这不仅有助于降低环境污染，减少温室气体排放，促进生态环境的改善和保护，也有助于实现经济可持续发展，更有助于解决能源短缺问题。更重要的是，绿色建筑节能设计不仅是对能源危机的一种应对措施，更是一种长远的战略选择。

（三）绿色建筑节能设计有助于改善室内热环境

在当代社会，随着经济的快速发展和生活水平的不断提高，人们对生活质量的要求越来越高，其中，拥有一个舒适宜人的建筑热环境已成为现代生活的重要标志之一。建筑热环境的舒适性直接关系到人们的身体健康和工作、生产效率，尤其是在我国这样一个冬冷夏热的气候条件下，如何创造和维持室内适宜的热环境成为建筑设计和运营中的重要课题。

我国的气候比较特殊，冬季的东北地区、黄河中下游地区、长江以南地区以及东南沿海地区的平均气温均低于世界同纬度地区，这些地区需要通过采暖系统来提升室内温度，保证居住和工作环境的舒适性；而在夏季，我国绝大部分地区的平均气温又高于世界同纬度地区，这些地区需要依赖空调系统来降低室内温度，以避免高温对人体健康和工作效率的不利影响。我国冬夏季节持续时间长，春秋季节转换短暂，这进一步增加了人们对采暖系统和空调系统的依赖，导致能源消耗量大幅增加。面对能源紧缺的现状和日益严峻的环境污染问题，采取有效的建筑节能措施以改善室内热环境显得尤为重要。在建筑规划和设计阶段，地区气候的特性应被充分考虑到，采用适宜的建筑布局、形态和材料，可以最大限度地利用自然能源，减少对采暖系统和空调系统的依赖；采用先进的建筑技术和设备可以提高能源利用效率，改善热环境。同时，积极推广和应用可再生能源技术，如太阳能采暖、地热空调等，不仅可以减少对传统能源的依赖，还可以显著减少建筑的碳足迹。

（四）绿色建筑节能设计有助于实现经济增长

实现建筑节能是一个涉及初期投资与长期效益平衡的过程，尽管在前期需要投入一定的资金，但从长期角度来看，建筑节能无疑是具有高效回报的投资。研究表明，采用节能设计的居住建筑，每平方米的造价提高幅度在建造成本的 5%～7%，但能够实现高达 50% 的节能目标。这意味着通过相对较小的额外投入，可以在建筑的使用周期内获得持续的能源成本节约。在我国，建筑节能投资的回收期一般在 5 年左右，而建筑的使用寿命通常在 50～100 年，其长期的经济效益是非常显著的。在一次性的节能改造或设计投资后，人们不仅能在较短时间内回收成本，还能在建筑长期使用过程中持续受益（降低了运营成本）。

随着技术的进步和可持续发展概念的普及，建筑节能的策略和技术也在不断演进，从最初的单一能源节约措施，到现在的综合能源管理和高效利用，建筑节能的范畴已经从简单的"节约"拓展到"高效利用"。现代建筑节能技术涵盖了高效的建筑材料、智能建筑系统、可再生能源利用等多个方面，实现了建筑节能的全方位、多层次发展。再加上，政策的推动和公众意识的提高，建筑节能的标准和要求将会更加严格，建筑节能技术和解决方案也将更加多样化和高效。未来，建筑节能将不仅仅是一项技术挑战，更是一种社会责任和道德使命，将引领建筑业向着更加环保、高效、智能的方向发展。

第二节　绿色建筑节能设计的理论剖析

一、绿色建筑节能设计的加速措施

自改革开放以来，我国政府将发展绿色建筑作为国家战略，明确提出了一系列政策和措施，以促进建筑业的绿色转型和可持续发展，这些政策和措施不仅体现了国家对于环境保护和能源节约的重视，也标志着我国在建筑领域由传统的高消耗模式向高效生态型模式的转变。《中华人民共和国国民经济和社会发展第十一个五年规划纲要》提出的能源资源消耗和主要污染物排放总量减少目标，以及《国民经济和社会发展第十二个五年规划纲要》对建设资源节约型、环境友好型社会的规划，都明确了发展绿色建筑的方向。这些规划纲要不仅提出了具体的节能减排目标，也为绿色建筑的发展提供了政策指导和战略支持。在具体实施方面，我国政府制定了一系列促进绿色建筑发展的政策和标准。新建住宅和公共建筑严格实施节能50%的设计标准，直辖市及有条件地区实施节能65%的设计标准，旨在通过提高建筑设计和施工的能效要求，减少建筑的能源消耗和环境影响。同时，针对既有建筑的节能改造，政府制定了相应的政策，并采取了一定的措施，以提高建筑整体的能效水平。

为了加速绿色建筑节能设计在全国范围内的广泛发展，我国借鉴了国际上成功的经验和做法，通过制定和实施一系列激励政策，鼓励和促进绿色建筑的创新和应用。这些激励政策不仅包括财政补贴、税收优惠等经济手段，还包括荣誉奖励等非经济手段，以多种方式全面推进绿色建筑的发展。

（一）全国绿色建筑创新奖设立

为了推动绿色建筑发展，住房城乡建设部设立了全国绿色建筑创新奖，该奖项旨在表彰在绿色建筑领域取得显著成就的项目和个人，以激发行业内部的创新热情和活力。全国绿色建筑创新奖分为工程类项目奖和技术与产品类项目奖两大类，涵盖了从建筑设计、施工到运营的全过程，以及绿色建筑所涉及的各种技术和产品。其中，工程类项目奖主要奖励那些在绿色建筑综合性能、智能化应用、节能减排等方面取得突出成绩的项目，这不仅可以推广先进的绿色建筑理念和技术，还可以展示绿色建筑的实际效益和应用成果，引导和鼓励更多的建设者和投资者选择绿色建筑。而技术与产品类项目奖则更加注重技术创新和产品应用，奖励那些为绿色建筑提供支持和服务的新技术、新产品和新工艺，这些技术和产品的创新和应用是提高绿色建筑性能、降低建筑能耗的关键，对推动绿色建筑技术进步和产业升级具有重要意义。

（二）经济激励

为加快推动可再生能源在建筑领域的广泛应用，我国政府制定了推进可再生能源在建筑中规模化应用的经济激励政策，这一政策的核心在于通过财政支持和法规指导，激励和引导绿色能源技术在建筑设计和施工中的集成与应用，从而实现能源结构的优化和建筑能效的提升。财政部专门为此设立了可再生能源发展专项资金，这部分资金专门用于支持那些采用太阳能、风能、地热能等可再生能源的建筑项目，以减少对化石燃料的依赖，减少建筑的碳排放，同时促进可再生能源技术的研发和应用创新，这表明国家对于绿色建筑和可持续发展战略的重视和支持。

为确保所有政策能够有效实施，财政部与住房城乡建设部联合颁布了一系列相关法规，这些法规不仅明确了可再生能源在建筑中应用的基本原则和目标，还提出了具体的实施步骤和资金管理机制，确保了政策的落地和资金的高效利用，使可再生能源技术在建筑中的应用得到了显著提升。当然，政府的激励不仅促使新建建筑开始广泛采用绿色能源技术，还促使既有建筑的节能改造逐渐加入可再生能源的集成应用中，这进一步推动了建筑能效的提升和能源消耗的降低，不仅有助于减轻能源供应的压力，提升能源使用的安全性和可持续性，还有助于改善环境质量、促进绿色低碳经济的发展。

（三）资金管理

在我国政府对绿色建筑发展的大力推进下，联合财政部、住房城乡建设部出台的《财政部 住房城乡建设部关于进一步推进公共建筑节能工作的通知》，不仅针对高能耗的公共建筑提出了执行节能改造的国家贴息政策，也体现了政府通过经济激励手段，促进建筑节能和绿色建筑发展的决心。这项政策的实施，意味着政府在推广绿色建筑和节能改造方面，不仅仅停留在提倡和鼓励阶段，而是通过财政补贴和贴息等具体经济措施，直接参与到绿色建筑的推广和实施过程中，这对于提高建筑业的能效标准，减少能源消耗和环境污染具有重要意义。同时，我国政府正在积极研究和制定发展绿色建筑的战略目标和规划，包括对技术经济政策的深入研究，以及对鼓励和扶持政策的推进实施。通过对这些关键领域的研究，政府旨在找到推动绿色建筑发展的有效路径，同时确保政策的实施能够与市场机制有效结合，利用市场的力量来推动绿色建筑的普及。除此之外，政府还在探索利用财政、税收、投资、信贷、价格、收费和土地等多种经济手段，构建促进绿色建筑发展的产业结构，旨在从多个维度支持绿色建筑的发展，通过经济激励和市场机制的双重作用，加速绿色建筑技术的创新和应用，促进建筑业的绿色转型。

二、绿色建筑全方位的节能设计

1979 年，世界能源理事会首次明确提出节约能源的定义，强调通过采取技术上可行、经济上合理且对环境和社会可接受的措施来提高能源资源的利用效率，这一定义为后续全球节能减排行动提供了指导和理论支持。如今，节约能源已成为全球共识，特别是在能源资源日益紧缺和环境污染日益严重的今天，各国政府和人民都认识到了节能减排的重要性，我国作为一个负责任的大国，对节约能源尤为重视。《中华人民共和国节约能源法》的颁布，标志着国家层面对节约能源的高度重视，将节约能源上升为国家的基本国策，并明确提出实施节约与开发并举、把节约放在首位的能源发展战略。这不仅体现了我国对于能源资源合理利用的坚定立场，也反映了对环境保护和可持续发展的长远考虑。我国通过制定和实施相关的法律法规，从能源生产到消费的各个环节采取了一系列有效措施，旨在降低能源消耗、减少能源损失和污染物排放、制止能源浪费，实现能源的有效和合理利用。同时从加强能源使用管理、推广节能技术和产品、优化能源结构、增强公众节能意识、鼓励节能创新等多个维度着手，实施节约与开发并举的能源发展战略，对我国的能源安全、环境保护乃至经济社会的可持续发展都具有重要意义。在全球化的今天，能源问题已经成为各国共同面临的挑战，我国能源节约、能源利用效率提高是对全球能源安全和环境保护的贡献。随着技术的不断进步和社会经济的发展，节约能源的措施和方法也将不断更新和完善，我国将继续深化能源改革，加大节能技术研发和推广力度，完善节能政策和法律法规体系，加强国际合作，共同应对能源和环境挑战，推动构建人类命运共同体。

全面的建筑节能工程作为实现我国各个时期建筑节能目标的关键途

径，已经成为国家标准和行业标准的重要组成部分，如《公共建筑节能设计标准》《夏热冬冷地区居住建筑节能设计标准》《夏热冬暖地区居住建筑节能设计标准》等一系列国家标准和行业标准，我国在建筑节能领域已经建立了一套完整的政策和技术体系。这些标准不仅为建筑节能提供了明确的指导原则，也为各个环节的参与者设定了具体的操作要求，确保了节能措施在整个建筑寿命周期中的有效实施。更重要的是，在当今世界，节约能源已经上升为一种全球性的社会意识，政府和行业需要承担其责任，每个公民也应该积极参与其中，只有通过全社会的共同努力，才能有效推进节能减排工作，实现人与自然和谐共生的美好愿景。绿色建筑节能设计不仅是一个技术问题，更是一个系统工程，它要求在建筑的整个寿命周期内，各个环节的参与者共同努力，以实现能源的高效利用和环境的持续保护。在这一过程中，设计师、施工单位、监督管理部门、开发商和运营管理部门及用户等各方都扮演着不可或缺的角色。

（一）设计师

设计师在绿色建筑节能设计中的工作不仅仅是创造一个美观的建筑空间，更重要的是在设计阶段深入融入节能的理念和措施，以确保最终的建筑能够在实用与美观之间达到一个节能的最佳平衡。设计师通过对建筑方位的精心选择，可以充分利用自然光，减少人工照明的需求；合理的建筑布局可以促进自然通风，减少对空调系统的依赖，从而在源头上降低能源消耗；在选择材料时材料的保温隔热性能必须被考虑到，高效的建筑材料不仅能够在冬季减少建筑的热损失，还能够在夏季减少热量的侵入，这进一步降低了建筑的能耗；在能源系统设计方面运用先进的技术和设备，如智能化的建筑管理系统等，可以显著提升建筑的能效，确保能源在使用过程中的最大化利用。

设计师的专业能力是实现建筑初期节能目标的基础，他们需要具备跨学科的知识结构，需要具备整合建筑学、环境科学、能源技术等多方面知识的能力，以确保设计方案的科学性和前瞻性。设计师还需要具备良好的沟通能力，以确保能够与项目的其他参与者，如工程师、施工团队、用户等，有效沟通，确保节能理念能够贯穿建筑项目的每一个环节。除此之外，设计师的创新思维在绿色建筑节能设计中尤为重要，他们不仅要对现有的节能技术有深入的了解，还需要不断探索和尝试新的设计理念和方法，如如何通过设计促进用户的节能行为、如何利用建筑本身的形态和结构实现自然能源的最大化利用等，从而实现设计最优化。

（二）施工单位

施工单位在实现建筑节能目标过程中的责任不仅仅是按图施工，更是确保建筑的实际节能效果能够达到设计预期。而这一任务的完成，依赖施工单位对节能设计方案的严格执行、对节能材料和技术的正确应用以及在施工过程中对质量控制的严密监督。这就要求施工单位将节能建筑的理念贯穿于建筑项目的整个施工过程，从材料采购、工艺选择到施工操作的每一个细节，都需要体现节能的要求和标准。

在施工过程中，施工单位需要采用符合节能设计标准的材料和技术，这是实现节能目标的基础。为了满足这一点，施工单位需要对市场上的节能材料和技术有深入的了解，并在施工过程中能够准确地应用这些材料和技术。例如，在建筑的保温隔热层施工中，施工单位需要确保材料的厚度、密度符合设计要求，确保接缝处理严密，以防止热桥的产生；在安装节能窗户时，施工单位要注意窗框的密封性能和玻璃的节能性能是否达标。施工过程中的质量控制是确保建筑节能效果的关键，这就要求施工单位建立一套完善的质量管理体系，对施工过程中的每一个环节进行严格监督和检查，以确保所有施工操作都符合节能设计要求，包括对施工材料的检验、施工工艺的审核、施工过程的监控以及完成后的质量检测等。有效的质量控制可以及时发现和解决施工过程中可能出现的问题，防止节能目标因施工质量问题而无法实现。施工单位还需要具备高度的责任心和专业的技能，以及丰富的施工经验，需要对节能建筑相关的标准和技术有深入的理解。为此，施工单位需要加强对员工的培训，提升他们的节能意识和专业技能，以确保施工团队能够准确理解节能设计意图，熟练掌握节能施工技术，从而保证节能建筑项目的成功实施。

（三）监督管理部门

监督管理部门在建筑节能工作中扮演着至关重要的角色，负责确保从建筑设计、施工到运营的每一个环节都符合国家和地方的节能设计标准与节能要求。这一职责的履行不仅需要严格的制度和标准作为支撑，还需要监督管理部门的专业知识和严谨态度来确保执行的有效性。通过对建筑项目的全方位监控和评估，监督管理部门确保了节能措施不仅仅停留在设计图纸上，而是在实际建造和运营过程中得到了实施。

在建筑设计阶段，监督管理部门通过审查设计方案，确保设计初期就将节能理念和措施融入其中，这一阶段的审查和指导对于后续施工和运营阶段节能效果的实现至关重要。同时，监督管理部门负责提供节能政策和技术指导，帮助设计师和施工单位了解最新的节能技术和材料，促进节能创新。进入施工阶段后，监督管理部门的工作重点转向施工现场，它通过定期的现场检查和监督，确保施工过程中使用的材料、施工方法和工艺都符合节能设计要求。一旦发现问题，监督管理部门立刻要求施工单位整改，从而确保施工质量。在运营阶段，监督管理部门的工作侧重建筑的使用和维护，它通过对建筑能耗的监测和分析，评估建筑的节能效果。对于运营不当导致的能源浪费问题，监督管理部门将提出改进建议，指导运营管理部门采取有效措施降低能耗。同时，监督管理部门负责推广节能管理知识，增强建筑用户的节能意识，鼓励用户参与到节能减排的实践中来。

（四）开发商和运营管理部门

在绿色建筑节能设计的过程中，开发商和运营管理部门的作用不容忽视，其责任和决策直接影响建筑的能效表现和节能成效。开发商作为建筑项目的发起者，对于节能建筑的理念和实践有着至关重要的推动作用。开发商需要从项目的初期就深刻认识到节能建筑的长期价值，这不仅体现在能源消耗的减少和运营成本的降低上，更体现在对环境的负责和社会可持续发展的贡献上。因此，开发商在选择设计师和施工团队时，必须优先考虑那些具有绿色建筑设计经验的设计师和具有建造经验的施工团队，确保建筑项目从设计之初就融入节能的理念。同时，开发商需要在材料和技术的选择上下功夫，投资那些经过验证的节能技术和材料，虽然这可能会增加初期的投资成本，但从长远来看，这些投资将通过减少能源消耗和提升建筑价值得到回报。

建筑的节能效果不仅取决于其设计和建造的质量，更取决于日常运营和维护的有效性，而运营管理部门负责建筑的日常管理和维护工作，通过科学的管理和合理的使用，发掘和实现建筑的节能潜力。这包括但不限于，定期对建筑能耗进行监测和评估，及时调整能源使用策略，实施节能改造项目，以及对用户进行节能教育和引导等。通过这些措施，运营管理部门可以确保建筑在其使用周期内保持高效的能源利用效率，实现节能减排的目标。

开发商和运营管理部门通过共同努力，完美实现了建筑节能目标。前者通过选择合适的设计师和施工团队，以及投资高效的节能技术和材料，为建筑节能打下坚实的基础；后者通过有效的日常管理和维护，确保这一基础得到充分发挥。

（五）用户

在绿色建筑节能设计实践中，用户的日常行为和使用习惯直接决定了建筑能源的实际消耗情况，无论设计师如何巧妙地规划节能措施，施工单位如何严格执行节能设计标准，运营管理部门如何精心维护节能系统，如果缺乏用户的积极参与和支持，所有的努力最终都可能付诸东流。因此，唤醒用户的节能意识，引导他们采取节能的生活和工作方式，成为实现建筑节能目标的关键一环。

增强用户节能意识的首要任务是教育和宣传，即通过各种渠道和方式向用户普及节能知识，让用户了解节能的重要性以及节能行为对环境保护和社会发展的积极影响。同时，宣传成功的节能案例，展示节能行为带来的具体益处，如能源费用的节约、居住和工作环境的改善等，激发用户的节能热情，促使他们主动采取节能措施。除了广泛的教育和宣传之外，制度和政策也可以用来激励和引导用户，例如，实施差别化的能源计价政策，对节能表现良好的用户给予价格优惠或其他形式的奖励；为用户提供节能咨询和节能改造服务，帮助他们识别节能改造的机会并实施相关措施；利用智能化的建筑管理系统，为用户提供实时的能耗信息和节能建议，帮助他们更有效地管理能源使用。此外，在社区、学校、企业等不同层面，组织节能竞赛、研讨会、工作坊等活动，增强用户之间的交流和互动，让他们共同探索和分享节能经验和策略，这样的社会氛围和文化塑造，可以进一步增强用户的节能意识，形成全社会共同参与节能减排的良好风尚。

三、公共建筑的节能设计

在我国能源资源供应与经济社会发展之间的矛盾日益凸显的背景下，建筑能耗的占比越来越高已经成为不容忽视的问题，建筑节能不仅是解决这一矛盾的有效手段，还对推动能源资源的节约与合理利用、加速循环经济的发展、实现经济社会的可持续发展具有重要意义。建筑节能还是保障国家能源安全、保护环境、提升人们生活质量以及贯彻科学发展观的关键举措。

公共建筑能耗在我国建筑能耗总量中占据了相当大的比重，其节能效果直接关系到能耗总量的减少以及环境质量的改善。因此，推行公共建筑节能设计不仅是提升建筑能效、促进绿色建筑发展的重要途径，也是响应国家节能减排、实现可持续发展战略的必然要求。我国通过制定和实施一系列公共建筑节能设计标准，已经在这一领域取得了显著成效，其中《公共建筑节能设计标准》的制定和实施，标志着我国在公共建筑节能工作中迈出了坚实的步伐。实现这一目标的核心在于加强《公共建筑节能设计标准》的宣传、贯彻、实施和监督，确保标准中的各项要求得到有效执行，从而推动整个公共建筑节能工作的深入开展。

《公共建筑节能设计标准》的出台，旨在响应国家能源节约和环境保护的战略需求，该标准通过明确的技术规范和要求，引导公共建筑在设计和建造过程中采取有效的节能措施。《公共建筑节能设计标准》的颁布与实施是国家在建筑节能领域迈出的重要步伐，该标准虽然具有明确的政策导向性，强调了技术规范的科学性和经济可行性，但涵盖的范围广泛，实施难度较大。面对这一挑战，各级建设行政主管部门必须深刻认识到公共建筑节能工作的重要性和紧迫性，将标准的宣传、贯彻和监督作为落实国家节能政策、推进科学发展的关键任务。为此，各级建设行政主管部门应加强组织领导，明确责任分工，确保《公共建筑节能设计标准》在各个环节得到严格执行（这包括公共建筑的设计、施工、验收和运营全过程），对不符合标准的建筑项目及时采取纠正措施。同时，各级建设行政主管部门要强化对公共建筑节能工作的监督、检查，利用法律法规和政策手段，对违反节能设计标准的行为进行查处，确保节能要求得到实际落实。除此之外，各级建设行政主管部门还需借助现代信息技术，建立健全公共建筑节能监管和服务体系，提高监管效率和水平。通过公共建筑节能数据的收集、分析和共享，各级建设行政主管部门可以更准确地掌握公共建筑节能设计的实施情况，为政策制定和调整提供科学依据。同时，加大公共建筑节能的宣传力度，可以提高社会公众对节能重要性的认识，形成全社会支持和参与公共建筑节能的良好氛围。

随着《公共建筑节能设计标准》的正式实施，我国在公共建筑节能领域迈出了重要一步，这不仅体现了国家对于能源节约和环境保护的高度重视，也标志着公共建筑节能工作进入一个新的阶段。

（一）遵守《公共建筑节能设计标准》

在当前全球面临能源危机和环境压力的背景下，节能减排已成为各国共同关注的重要议题，我国作为一个负责任的大国，积极响应这一全球性挑战，特别是在公共建筑领域，通过制定和实施《公共建筑节能设计标准》，强调了公共建筑必须遵守的强制性条文。这一措施不仅体现了我国政府对于节能减排的高度重视，也为建筑业的绿色发展指明了方向。《公共建筑节能设计标准》明确要求所有新建的公共建筑在设计之初就必须将节能作为一个重要的考量因素，这意味着设计师和建筑师需要在建筑设计的每一个环节中，都要考虑如何通过采用高效的节能技术和材料来降低建筑的能源消耗。从选择建筑材料、设计建筑外观和结构到制定 HVAC 系统，每一个决策都需要以节能为前提，确保最终建成的公共建筑能够满足或超越国家规定的节能设计标准。

遵守《公共建筑节能设计标准》的强制性条文，对于降低建筑的运行成本具有直接影响，如减少能源消耗、大大降低公共建筑在运营阶段的能源费用、提高公共资金的使用效率、减轻政府和企业的经济负担等。节能设计的推广实施能够有效减少温室气体排放和其他污染物的排放，这不仅对于改善环境质量、促进社会可持续发展具有重要作用，更是对国家节能减排、绿色发展战略需求的积极响应。

（二）遵守相关法律法规

在《公共建筑节能设计标准》的推行和实施过程中，各级建设行政主管部门的角色至关重要，这些部门不仅要严格遵守《中华人民共和国节约能源法》等相关法律法规，还要在建筑项目的全过程，即从勘察、设计到施工、监理乃至竣工验收各环节中，加强监督管理，确保节能设计标准得到实际执行。这样的做法确保了节能措施从源头开始就融入建筑项目的每一个细节中，从而有效地避免了节能设计标准仅停留在理论和文件上的情况，真正实现了节能效果。

在公共建筑节能设计实践中，各级建设行政主管部门不仅要深入理解节能法规和标准，还要具备强大的执行力和监管能力，通过建立和完善监督管理体系，采用科学的管理方法和手段，对建筑项目进行全程跟踪和监控，确保每一个环节都符合节能要求。在设计阶段，各级建设行政主管部门就可以介入，对设计方案进行审查，确保设计满足节能设计标准；在施工阶段，各级建设行政主管部门监督施工单位按照节能设计图纸施工，使用符合标准的节能技术和材料；在竣工验收阶段，各级建设行政主管部门严格按照节能设计标准进行验收，对不符合标准的建筑项目督促其进行整改或拒绝验收。同时，加强对相关法律法规的宣传、贯彻和培训是确保节能设计标准得到执行的重要措施，组织各类培训和宣传活动，可以提高设计师、施工人员、监理人员等相关人员的节能意识和法规知识，使他们能够更好地理解和掌握节能设计标准，提升节能设计和施工的质量。

对于那些在节能方面表现突出的建筑项目和单位，各级建设行政主管部门应给予表彰和奖励，以示鼓励；而对于违反节能法规和标准的行为，则应依法予以处罚，以此形成鼓励节能、惩罚违规的明确导向，推动建筑节能工作深入开展。

（三）加强审查备案管理

在推进公共建筑节能设计的过程中，各级建设行政主管部门除了基础的执法和监督外，还应加强对公共建筑节能设计审查的备案管理。根据《关于加强民用建筑工程项目建筑节能审查工作的通知》的具体要求，这一管理机制不仅是对《公共建筑节能设计标准》执行力度的一次重大提升，更是确保所有公共建筑项目能够达到国家节能要求的有效手段。对公共建筑项目的节能设计进行严格的审查和备案管理，能确保每一个公共建筑项目在施工前都符合节能设计标准的强制性条文，从而促进了整个建筑业向节能高效的方向发展。

在加强审查和备案管理的过程中，各级建设行政主管部门需要采取一系列具体而有效的措施。例如，建立和完善审查机制，确保审查过程的专业性和权威性，要求所有公共建筑项目的节能设计方案都必须经过专家团队的严格审查，确保设计方案符合节能设计标准的相关要求；加强审查过程的透明度，通过公开审查标准和流程，接受社会监督，保证审查工作的公正性和公开性；建立完善的备案系统，对通过审查的公共建筑项目进行有效管理和跟踪，确保公共建筑项目在施工和运营过程中严格按照审查通过的节能设计方案执行，对未能通过审查的公共建筑项目，要明确指出不足和改进措施，并督促其整改至符合节能设计标准要求。同时，对违反节能设计标准和审查备案要求的公共建筑项目，要依法依规进行处理，确保节能设计标准的严肃性和执行力。

加强公共建筑节能设计审查的备案管理，是确保公共建筑节能工作落到实处的关键一环，这不仅有助于提升建筑节能设计的质量，促进节能技术的应用，也有助于推动建筑业可持续发展，可以有效地促进公共建筑减少能源消耗和环境污染，为实现绿色低碳发展、构建节约型社会做出积极贡献。未来，随着节能技术的不断进步和节能意识的进一步增强，公共建筑节能设计将在我国的建筑业中发挥更加重要的作用，为推动我国经济社会的绿色可持续发展贡献更大的力量。

第三节　绿色建筑节能设计的要求

一、绿色建筑整体节能设计的要求

绿色建筑的整体节能设计理念在于实现建筑与自然环境的和谐共生，这不仅要求建筑自身具备高效的能源利用和环境保护特性，更要求在设计初期建筑与其所处环境的相互作用与影响就被充分考虑到。绿色建筑整体节能设计能够使建筑最大限度地利用自然资源，如阳光、风力和雨水，同时减少对周围环境的负面影响，确保建筑的可持续发展。因此，绿色建筑的整体节能设计成为绿色建筑实践中首先必须解决的问题。

（一）合理选择建筑地址

选址过程需要综合考虑多种自然和社会因素，包括当地的气候条件、土质特性、水质状况、地形特征以及周边环境状况等，这些因素共同决定了建筑的能效和其对环境的影响程度。优良的地址不仅能够为建筑提供一个适宜的微气候环境，降低建筑对能源的需求，还能避免建筑对周边生态环境造成不必要的干扰和破坏，实现建筑与自然环境的和谐共生。

在考虑气候条件时，建筑选址需要针对当地的温度、湿度、风向风速以及日照条件等进行详细分析，以此来指导建筑的设计和布局。例如，在热带气候区域选址时，应考虑提高通风和遮阳能力，而在寒冷地区，则需要重视建筑的保温和采光。对土质和水质的考量则更多地关系到建筑的基础工程和对地下水资源的影响，良好的土质可以减少地基处理的成本和复杂度，良好的水质则有利于建筑的长期使用和周边生态的保护。对地形特征和周边环境状况的分析，可以发掘和利用自然地貌对建筑节能的积极作用，同时避免可能的负面影响。例如，利用地形的遮挡和反射作用可以改善建筑的微气候环境，提高建筑的自然通风和自然采光条件，减少能源消耗。而对周边环境状况的考量则更多地关注如何使建筑与其周边环境相协调，如何避免建筑对生态环境的破坏，如保持自然水体和植被的完整性，保护生物多样性等。

绿色建筑在具体选址过程中应遵循以下原则。

1. 避免选择生态敏感区

根据环境保护和生态学的研究成果，生态敏感区通常包括污染影响区、用地控制区、环境改善区、资源储备区和自然保护区 5 类区域，这些区域因其独特的自然特征、生态价值或对环境的脆弱性，被视为需要特别保护的地域。因此，在绿色建筑的选址过程中，恪守避免选择生态敏感区域的原则是至关重要的，这一原则的核心在于最大限度地减少建筑对自然环境的负面影响，保护和维护生态系统的完整性和多样性。

在实际的选址过程中，避免将建筑置于这些生态敏感区，是对自然和生态环境负责任的表现。例如，污染影响区通常指受到工业、农业或其他人类活动污染影响较大的区域，若建筑置于此类区域，可能加剧污染，对人类健康和生态环境造成进一步威胁；用地控制区则可能涉及水源保护区、文化遗产地等，这些地区的土地利用受到严格限制，不适宜进行建筑开发；环境改善区、资源储备区以及自然保护区更是拥有重要的生态功能和自然资源，是生物多样性的宝贵财富，任何建筑活动都可能对这些区域的生态平衡和自然环境造成不可逆转的损害。因此，绿色建筑的选址应当秉持尊重自然、保护生态的理念，通过细致的环境影响评估，确保选址决策不会对生态敏感区产生负面影响，这不仅是对环境负责任和对未来承诺的体现，也是实现建筑可持续发展的基础，可以使绿色建筑更好地融入周边环境，利用而不是破坏自然资源，为用户提供健康、舒适的居住和工作环境，同时保护自然生态系统，促进人与自然的和谐共生。

2. 选择生态安全区

生态安全区作为人类及其他生物赖以生存的基础，保持着生态系统的平衡和稳定，这些区域通常具有较好的自然条件和生态环境，不仅能为建筑提供一个健康的微气候环境，还能促进建筑节能减排的目标实现。在生态安全区进行建设，绿色建筑不仅能够最大限度地减少对自然环境的负面影响，还能够利用这些区域内的自然资源和生态服务，达到节能降耗的目的。例如，利用地形实现自然通风和自然采光，利用当地植被进行景观绿化和生态恢复。

在选择生态安全区进行建设时，绿色建筑的规划和设计需要全面考虑区域内的生态特征和环境条件，确保建筑项目不仅能适应当地的自然和社会环境，还能积极响应当地的生态保护和可持续发展需求。例如，通过合理布局和设计，建筑可以有效利用和保护当地的水资源，减少对外部水资源的依赖和水污染的产生；采用当地适宜的建筑材料和建造技术，既可以减少建筑对环境的影响，又可以促进当地经济的发展。当然，在生态安全区进行绿色建筑建设意味着要承担起对生态环境保护的责任，绿色建筑的建设和运营过程需要严格执行环保和节能的标准，以减少建筑活动对生态系统的干扰和破坏。这包括在建筑设计和建造过程中采用低影响开发技术，保护现有的自然景观和生物多样性；在建筑运营过程中，实施绿色管理和维护策略，如垃圾分类、节水节能和室内环境质量控制，以减少建筑对环境的持续影响。

3. 保护场地的生态系统

在绿色建筑的规划和选址过程中，保护拟建场地的生态系统是实现可持续发展的核心原则之一，这一原则不仅强调了对自然环境的尊重和保护，也体现了绿色建筑对于促进生态平衡、增加生物多样性的承诺。在具体实践中，这意味着需要细致考察拟建场地周边的自然条件，充分利用并保护地形、植被和自然水系等自然资源，以确保建筑项目的实施不会破坏原有的生态环境，而是能够与之和谐共存。

保护场地生态系统的首要任务是保留和利用现有的自然资源，包括尽可能地保留原生植被，特别是那些具有重要生态价值的植物，它们不仅能够为建筑提供自然的遮阴效果和减少太阳辐射，还能够改善微气候环境，为生物提供栖息地。同时，利用现有地形进行建筑建造，减少对场地的挖掘和填埋，可以减少对土地生态的干扰。对于场地中的自然水系，如溪流、湖泊、湿地等，应予以保护和整合到景观设计中，它们不仅能够丰富景观美感，还能够起到天然的水循环和净化作用。

保护场地的生态系统意味着要维持历史文化与景观的连续性，即不仅要保护场地内的历史遗迹和文化特征，也要保持和恢复传统的景观元素和模式，如传统的农田、果园、林地等，这样不仅能够保护和传承地区的历史文化遗产，还能够提升建筑项目的文化价值和凸显地区特色。

4. 选择修复后的褐地

褐地作为城市工业化遗留下来的产物，通常因长期的工业或商业活动而遭受污染，这些土地往往位于城市中心或交通便利的区域，具有较高的开发价值，但其环境问题不容忽视。选择在修复后的褐地上进行绿色建筑的建造，不仅是对这些土地进行再利用的有效方式，更是实现城市再生和生态修复的重要途径。

绿色建筑的选址策略鼓励对褐地进行前期的环境治理，包括对土壤进行净化、恢复地下水质、消除污染等一系列综合治理措施，这一过程不仅能够有效减轻土地的环境压力，还能够为城市提供更多的绿色空间和建设用地。通过对褐地的治理和绿色建筑的建设，这些曾经被污染和废弃的土地可以转化为具有生态、社会和经济价值的可持续发展项目。而选择在修复后的褐地上进行绿色建筑建设，能够促进城市空间的优化重组，提高土地利用效率，有助于减少对未开发绿地的占用，保护城市周边的自然环境，避免新的城市扩张对生态环境造成更大的压力。同时，绿色建筑项目的实施能为当地社区带来新的发展机遇，如创造就业岗位、提供公共服务设施、改善居住环境等，从而推动城市社区的可持续发展。

在修复后的褐地上进行绿色建筑建设，体现了人们对资源和环境的负责任态度，这意味着设计师和建筑师需要通过科学的规划和设计最大限度地利用褐地的现有条件，如利用现场的材料进行建设，采用地源热泵技术、光伏技术等可再生能源技术，以及实施雨水收集和循环利用等环保措施，实现建筑的节能减排和环境友好性。

5. 遵循城市规划

绿色建筑作为城市可持续发展的重要推动力量，其选址过程必须紧密融入城市的总体规划之中，以确保每一项绿色建筑项目都能够与城市的长远发展目标相一致，进而促进城市功能的合理布局和生态环境的整体改善。这种融入城市规划的选址原则，要求绿色建筑的建设不仅要遵守城市规划的基本法规和政策，还要顺应城市发展的总体趋势，包括性质、容量规模、限高等关键方面的要求，以确保绿色建筑项目能够为城市的可持续发展贡献力量。遵守城市规划的程序要求，意味着绿色建筑的选址和设计必须与城市的功能区域划分、交通规划、公共设施布局等方面相协调。例如，绿色住宅区的建设应考虑居民的出行便利性，它应接近公共交通网络；商业绿色建筑的选址则需要考虑其对周边交通和环境的影响，确保不会导致交通拥堵和环境污染。绿色建筑的容量规模和限高设计需要根据城市规划的要求来确定，以保证其与周边环境相匹配，不会对城市的景观和天际线产生不利影响。

在城市规划中引入绿色建筑理念，可以鼓励开发商和设计师采取低影响开发策略，利用可再生资源，以减少建设活动对环境的干扰，同时绿色建筑项目的实施，可以促进城市绿化和生态修复，提升城市的生活品质和环境质量。更重要的是，将绿色建筑融入城市规划中能够促进政策的整合和资源的共享，城市规划部门可以通过规划引导，将绿色建筑与城市的公共设施建设、交通系统优化等其他发展项目相结合，实现政策上的互补和资源上的共享，从而以更加经济、高效的方式推进城市的绿色转型。

（二）综合设计建筑外部环境

1. 建筑与周边环境的融洽设计

绿色建筑的外部环境设计是一门综合艺术，它要求设计师在深刻理解建筑与周边环境关系的基础上，通过巧妙设计实现建筑与自然、建筑与城市、建筑与人的和谐共生。这一设计过程不仅关注建筑本身的节能减排和环境保护，更从人类的环境需求和行为心理出发，力求创造出既美观又舒适、既安全又便利的外部空间，以此来提升人们的生活质量和幸福感。

为了实现建筑与周边环境的融洽设计，合理利用自然条件与能源是基础，具体来讲就是要求设计师通过精心规划，使建筑能够最大限度地利用自然光、自然风等可再生能源，从而减少对人工能源的依赖。例如，合理的布局和朝向设计可以保证建筑在冬季获得充足的阳光照射，在夏季通过绿化遮阴和水体调节来降低温度，进而实现自然舒适的微气候环境。同时，合理的建筑小品配置，如长椅、灯具、雕塑等，不仅丰富了空间的视觉层次，更为人们提供了休憩和活动的空间；而恰当的绿化设计则通过植物的有机配置，美化了环境，提供了清新的空气和舒适的阴凉，为保护城市生物多样性奠定了重要基础。

对人流和车流的合理组织同样体现了绿色建筑外部环境设计人性化的一面，科学的路径规划和交通组织，可以有效避免人流和车流的拥堵及冲突，保证人们在安全、便利的环境中行走和休憩，这不仅提升了建筑周边环境的舒适度和可达性，更体现了对人的尊重和关怀。

2. 建筑与微气候环境的融洽设计

在绿色建筑节能设计的过程中，对建筑位置的微气候环境进行深入研究并据此进行合理的外部环境设计，是创造节能有利环境的关键步骤。微气候环境的优化不仅能提升建筑的能效，还能提高其舒适度，这需要设计师精心考虑和运用多种自然元素和设计策略。

（1）在建筑周边合理布置植被，这是改善微气候环境的有效手段之一，因为植被不仅能为建筑提供必要的遮阴效果，降低夏季的温度，减少建筑内部对冷气的依赖，还能有效阻挡风沙，减少尘土的侵扰。除此之外，绿色植被还具有良好的空气净化作用，能吸收空气中的二氧化碳和其他污染物，释放氧气，从而改善周边环境的空气质量。在噪声污染较重的地区，绿化带能起到一定的降噪作用，为用户提供一个更为宁静的生活环境。

（2）创造人工环境，如在建筑附近设置水面，水面不仅能提升环境的美观度和景观价值，还能通过水的蒸发冷却作用调节周围的温度，为炎热的夏季带来清凉。同时，水体能在一定程度上降低风速，减少风沙对建筑和人员的影响。在雨水资源较为丰富的地区，合理设计的水面能收集和利用雨水，如雨水用于景观水体补给或建筑用水，这进一步提升了建筑的节能环保特性。

合理的外部环境设计能够有效利用并改善现有的自然条件，创造出既美观又舒适、既节能又环保的建筑环境，这种设计理念不仅体现了对自然的尊重和对可持续发展的追求，也为建筑用户提供了更高质量的生活和工作空间，实现了建筑与环境的和谐共生。

（三）详细规划建筑造型和朝向

1. 合理设计建筑造型

合理的建筑造型设计是实现建筑节能和适应恶劣微气候环境的关键，精心设计建筑的整体体量、体型及形体组合，以及考虑建筑的日照和朝向，可以有效地减少能源消耗，同时提升建筑的居住舒适度。例如，蒙古包就是根据草原地区的特定气候条件而优化的建筑形式，它们能有效减少建筑的散热面积和抵抗强风沙的侵袭。在沿海湿热地区，利用巧妙的规划布局及建筑的向阳面和背阴面形成的气压差，即使在无风的条件下也能促进空气流通，形成有效的通风。合理的建筑造型设计可以形成风洞，引导自然风在建筑内部回旋，进一步增强通风效果，这不仅能提高室内空气质量，还能显著降低对空调等人工制冷的需求，实现节能降耗。当然，合理设计建筑造型的策略并不仅限于特定地区或气候条件，在不同的环境和气候条件下，建筑造型设计都可以通过考虑地形、气候特性等因素，采用相应的设计原则和技术手段，达到节能和适应环境的目的。例如，在寒冷地区，建筑可以通过增加南向窗户来最大化利用日照，同时通过采用较厚的保温材料减少热量流失；而在炎热地区，建筑则可以通过设置大屋檐和利用植被遮阴等方式减少太阳直射，降低建筑内部温度。

在合理设计建筑造型的过程中，建筑与周边环境的协调和整合还需被考虑。设计与自然景观相融合的建筑形态，不仅能够增强建筑的美观性，还能促进生态系统的保护与恢复。例如，通过保留现有的自然地形和植被，建筑可以更好地融入周边环境。

2. 正确选择建筑朝向

正确选择建筑朝向是实现节能、提高居住舒适度的关键因素之一，因为正确的朝向选择不仅能使建筑在冬季获得充足的日照，以自然方式提高室内温度，降低取暖需求，还能在夏季通过有效的自然通风降低对人工制冷的需求，实现节能减排的目的。在实际的设计过程中，决定建筑朝向的因素不仅包括气候条件，还包括社会历史文化、地形、城市规划和道路布局等，这些因素的综合考量使得找到一个既能满足夏季防热又能满足冬季保温的理想朝向变得颇具挑战。其中，社会历史文化对建筑朝向的选择有着深远的影响，因为在某些文化中，建筑朝向往往与风水、宗教信仰等因素密切相关，这些传统观念在一定程度上限制了建筑朝向的自由度。地形对建筑朝向的选择也起着至关重要的作用。例如，在山区，为了最大限度地减少地形对日照的阻挡，建筑的朝向可能需要进行特别的调整。城市规划和道路布局同样影响着建筑朝向的选择，建筑需要与周围的城市肌理和交通网络协调一致，以确保良好的城市形象和交通便捷性。在这些复杂因素的制约下，设计师需要进行综合权衡，以寻找最佳的设计方案，这通常意味着需要在冬季保温和夏季防热之间找到一个平衡点。在冬季，建筑应尽可能地面向阳光充足的方向，以获得最大限度的自然光照和热量；而在夏季，建筑则应通过建筑形态的设计、遮阳设施的应用以及合理的通风策略来避免过多的太阳直射和加快室内空气流通，从而降低室内温度。

为了实现这一目标，使用可移动遮阳设施、设计合理的窗户尺寸和位置、利用周边环境（如水体和绿化）来调节微气候环境，以及考虑建筑群体间的相互遮挡和反射等方法，可以作为辅助，以确保建筑在无法完全满足理想朝向的情况下，能通过设计上的调整来优化建筑的能效和居住舒适度。

二、绿色建筑个体节能设计的要求

绿色建筑的个体节能设计是实现建筑可持续发展的关键环节，它通过对建筑各部分的细致考虑和科学设计，旨在最大化地利用自然资源，减少能源消耗，同时提升室内环境质量，为用户创造一个健康、舒适的生活和工作空间。这一设计过程涵盖了建筑各部分的节能构造设计、建筑内部空间的合理分隔设计以及新型建筑节能技术和材料的选择等多个方面，每一方面的设计都基于对建筑外部环境的深入理解和充分利用。

（一）建筑各部分的节能构造设计

在绿色建筑个体节能设计中，对建筑各部分的节能构造设计不仅关乎建筑的能效表现，更直接影响用户的舒适度和建筑的环境适应性，特别是屋顶、楼板层、墙体、门窗等关键部位，通过细致的规划和创新的设计，设计师能够有效利用外部环境，实现建筑节能和室内微气候环境的优化。

1. 屋顶节能设计

屋顶的节能设计在整个建筑节能体系中占据着极其重要的地位，因为它直接面对日照等外部环境的影响，对建筑内部温度调节起着决定性作用。为了实现屋顶的高效节能，设计师需要采取多种措施，充分利用节能技术和材料，以达到降低能耗、改善室内微气候环境的目的。

在雨水丰富的地区，采用坡屋顶不仅有助于雨水排放，避免水积留导致的屋顶渗漏问题，还能在一定程度上减少太阳直射面积，降低屋顶吸热能力。坡屋顶的形状和倾斜度可以根据当地气候特点和美学要求进行调整，以实现最佳的节能和视觉效果。为了增强屋顶的节能效果，高性能的保温材料可以在屋顶被加设，这可以有效阻断热量通过屋顶传递，减少冬季室内热量的流失和夏季外部热量的侵入。这种措施不仅能显著改善室内的温度环境，还能减少对供暖系统和制冷系统的依赖，从而降低能源消耗。在加设保温材料时，根据建筑的具体需求和功能，屋顶可以设置保温隔热屋面或蓄水屋面，前者可以通过在屋内增设空气层来隔断热传导，后者可以利用水的热容量来调节屋面温度，这两种设计都能在一定程度上缓解屋顶受到的日照影响。此外，种植屋面或所谓的绿色屋顶等特殊的屋面设计，不仅能提供良好的保温隔热效果，还能吸收雨水，净化空气，增加绿色空间，为城市生态环境的改善贡献力量。

2. 楼板层节能设计

楼板层的节能设计是建筑节能策略中的一项重要内容，设计师通过巧妙利用楼板层的结构特性和空间，可以显著提高建筑的能源利用效率，同时可以为用户创造更加舒适的室内环境。将循环水管布置于楼板中空空间或吊顶内部，是一种高效且实用的方法，这种方法不仅能够根据季节变化调节室内温度，还能有效地减少能源消耗，实现节能的目的。在夏季，楼板中的冷水循环系统可以吸走室内多余的热量，降低室内温度，从而减少对空调系统的依赖。相比空调系统来说，这种冷水循环系统能效更高，运行成本更低，对环境的影响也小得多。而在冬季，该系统通过热水循环，可以为室内提供温暖，尤其是在寒冷地区，这种楼板供暖系统能够提供更加均匀、舒适的热环境，避免传统供暖系统可能造成的局部过热或温度不均问题。

楼板层节能设计还包括对楼板和吊顶造型的精心设计，通过优化楼板和吊顶的形状和材料，可以进一步提升其保温隔热性能，减少热量的流失或侵入。例如，采用轻质高效的保温材料填充楼板中空空间，或在吊顶内部增加隔热层，都是提高楼板层节能性能的有效措施。

3. 墙体节能设计

墙体的节能设计是实现建筑节能的关键之一，它不仅需要考虑保温、防潮、隔热等基本功能，还需要通过特殊构造来适应并改善微气候环境，特别是在寒冷地区或者温差较大的环境中尤为重要，因为它直接关系到建筑能效和室内舒适度的提升。

在寒冷地区，夹心墙体设计是一种常见且有效的节能措施，这种设计通过在两层墙体之间加入保温材料，形成一个"夹心"结构，显著提高了墙体的保温性能，减少了室内热量的逸出，从而降低了供暖需求和能源消耗。这种结构还可以有效地防止外部冷气渗透，确保室内温度的稳定和舒适。而被动式太阳房的设计则是将太阳能作为热源来提升建筑节能效率的另一策略，在这种设计中，各种蓄热墙体如水墙的应用尤为关键，水墙利用水的高热容特性，白天吸收并存储太阳能量，夜间则释放热能，为室内持续供暖。这种被动式的热能获取和利用方式，极大地减少了对外部能源的依赖，同时提高了建筑的环境适应性和舒适度。

除了寒冷地区的特殊设计外，墙体的节能设计还应考虑适用于不同气候条件的其他创新构造。例如，在炎热干燥的地区，采用具有较高反射率的外墙材料来减少对太阳能量的吸收，或者设计外遮阳系统来控制过度的日晒；在多雨湿润的地区，墙体的防潮处理则需要特别注意，以防止潮湿空气渗透，影响室内空气质量和建筑结构的耐久性。

4. 门窗节能设计

在我国高能耗建筑中，门窗的能耗散失占比高达40%，这一数据充分说明了优化门窗节能设计的迫切性和重要性。门窗作为建筑外围护结构的重要组成部分，其性能直接影响建筑的热环境稳定性和能源利用效率。因此，采取一系列创新和高效的设计措施对门窗进行节能改造，不仅可以大幅降低建筑能耗，还能提升室内的舒适度和居住质量。

门窗的节能设计首先需要从材料选择入手，采用高性能的保温隔热材料，如低辐射玻璃、中空玻璃，可以大幅减少热量的传递，降低冬季的供暖需求和夏季的制冷需求。门窗的结构设计也是节能的关键，合理的门窗尺寸和开启方式，能够优化自然通风和自然采光，减少对人工照明和空调系统的依赖。例如，设置可调节的遮阳设施和百叶窗，可以根据太阳高度和季节变化调整遮阳角度，有效控制夏季进入室内的太阳辐射，同时在冬季最大化利用太阳能进行被动供暖。除此之外，门窗的密封性能对于节能也至关重要，采用高质量的密封条和双重密封结构，可以有效防止冷热空气的交换，减少能量的无谓损失。同时，引入智能门窗系统，如自动调节开启角度的智能窗户，根据室内外温差和空气质量自动调节通风量，不仅增强了节能效果，也提高了居住的便捷性和舒适性。

（二）建筑内部空间的合理分隔设计

精心规划建筑的平面布局和竖向分隔，可以有效地改善室内的保温、通风和采光条件，从而在满足建筑使用功能的同时，达到节能减排的效果。

1. 空间布局的优化

在绿色建筑设计中，通过合理规划建筑内部的功能区域布局，设计师能够确保每一部分空间都能充分发挥其功能，同时在节能和提升室内微气候环境方面发挥积极作用。具体来说，将频繁使用的生活区和工作区布置在采光和通风条件较好的位置，可以最大化地利用自然光和自然风，减少对人工照明和空调系统的需求，从而降低能源消耗并提升居住和工作的舒适度。例如，生活区和工作区作为建筑中使用频率较高的空间，其位置和布局设计应充分考虑日照角度、风向以及周围环境的影响，以确保其在大部分时间内都能享受到充足的自然光照和良好的通风条件。这不仅有助于创造一个健康舒适的居住和工作环境，还能有效降低建筑的运行成本。在此基础上，采用开放式布局或灵活的空间分隔设计，可以进一步提高空间的使用灵活性和适应性，满足建筑在不同时间和不同场合下的使用需求。对于仓储和辅助空间等不常用区域，则可以考虑布置在自然光照较少的部位，如建筑的北面或其他遮挡较多的位置。这样的布局策略不仅能确保主要活动区域获得更优质的自然资源，还能合理利用那些自然条件较差的空间，提高建筑整体的空间使用效率。

合理的空间布局还应考虑建筑内部的动线规划，设计合理的流线来优化人员的行动路径，减少不必要的移动，提高空间使用的便捷性和效率。这种对流线的精心设计，不仅能提升用户的生活质量，还能在一定程度上减少能耗，实现节能的目的。

2. 空间分隔的设计

在绿色建筑设计中，通过采用可移动隔断或多功能家具等设计元素，空间的布局和功能可以根据用户的具体需求或不同季节的环境变化进行快速调整，从而实现对室内微气候环境的优化和节能效果的增强。可移动隔断的使用为建筑内部空间的灵活性提供了广阔的想象空间，这种隔断通常可以轻松地打开或关闭，从而将一个大空间临时分隔成多个小空间，或者将多个小空间合并成一个开放的大空间。在冬季，关闭隔断可以减少室内空间的体积，降低供暖的能耗；而在夏季，打开隔断可以加快空气流通，促进自然通风，降低室内温度，减少空调的使用。可移动隔断还可以根据日照变化调整位置，控制自然光的进入，这既可以最大化利用自然光照，又可以避免过强的直射光造成的室内过热。

多功能家具的设计同样可以提升空间的适应性，增强节能效果。例如，沙发床、折叠式餐桌等多功能家具，不仅能节约空间，还能根据使用需求转换功能，避免因季节变化或不同活动需求而进行频繁的家具更替，从而减少了资源浪费。这些设计在优化室内布局和提高空间使用效率的同时，通过减少对制热或制冷设备的依赖来达到节能的目的。

灵活的空间分隔不仅提高了建筑使用的便利性与舒适性，更重要的是，它允许建筑更好地适应环境变化和用户的实际需求，通过动态调整空间布局和功能使用，有效地改善了室内微气候环境，实现了节能减排。这种设计理念的应用，体现了绿色建筑设计向着更加人性化、可持续化发展的趋势，不仅为用户创造了更加舒适健康的生活环境，也为建筑节能和环境保护做出了贡献。

3. 室内高度的控制

在绿色建筑设计中，室内高度控制应考虑空间内热空气上升和冷空气下沉的自然规律，通过调节室内空间的高度和结构，有效地控制热量积累和促进空气流通，从而改善室内的热环境和空气质量。具体来讲，就是精心设计空间的竖向分隔，如设置层高、夹层或吊顶，不仅能够确保空间满足各种功能需求，还可以在节能和室内舒适度方面发挥显著作用。在室内空间中，较高的层高可以提供更好的空气流通条件，有助于热空气上升带走多余热量，特别是在夏季，可以通过自然通风降低室内温度，减少对空调系统的依赖。但过高的层高可能导致空间的热量不能有效排出或增加供暖的难度，在冬季可能会使热量集中在室内上部，而使下部空间寒冷。因此，设计师需要根据具体的气候条件、建筑方向和使用功能来确定合理的层高，以达到节能和舒适的最佳平衡。

对于高层空间，设置夹层或吊顶是一种改善热环境的有效策略，夹层可以增加空间的使用功能，同时作为一个缓冲区域，可以减少热量直接通过屋顶散失，特别是在供暖季节，夹层可以降低热量上升带来的能量损失。而吊顶则可以在美化室内空间的同时，通过增加保温材料，提高顶部的隔热性能，减少能耗。吊顶还可以用于隐藏空调管道和电线，这有助于提升室内美观度和整洁度，同时便于空调系统的热效率优化。

4. 绿色植被的运用

在绿色建筑设计中，在室内外恰当引入绿色植被，如创设室内花园、实施屋顶绿化等，不仅能够为人们提供视觉上的美感和心灵上的舒适，还能有效改善微气候环境，促进生态平衡，从而达到节能减排的目的。在炎热的夏季，绿色植被通过蒸腾释放的水分能够带走热量，从而降低空气温度，减少城市热岛效应的影响。绿色植被还能通过提供阴凉和遮挡直接日照，进一步降低建筑的冷却负荷，减少对空调系统的依赖，增强节能效果。而室内花园不仅能美化室内环境，增加室内绿色空间，还能改善室内空气质量。例如，绿色植被能够吸收二氧化碳并释放氧气，同时能够吸收空气中的有害物质，如甲醛、苯等，净化室内空气。这对于提升居住和工作环境的健康水平具有重要意义。绿色植被还能增加室内空气湿度，对抗室内干燥，为用户提供一个更加舒适健康的环境。

5. 节能设备的集成

在绿色建筑设计中，将节能设备与建筑空间设计有机集成可以大幅提升建筑能效、实现可持续发展目标，具体做法是在建筑空间设计初期就预留出安装地暖系统、太阳能热水器等节能设备的专用空间，确保这些高效节能技术得以无缝融入建筑空间设计之中，从而在满足功能和美学需求的同时，大幅提高建筑的整体能效。其中，地暖系统作为一种舒适高效的供暖方式，通过在建筑地面下安装发热管道，利用热水或电能产生热量，均匀加热室内空间，避免了传统供暖方式可能造成的热量分布不均和空气干燥问题。地暖系统的集成需要在建筑空间设计之初就充分考虑地面结构和材料选择，以保证系统的有效运行和长期耐用性，同时要考虑未来设备维护和更新的便利性。太阳能热水器则通过在屋顶或其他适合的空间安装太阳能集热板，将太阳能转换为热能，为用户日常使用提供热水。在设计时太阳能热水器的集成，不仅要考量太阳能集热板的安装位置和朝向，以最大化能量收集效率，还要考虑太阳能热水器与建筑内部热水管道的连接方式和热水存储设施的布局，确保系统的高效运行和用户使用的方便性。

将这些节能技术与建筑空间设计有机结合，不仅能够显著提升建筑的能效，降低能源消耗和运营成本，还能够为用户提供更加舒适健康的环境。更重要的是，这种设计策略还体现了对环境责任的承担，通过采用地暖系统减少了空气污染，利用太阳能热水器减少了对化石能源的依赖，促进了建筑业的绿色转型。

（三）新型建筑节能材料和技术的选择

1. 新型建筑节能材料的选择

在绿色建筑的设计和实施过程中，正确、高效地运用新型建筑节能材料是实现节能、节地、节水、节材和环保目标的关键，这不仅要求建筑师深入理解公众的需求，还要求他们根据当地的气候特征，采取相应的设计策略，选择适宜的建筑材料和技术，以此加强资源的节约与综合利用，减轻环境的负担，营造一个舒适和健康的环境。新型建筑节能材料通过高效的保温隔热性能、优异的耐久性能和低环境影响特性等，大幅提高了建筑的能效和环境适应性。例如，采用高性能的保温隔热材料可以有效减少建筑的能量损失，降低供暖和制冷的能耗；使用光伏材料和太阳能热水器则能够利用可再生能源，减少对化石能源的依赖；而绿色建筑材料如竹材、再生材料的应用，则进一步减少了建筑对环境的影响，促进了资源的可持续利用。

在利用这些新型建筑节能材料的同时，建筑师需要综合考虑节能、节地、节水、节材和环保之间的辩证关系，确保建筑设计既能够满足建筑功能的需求，又能够最大限度地减少对自然资源的消耗和对环境的影响。

这要求设计师在建筑设计过程中选择简单而实用的材料，避免使用那些易破坏环境或产生大量废物的材料，同时要强调建筑空间的灵活性，遵循"越小越好"的原则，将建设所需的资源和不利因素降到最低。

2. 新型建筑节能技术的选择

在绿色建筑的设计和实施过程中，新型建筑节能技术的选择不仅决定了建筑的节能效率，还影响着建筑的可持续性和环境友好性。绿色技术的选择涉及对传统技术的改造和重组，以及将跨领域的先进技术，如信息技术和电子技术等，应用于建筑领域，以便于优化资源使用，减轻环境的负担，同时满足建筑功能和用户的舒适需求。

在我国的经济和技术发展背景下，虽然高新技术的引入和应用对于推动绿色建筑的发展具有重要意义，但考虑到总体经济水平、技术成熟度以及材料供应等方面的实际情况，常规技术仍然是当前绿色建筑实践中的主要选择。这些常规技术虽然技术成熟、应用广泛，但在提升建筑节能性能、减少能源消耗和降低环境影响方面仍然发挥着重要作用。而在选择新型建筑节能技术时，技术的适用性、经济性和可持续性应被充分考虑，即技术应针对具体的建筑类型和使用功能进行定制，以确保技术的有效性；在确保技术效果的前提下，技术的成本效益也需要被考虑，以确保技术解决方案在经济上可行，不会因高昂的成本而限制其广泛应用。新型建筑节能技术的选择不仅要考虑其对环境的直接影响，还要考虑资源的长期利用效率和技术的更新换代能力。例如，对于高层建筑，高效的垂直运输系统和建筑外墙的节能设计可能需要被考虑；而对于广阔的住宅区，住宅的保温隔热、采光和通风等方面则需要被重点考虑。

第三章　绿色建筑内环境设计

第一节　绿色建筑照明设计

一、绿色建筑室内光环境

（一）光环境与光文化

从光的角度定义世界时，人们可以清楚地认识到光不仅仅是昼夜的更替，还是文明进步的一个重要标志。从人类第一次成功制造火光，到电灯的发明，再到现代光源技术的飞速发展，光的利用和控制在很大程度上塑造了人类的生活方式和社会结构，而且这一切不仅仅改变了人们对时间的感知，也极大地拓展了人类的活动范围和可能性。在电灯和其他人造光源普及之前，夜晚意味着活动的限制，即天黑之后，除了火光提供的有限照明外，人类的活动受到了极大限制，但电灯的发明使得夜晚不再是一种限制，而是成了人类活动的新阶段，使得城市得以终夜璀璨，使得工作和娱乐活动可以延续到深夜。可以说，光彻底改变了人们的生活节奏和社会构成。随着科学技术的发展，光的应用变得更加广泛和精细，其在艺术和娱乐领域扮演着重要角色，从电影放映到舞台灯光设计，光的运用增加了艺术表现的维度和情感的深度。与此同时，人们对光的控制能力不断增强，开始注重光环境的营造，意识到光不仅仅是照明的工具，更是创造美感和情绪的手段。

在设计文化中，光文化说明照明不仅仅是科学的体现，也是艺术的表达，更是建筑的实用性和功能性的影响因素，是影响人们情感和心理的重要因素，可以说，建筑内部的特征和氛围，很大程度上都依赖其照明方式。一个成功的建筑设计，不仅要考虑建筑的形态和空间，还要深入理解光与建筑的互动关系。设计师只有精确地掌握灯具和光源的特性，以及它们如何与建筑空间和材料相互作用，才能创造出既满足视觉生理需求又符合视觉心理期待的光环境，特别是光线通过建筑结构和材料的反射、折射和吸收，营造出独特的视觉效果和情感体验。这不仅要求设计师对光学原理有深入理解，还要求他们拥有艺术感觉和创造力，能够将科学与艺术完美融合，通过光的设计来提升建筑空间的价值和体验。因此，在绿色建筑设计中，设计师需要考虑光线在不同时间段内的变化，如日照的角度、强度以及夜间人造光源的布局和强度，以设计出既能充分利用自然光又能在需要时提供足够人造光的方案；通过对光的精细控制，创造出既节能高效又美观舒适的空间环境。

光线在建筑中的应用不只是基本照明，它还被用来强调建筑的特定元素，如突出某些材料的质感、颜色或是建筑的线条和形状。设计师可以通过巧妙的照明设计引导视线流动，营造出特定的视觉焦点和空间层次，增强建筑空间的动态感和层次感；也可以通过光线设计影响人们的情绪和行为，创造出温馨、舒适或是活跃、刺激的光环境，以满足不同场合和功能的需求。在现代生活中，人们大部分时间都是在室内环境中度过的，无论是在工作、学习还是日常生活中，舒适和恰当的光环境都是基本的需求之一。良好的光环境不仅能够减轻视觉疲劳，提高工作和学习的效率，还能够直接影响人的身体健康，尤其是视力；而光照不足不仅会降低工作效率，还可能增加事故的风险，因此，营造一个绿色健康的室内光环境显得尤为重要。

随着科技的发展和环保意识的增强，光源技术和照明技术也在不断进步，LED 技术的广泛应用，不仅大大提高了能效，还为照明设计提供了更多的可能性。这意味着设计师现在拥有了更多的工具和资源来实现更加创新和可持续的照明解决方案，这些解决方案不仅满足了基本的照明需求，还提升了建筑空间的美学价值和人们的使用体验。

（二）光的基本性质

1. 光通量

光通量是衡量光源发出可见光能量的基本物理量，其定义体现了人眼对不同波长电磁辐射敏感度的差异，提供了一种依据人眼对光感知能力调整的衡量指标，使人们能够更准确地评价光源的发光效能。辐射体在单位时间内以电磁辐射形式辐射的能量称为辐射功率或辐射能量，但由于人眼只能感知一定波长范围内的电磁波，即 380 ～ 780 nm，因此，直接用辐射功率来衡量光源的效能并不准确。光通量的概念便是在这样的背景下产生的，它考虑了人眼的感光特性，以流明（lm）为单位，专门用来描述光源在人眼可感知范围内发出的光能总量。

在建筑光学领域，光通量的应用尤为重要，它直接关系到空间照明设计的质量和效果。换言之，建筑师和照明设计师只有通过评估使用在特定空间内光源的光通量，才能确保该空间得到足够而均匀的照明，满足人们的视觉需求和审美期待。例如，一盏 100 W 的白炽灯可能发出大约 1 250 lm 的光通量，而一盏 40 W 的日光色荧光灯的光通量则约为 2 200 lm，这一比较清楚地表明了不同类型的光源在能效和发光能力上的差异，荧光灯在消耗相同或较少电能的情况下，能提供更多的光通量，从而在照明效率上超过了白炽灯。随着科技的发展，更加高效和节能的光源被开发出来，如 LED 灯，这不仅提高了光源的光通量输出，也大幅度降低了能耗，对于建筑照明设计来说是一个重大的进步。

随着研究的深入，人们越来越意识到不同强度和色温的光线对人的生理和心理状态有着直接影响。控制光源的光通量，以及利用高级的照明控制系统调节光线的色温和亮度，可以创造出有利于人体健康和工作效率提高的光环境，这些措施不仅展示了光通量在照明设计中的实用价值，也体现了现代科技使人们的生活和工作环境变得更加人性化和高效的方式。

2. 发光强度

光通量作为衡量光源向四周空间发射出的光能总量的物理量，为人们提供了评估光源发光能力的一种基本方式，但因为光通量在空间中的分布是不均匀的，仅仅了解一个光源的光通量并不足以完全描绘出照明效果的全貌，因此，光通量在空间中的分布对于实现特定照明需求至关重要。在这种背景下一个全新的定义，即发光强度衍生出来了，它指的是光通量的空间分布密度，描述了光通量在不同方向上的分布情况，这个概念对于精确控制照明效果和满足特定空间照明需求非常重要。

以一个悬吊在桌面上方的 100 W 白炽灯为例，尽管人们知道它发出大约 1 250 lm 的光通量，但是这些光能如何分布到桌面和周围空间，却是由多种因素决定的，包括灯具的设计、灯罩的使用情况以及灯具的安装位置等。当在这盏灯上加装一个灯罩时，灯罩的存在改变了光线的传播路径，将部分原本向上或侧向发散的光线反射向下，这样做增加了桌面的光通量空间分布密度，即使桌面上的光线更加集中和明亮，同时减少了其他区域的光照强度。这个简单的例子清楚地表明，了解光通量的空间分布情况对于实现有效和高效的照明设计至关重要。在照明设计实践中，设计师不仅需要考虑光源的光通量，更要细致地考虑光通量的空间分布特性，以确保光线能够均匀地覆盖到需要照明的区域，同时避免不必要的光污染或眩光，这就要求设计师对光源的物理特性和光学性能有深入的理解，同时借助现代照明技术和计算工具来模拟和预测光线在空间中的分布情况。

光通量的空间分布密度，即发光强度，也关系到能源利用效率和环境舒适度，优化光源布局、选择合适的照明器具可以大大提高照明系统的能源利用效率，减少能源浪费，同时创造出符合人体生理和心理需求的光环境。

3. 照度

照度是描述被照射表面上光通量空间分布密度的物理量，它体现了光源对于特定面积的照明强度，直接关联人们对光环境的感知和舒适度，以及照明效果的实用性和美观性。照度的单位是勒克斯（lx），即每平方米上的流明数。当多个光源共同照射一个区域时，这些光源在该区域产生的照度是可以相加的，这意味着如果每个光源对某一被照面产生的照度是已知的，所有光源共同作用下的总照度就可以通过简单的加法计算得出。这个特性在设计多光源照明系统时特别有用，它使得设计师可以通过增加或调整光源的数量和位置来达到所需要的照明效果。不同的活动和环境需要不同的光环境，理解照度的概念对于确保室内外环境的光照质量符合人的生理和心理需求至关重要。例如，精细工作或阅读需要更高的照度水平，以减轻眼睛疲劳和提高工作效率；而休息或放松的环境则可能需要较低的照度水平，以营造舒适和宁静的氛围。为了保证光环境的稳定，照度的均匀分布是照明设计中一个重要考虑因素，明显的光斑或暗区应尽可能地避免出现，以免影响人们的舒适感和空间的功能性。

照明设计不仅要考虑照度的绝对值，还要关注照度的变化和分布。科学的照明设计，可以实现照度的合理分布，既满足功能需求，又符合美观和节能的原则。例如，在办公空间中，采用直接照明与间接照明相结合的方式，可以创造出既明亮又不产生眩光的照明环境；在居住空间中，巧妙布局光源和使用不同强度的灯光，可以创造出既舒适又有层次感的照明效果。

4. 亮度

亮度是一个衡量发光体表面明亮程度的重要物理量，它的定义为在视线方向上单位投影面积发出的光通量，它直接影响人们对环境的视觉感受和舒适度。为了形成一个良好的视觉环境，光源的位置和性能需要被考虑，同时不同表面之间的亮度对比需要被关注，适当的亮度对比有助于形成清晰的空间感和层次感，但亮度对比过大可能导致视觉疲劳，甚至视觉不适。

在实际的照明设计中，为了达到环境亮度的平衡，设计师需要同时考虑照度和反光系数（材料表面反射光线的能力）两个因素，前者决定了空间内的光线强度，后者影响了光线在空间内的分布和表面的亮度。当某个表面的照度较高时，使用低反光系数的材料可以减少光线的反射，避免产生眩光或过亮的表面，这对于避免直接照明下的强烈反射特别重要。相反，对于照度较低的区域，选用高反光系数的材料可以提高表面的亮度，从而提高空间的整体亮度，使得空间更加明亮和宜人。当然，亮度的平衡也与空间的功能和使用目的紧密相关，在办公空间或学习环境中，适中的亮度对比有助于提高工作或阅读的效率，减轻眼睛疲劳；而在休息或娱乐空间中，较低的亮度和柔和的亮度对比则能创造出放松和舒适的氛围。

为了达到亮度平衡，多层次照明设计可以被采用，即结合直接照明和间接照明，以及局部照明和整体照明的策略，这种方法不仅能够满足不同活动和时间的照明需求，还能够有效控制亮度对比，创造出动态和层次丰富的视觉环境。例如，间接照明能够通过光线的柔和反射，减少硬阴影和强烈对比，而局部照明则能够突出空间的特定区域或装饰元素，增强空间的视觉兴趣。

二、人眼与光的相互作用

人们所研究的光是一种特定波长范围内的电磁辐射，它能够引起人的视觉感知，这个范围是 380 ～ 780 nm，涵盖了从紫外线的边缘到红外线的起始，这些光构成了人眼可见的光谱。超出这个范围的电磁波，如波长大于 780 nm 的红外线和无线电波，以及波长小于 380 nm 的紫外线和

X 射线，虽然同样是电磁辐射的形式，但由于人眼的生理结构无法感知，因此不在可见光范围内。这一事实揭示了光不仅是客观存在的一种能量形式，也是与人的视觉系统和主观感觉紧密相连的现象。为了理解人眼与光之间的关系，设计师必须深入了解人眼的生理构成及其工作原理。

（一）人眼的生理构成

人眼是一个复杂的感光器官，其生理构成包括多个部分，每个部分都承担着特定的功能，它们共同协作使得视觉成为可能。以下是人眼的主要生理构成部分及其功能。

1. 角膜

角膜作为眼球前部的透明外层，承担着至关重要的角色，在保护眼球内部结构免受物理伤害和外部微生物侵害的同时，具备强大的光学功能。角膜的独特结构和折射能力使其成为眼睛折射系统中的关键部分，它负责将外界的光线有效聚焦至视网膜上，为形成清晰视觉图像奠定了基础。角膜的这一功能尤其显著，因为它在眼睛整体折射力中占据了主导地位，其形状和透明度直接影响光线的聚焦效果。因此，角膜的健康状况对视力有着决定性的影响，任何损伤或疾病，如角膜炎或角膜变形，都可能导致视觉模糊或其他视觉障碍。正是因为角膜在视觉过程中的重要性，现代医学开发了众多解决相关问题的方法，包括角膜移植术、近视眼激光手术等，以恢复或改善人们的视力。

2. 虹膜

虹膜作为人眼中负责赋予眼睛颜色的部分，不仅在美学上对每个人的外观有着独特的影响，还在生理功能上扮演着调节光线进入眼内的关键角色。通过其内部的肌肉——括约肌和睫状肌——的收缩与放松，虹膜能够精细地调整瞳孔的大小，以适应环境光线的变化。在光线充足的环境下，虹膜会使瞳孔缩小，减少进入眼内的光线量，从而防止过多的光线损伤视网膜；而在光线昏暗的环境中，虹膜则使瞳孔放大，增加进入眼内的光线量，以改善视觉效果。这种自动调节机制使人眼能够在不同的照明条件下保持较好的视觉性能。虹膜的这一功能展现了人眼作为生物器官的复杂性和精细性，同时是人体对环境变化适应性的生动例证，体现了自然选择和进化的智慧。

3. 瞳孔

瞳孔位于虹膜中心，作为人眼中的一个至关重要的开口，它的主要功能是允许光线穿过并进入眼内，进而到达视网膜。瞳孔大小的变化是通过虹膜的肌肉自动调节来实现的，这一独特的调节机制允许瞳孔在不同光照条件下变大或变小，以控制进入眼内的光线量。在强光条件下，瞳孔会缩小，以限制过多光线进入，保护视网膜；而在光线较暗的环境中，瞳孔则放大，以最大限度地捕捉更多光线，改善视觉清晰度。这种能力不仅展现了人眼对光线细微变化的敏感性和适应性，也体现了人体复杂的生理调节系统如何精确地工作以应对环境的挑战，确保在各种光照条件下都能维持较优的视觉性能。通过这种精细的调节，瞳孔成了调控视觉输入的关键环节，是视觉系统中不可或缺的一部分。

4. 晶状体

晶状体是位于虹膜后方的一个关键透明结构，它在人眼中扮演着至关重要的角色，不仅负责进一步折射进入眼内的光线，还负责确保这些光线能够精确地聚焦在视网膜上，从而形成清晰的视觉图像。晶状体的这种独特功能，使其成为人眼调焦系统的核心部分，它通过改变自身的形状来适应不同的视觉距离，实现了从近距离到远距离的无缝视觉转换。当观察近处物体时，晶状体会变得更加圆凸，以增强其折射力，确保光线能够在视网膜上聚焦形成清晰图像；而在观察远处物体时，晶状体则变得相对扁平，以减少折射力，适应远距离的视觉需求。这种能力源于晶状体内部的纤维和周围睫状肌的协调作用，体现了人眼作为一个高度复杂和精密调节器官的奇妙设计。通过这种精细的调节机制，晶状体不仅为人们提供了从阅读书籍到欣赏远山的能力，也展现了人体对于不断变化环境的适应性和调节能力。

5. 玻璃体

玻璃体是独特的凝胶状透明物质，充填在晶状体和视网膜之间，扮演着眼球内部不可或缺的角色。玻璃体不仅对眼球的结构完整性至关重要，帮助眼球保持其球形形状，还在眼内营养输送中起着桥梁作用，为视网膜等关键组织提供必要的营养支持。玻璃体的透明质地和稳定性确保了光线能够无阻碍地穿过，有效地聚焦于视网膜上，这对于形成清晰、准确的视觉图像是基础条件。此外，玻璃体在减缓眼球震颤和保护视网膜免受物理损伤方面也起着重要作用，其凝胶状的质地能够缓冲外界对眼球的冲击，保障视觉系统的稳定运作。因此，玻璃体不仅是眼球结构的一个组成部分，更是维持正常视觉功能的关键要素，它的健康状态直接影响视觉质量和眼球的整体健康。

6. 视网膜

视网膜作为眼球内壁上的复杂感光层，发挥着将光线转化为大脑能够解读的电信号的关键作用，这是视觉过程中不可或缺的一环。这一层富含两种主要类型的感光细胞：视锥细胞和视杆细胞，它们各自承担着不同的视觉任务，共同构成了人类复杂而精细的视觉系统。视锥细胞的数量相对较少，它们主要分布在视网膜的中央部位，即黄斑区，对颜色和细节的识别极为敏感，使人们能够在光照充足的环境中看到丰富的颜色和清晰的图像。相反，视杆细胞在视网膜的周边区域分布更为广泛，其数量远多于视锥细胞，它们在光线较暗的环境下特别有效，为人们提供了夜间或昏暗环境中的视觉能力，它们虽然不参与颜色视觉，但对于检测光的亮度和运动极为敏感。这种精妙的分工和协作使得人眼能够在从明亮日光到微弱月光的广泛光照条件下都能看到世界，使人们无论在何种环境条件下都能享有尽可能好的视觉体验。视网膜上的这些细胞将光信号转化为电信号后，电信号通过视神经传递给大脑，经过复杂的处理，形成人们所感知的图像，这展现了生物进化中对光的精细利用和对视觉信息的高效处理。

7. 视神经

视神经充当着人眼与大脑之间的关键通道，它的作用至关重要，因为视神经负责将视网膜感光细胞接收并转化的光信号以电信号的形式传输到大脑。这个过程涉及数以百万计的神经纤维，它们紧密编织在一起，形成了一条精细的传输线，确保了视觉信息的快速、准确传递。视神经的这种独特结构和功能，使得人类能够实时地感知和解读周围的世界。当电信号到达大脑，特别是大脑的视觉皮层时，这些电信号被进一步解析和处理，转化为具体的图像、颜色、运动等视觉体验。这个过程不仅涉及电信号的传递，还包括对信息的识别、解释和记忆，显示了人类神经系统处理视觉信息的复杂性和高效性。视神经的功能不仅包括单纯的信号传递，还包含对视觉信息的初步处理，这为大脑提供了丰富、多维的视觉输入。这种从人眼到大脑的信息流动是人类视觉系统中不可或缺的一部分，使人们能够体验到丰富多彩的视觉世界。

8. 巩膜

巩膜常被称为眼白，是眼球的外层保护性结构，其坚固的白色纤维组织覆盖了眼球的大部分表面，提供了人眼所必需的结构性支持和保护。作为眼球最外层的一部分，巩膜不仅可以保护眼睛内部的精细结构不受物理伤害和外界侵袭，还可以为眼内的重要组织如视网膜、晶状体和玻璃体提供稳定的环境。巩膜与角膜相接的部分形成了人眼前部的透明窗口，这种独特的结构设计能够使光线顺利进入眼内，同时保持眼球的完整性和功能性。巩膜是一个被动的保护层，其表面附着着眼外肌，这些肌肉的收缩与放松控制着眼球的运动，使得人们能够迅速而准确地改变视线方向。通过这种复杂而精细的结构配置，巩膜在维持人眼形状、保护视觉器官以及协助眼球运动中起着至关重要的作用，确保了视觉系统的高效运作和其对外界刺激的适应能力。

（二）人眼的感光过程

1. 人眼感光的具体过程

视网膜在人眼中的作用可以与照相机中的胶卷相比拟，它是视觉感受的核心部位，负责将接收的光线转换成神经信号，这些信号随后被传输到大脑，最终产生视觉感知。这一过程的关键在于视网膜上分布着的两种感光细胞：视锥细胞和视杆细胞，这些细胞对光线的接收和转换是视觉形成的生物学基础，它们如同精密的传感器，能够将光能转化为神经系统可以处理的电信号。

当光线通过人眼的光学系统被聚焦到视网膜上时，光线刺激了这些感光细胞，引发了复杂的生化反应，进而产生了电信号，这些电信号被视网膜内的其他细胞进一步处理和整合，最终通过视神经传递到大脑，大脑的视觉皮层对这些电信号进行分析和解释，形成人们所感知的图像、颜色、运动等视觉内容。这一过程不仅涉及光线的物理和生化转换，还包括复杂的神经信号处理，显示了人类视觉系统的高度复杂性和精确性。因此，人眼的感光过程是一连串精密而复杂的生物学和神经学活动的结果，涵盖了从光线的接收、转换到信号的传递和解释的整个链条。这不仅展示了生物进化的奇妙，也揭示了人类感知世界的深刻机制，使人们能够在多变的环境中有效地看见和理解周围的世界。

2. 人眼感光的适应过程

人眼感光的适应过程是一种复杂的生理反应，使人眼能够在不同亮度的环境中保持视觉功能，这一过程涉及视网膜上的视锥细胞和视杆细胞对光的敏感度调节，以适应从明环境到暗环境，或从暗环境到明环境的过渡。当人们从一个明环境突然步入一个暗环境时，初期可能会感到一种视觉上的"失明"，这是因为视锥细胞——在光照充足时主导视觉的感光细胞——需要时间来降低其活性，而视杆细胞——在光照不充足时更为活跃的感光细胞——则需要时间来增强其感光度，这一过程称为暗适应过程。反之，当从暗环境进入明环境时，视杆细胞迅速降低其活性，而视锥细胞则需要时间来提升其反应度，这一过程称为明适应过程。在这两种适应过程中，人眼通过调节感光细胞的活性、瞳孔的大小以及视网膜色素的再生等多种机制，来逐渐调整至新环境的最佳视觉状态。例如，瞳孔会在光线强烈时缩小，以减少进入眼内的光线量；而在光线昏暗时放大，以增加进入眼内的光线量。同时，视网膜中的视觉色素在光线变化时会发生化学变化，进一步促进视觉系统的适应过程。

在室内设计中，考虑到人眼的这种感光适应能力，创建舒适的视觉环境尤为重要。例如，设计过渡空间或利用渐变的照明设计，可以帮助人们缓解从一个亮度区域到另一个亮度区域的视觉不适和疲劳，这种设计不仅提升了空间的舒适度和功能性，也体现了对人体生理特性的理解和尊重。

（三）人眼的视觉感知

1. 对颜色的感知

人眼对颜色的感知是通过视网膜上的视锥细胞来实现的，这些细胞对 380～780 nm 的电磁波（可见光）具有敏感性，这个范围内不同波长的光对应不同的颜色感知，可见光谱覆盖了从紫色、蓝色、绿色、黄色到红色的一系列颜色。而视锥细胞分为三种类型，分别对红光、绿光、蓝光最为敏感，通过这三种基本颜色的不同组合，人眼能够感知数百万种不同的颜色。人眼对颜色的感知不仅仅是光波物理属性的直接结果，还是一个复杂的神经生理过程。当光线进入人眼并被视网膜上的视锥细胞吸收时，这些细胞会产生电信号，这些电信号随后被传输到大脑，大脑解读这些电信号，形成人们所感知的颜色。这一过程不仅依赖光的波长，还受到光的强度、周围颜色以及背景光照条件的影响，这解释了同一颜色在不同的光照和背景下可能看起来不同的原因。这种人眼对颜色感知的复杂性意味着人类视觉系统不仅能够解析光的基本成分，还能够对颜色进行非常精细的区分，这在自然界中具有重要的生存价值，如帮助人类识别成熟的植物以及潜在的威胁。更重要的是，颜色感知深深影响了人类的情感、文化和艺术，不同的颜色和颜色组合能够引发不同的情绪反应和美学评价，颜色感知甚至在沟通、艺术创作、设计以及日常生活中发挥着至关重要的作用。

2. 对明暗的感知

人眼对不同波长光的感知差异是其对光谱的独特反应方式，这种反应在光谱光视效率中得到了体现，揭示了人眼对某些特定波长光的敏感度高于其他波长光。这种感知上的差异根源于视网膜上视锥细胞和视杆细胞的不同功能和分布，在光照充足的环境下，视锥细胞主导视觉过程，人们不仅能够看到丰富的颜色，还能辨认物体的精细细节，这是因为视锥细胞对光的反应更加敏锐，能够对不同波长的光产生不同的反应，从而使人眼能够感知从紫色到红色的广泛颜色范围；相比之下，视杆细胞在光照不充足时变得更为活跃，虽然视杆细胞对颜色的识别能力有限，主要提供黑白和灰度视觉，但它们对光的敏感度极高，使人在昏暗的环境中仍能看见物体的轮廓和移动。

人眼对明暗的感知不仅反映了视觉系统的复杂性，还体现了其适应不同光照条件的能力。在日间或光照充足的环境中，人眼依赖视锥细胞的高分辨率和色彩感知能力，进行精细的视觉活动，如阅读和识别颜色；而在夜间或昏暗环境下，视杆细胞的高敏感度成为视觉的主要支撑，此时人们虽然无法看清颜色，但仍能在极低的光照条件下导航和识别物体。这种明暗视觉的转换涉及视网膜上感光细胞的生化反应，以及瞳孔对光照强度的物理调节。在照明设计和视觉艺术中，理解人眼对明暗的感知机制，可以更有效地设计照明系统，以适应人的视觉需求，减轻眼睛疲劳，并提升在不同环境中的视觉体验。因此，人眼对明暗的感知不仅是视觉系统适应环境变化的生物学基础，也是影响人类日常生活和社会活动的重要因素。

3. 对视野的感知

人眼的视野是在不转动头部的情况下能够观察到的空间区域，虽然人的双眼视野在水平面上大约能达到180°，在垂直面上约为130°，但是受到多种生理因素的限制，如感光细胞在视网膜上的分布以及额头、眉毛、脸颊等面部结构的阻挡，上方视野约为60°，而下方视野则约为70°。这就要求设计师充分考虑人类能够覆盖的广泛视野，保证其对环境有着宽广的观察能力，从而有效地监测周围的动态变化和潜在威胁。在实际应用中，如观赏展品或进行视觉任务时，人们往往会无意识地选择一个较佳的观察位置，以确保所观看的对象处于清晰区域内，这不仅能提供足够的视觉舒适度，也能减轻视觉疲劳。

人眼对视野的感知还受到双眼视差的影响，这是因为人的双眼从略微不同的角度观察同一个物体，产生的视觉差异能够被大脑解释为深度信息，这增强了人们对环境的立体感知。这种能力使得人类不仅能感知宽广的视野，还能在这个视野内准确地判断物体的位置和距离，对于日常活动和生存至关重要。

4. 对物体大小的感知

人眼对物体大小的感知是一个复杂的视觉过程，它不仅涉及物体本身的尺寸，还受到观察者与物体之间距离的影响，这种感知能力是人类视觉系统对外界信息进行解码的基本方式之一，对于日常生活中的导航、物体识别和空间定位至关重要。视度是衡量人眼观看物体时清晰程度的指标，它受到多种因素的影响，其中物体的大小和观看距离是两个主要因素。物体越大，其在视网膜上形成的影像也越大，这使得细节更易于被视网膜上的感光细胞捕捉，并由大脑处理和识别。因此，较大物体通常更容易被看清楚，特别是当较大物体与观察者的距离近时，这是因为随着物体与人眼之间距离的减小，物体在视网膜上的投影增大，从而提高了视觉的分辨率；相反，当物体较小或距离较远时，其在视网膜上形成的影像较小，使得细节更难以分辨，从而降低了视度。物体与其背景之间的亮度对比也是影响视度的重要因素，当物体和背景之间的亮度差异较大时，物体的轮廓和特征可以更加突出，从而提高了视度和物体识别的准确性。

人眼对物体大小的感知还涉及更为复杂的心理和生理机制，如视觉透视、前景与背景的关系以及个人经验和认知预期等因素，这些都可以影响人们对物体尺寸和距离的主观感知。例如，通过视觉透视的线索，人们可以判断物体的大小和远近，即使物体的实际大小没有变化，其在视网膜上形成的影像大小也随距离变化而变化。

三、绿色建筑室内恰当的照明设计

视觉在人类感官系统中占据至关重要的地位，它不仅是人们接收外界信息的主要渠道（大约87%的信息是通过视觉获得的），还是人们日常生活中大部分活动的引发者和指导者。在一个优质的光环境中，人们无须额外集中注意力就能清晰地看到他们需要的信息，这不仅能确保所获得的信息准确无误，还能避免背景中的视觉"噪声"对注意力的干扰，甚至对人的生理和心理健康都极为有益。理想的光环境还应该具备易于观看的特性，同时需要注意安全、美观的亮度分布和眩光控制，以及照度均匀度的控制。要创建这样一个环境，关键在于理解和实施那些能够促进视觉舒适度和效能的元素，这通常需要通过用户的反馈来实现，因为用户的体验和满意度是评价光环境质量的重要标准，只有倾听用户的意见，人们才可以更好地了解哪些因素较为关键，以及如何调整光源、亮度和色温等参数来满足不同的需求。随着技术的发展和人们对健康影响的深入研究，越来越多的设计开始考虑如何通过光环境的优化来促进人的健康，如模拟自然光的变化来调节人体生物钟，以减轻眼睛疲劳和改善睡眠质量，这不仅提高了工作和生活的质量，也为现代生活方式带来了新的视角，强调了与自然环境和谐共处的重要性。

（一）恰当的照度和亮度

在工作环境中，恰当的照度是创建一个理想工作环境的关键要素之一。研究表明，人们对照明的满意度会随着照度的增加而提高，但这一正向趋势只在照度达到某一最优区间时适用，这个区间为 1500 ～ 3 000 lx，被认为是多数工作场所照明的理想亮度水平。当照度超过这一范围时，人们对照度的满意度反而会降低，这是因为照度过高不仅会导致物体表面过于明亮，引起视觉不适，还可能导致视觉疲劳和眼睛敏感度的下降。过亮的环境也可能导致眩光，这不仅降低了视觉的清晰度，还可能导致眼睛疼痛和头痛，从而影响工作效率和安全。因此，设计一个理想的工作环境不仅要达到恰当的照度水平以确保工作效率，还要避免过度照明带来的负面影响，这就需要一个平衡的方法，即利用精心设计的照明方案来实现恰当的照度和亮度水平。例如，使用可调光的照明系统可以根据不同的工作任务和时间段调整亮度，以满足不同的视觉需求。同时，合理的照明布局和光源选择很重要，可以确保光线均匀分布，避免产生直接或反射的眩光。

此外，考虑到人们对光线的个体差异，提供个性化的照明解决方案也是提高工作环境满意度的一个有效方法。例如，为员工提供桌面照明选项，允许他们根据个人偏好调整自己工作区域的亮度，可以提高舒适度和满意度。

（二）恰当的照明分布

人眼对光线的适应性是一个复杂而精细的过程，尤其是在工作和生活环境中，合理的照明分布是创建舒适视觉环境的关键，这不仅涉及照度的绝对值，更关注照度分布的均匀性。在一个工作环境中，除了直接照射的光线外，环境中的其他元素，如墙壁、顶棚、窗户等也反射和散射光线，这些光线共同构成了环境的总体照明情况，恰当的照明分布设计的挑战在于如何平衡空间内的光线，确保足够的亮度同时避免过强的光线对比，从而减少人眼调整的频率，减轻视觉疲劳，提高人的舒适度和工作效率。因此，为了避免因光线分布不均导致的视觉不适，照明设计应遵循一定的原则。首先，尽量减少光线强度的突变，避免在视野中形成高对比度的亮暗区域。这可以通过使用多个光源分散光线，或者利用漫反射材料来软化光线实现。其次，保持工作面和周围环境的照度相对均匀，避免直接照射的光线引起的刺眼感或阴影过重，影响视线和注意力的集中。照度的最大值和最小值之间的差异应控制在平均照度的 1/6 以内，以确保照明的均衡性。

（三）恰当的光源设置

1. 自然光

自然光作为一种古老而持续变化的光源，自古以来一直是照亮人类生活和工作空间的主要方式，它不仅为人们提供了视觉上的舒适和生理上的益处，还在情感和心理上给予人们深刻的影响。昼光的动态变化特性（从清晨的柔和光线到正午的明亮光线，再到傍晚的温暖光晕，每一天都在上演光与影的戏剧），为人们的生活场景增添了丰富的层次和情感色彩。甚至在人类漫长的进化历史中，人们的生活节奏和生理机能都在自然光的节律中得到了调整和优化，人体的生物钟，即睡眠和觉醒周期，就与自然光的周期紧密相连。这种深刻的连接说明了为什么在自然光下工作和生活可以提高效率，改善健康状况，甚至增强幸福感。

随着现代社会的发展和能源危机的加剧，人们开始重新审视自然光的价值，与人工光源相比，它不仅能够提供更为健康和舒适的光环境，还是一种完全免费的资源，对减少能源消耗和保护环境具有重要意义。这就要求建筑师和照明设计师不断探索如何有效地利用自然光，通过设计促进自然光的最大化利用，实现既满足室内照明需求，又减少对电力的依赖的宏伟目标。这个过程的关键在于研究昼光的变化规律，照明设计师通过对自然光参数的精确测量和分析，能够预测不同时间和条件下光线的变化，并据此设计出能够自然调节光线进入的窗户和遮阳系统，这些系统充分考虑了光线的强度和方向，充分利用了光线的颜色变化，创造出既节能又舒适的室内环境。照明设计师还可以在建筑布局和结构选择上采取更为环保和可持续的方法实现自然光的最大化利用，如使用反射材料、天窗、光管等，这样可以将自然光深入建筑的内部，使那些远离外墙的空间也能享受到自然光的好处。

在实现自然采光的同时照明设计师要想办法平衡其与人工照明的关系，以确保两者能够满足室内空间在不同时间和条件下的照明需求，从而降低能源消耗并提供一个健康舒适的光环境。这不仅包括如何在白天通过人工光源补充不足的自然光，也涉及如何通过设计减少对人工光源的依赖。为了实现这一点，照明设计师不仅要考虑灯具的物理特性和光线质量，还要考虑它们与自然光相结合时的效果，以及如何通过智能控制系统动态调节光线，以达到最佳的照明效果和能效。

2. 人工光源

在现代建筑和环境设计中，人工照明不仅仅是补充自然采光不足的手段，也已经成为塑造空间氛围、强化建筑特色和提高室内环境质量的关键工具。因此，人工光源的选择和应用不仅需要考虑光源的类型和照度，还需要综合考虑其对建筑的采暖、通风系统、结构安装、建造和监理的影响，以确保其进一步与自然光相结合，共同塑造建筑内部的光环境。

建筑师和照明设计师在选择人工光源时面临的首要任务是确定合适的光源类型，现代市场上有多种光源可供选择，包括传统的白炽灯、更为高效的荧光灯、LED 灯等，每种光源都有其特性，如色温、色彩还原性、能效和使用寿命等，这些特性会直接影响空间的视觉效果和能源消耗。因此，照明设计师需要根据空间的具体需求和功能，以及对能效和可持续性的考虑，做出明智的选择。确定了光源类型后，照明设计师接下来需要考虑的是照度。照度的选择不仅要考虑视觉的需求，还要考虑光源对空间氛围的影响。例如，在一个博物馆或画廊中，照度的选择需要考虑艺术品的展示效果和保护，而在办公空间中，则需要考虑工作效率和员工的眼睛健康。人工照明的设计和布局还需要与建筑的 HVAC 系统相协调，因为光源的热输出会影响空间的热环境，因此相应调整 HVAC 系统的设计可以确保光源的安全。人工光源的电气需求和布线需要在建筑设计的早期阶段就考虑进去，以确保所有系统的集成和高效运作。

在现代建筑和环境设计领域，人工照明设计不仅是一个技术问题，更是一个艺术创作过程。无论是通过聚焦光源突出空间的某个特定元素，还是通过柔和的散射光线营造温馨舒适的环境，人工照明都为建筑和环境设计提供了无限的可能性。照明设计师通过巧妙地安排光源的位置、方向和强度，可以创造出丰富多变的空间氛围，提升空间的美学价值。因此，在实际的照明设计中，照明设计师需要在充分利用自然光的同时，合理选择和应用人工光源，这要求照明设计师对现有的光源及其特性有清晰的了解，并能够根据具体的设计需求和条件，做出恰当的选择。

第二节 绿色建筑冷热设计

一、绿色建筑室内热环境

（一）室内热环境定义

热环境作为影响人体冷热感觉的综合环境因素，由太阳辐射、气温、周围物体表面温度、相对湿度和气流速度等物理因素共同构成，这些热特性的平衡和调节成为实现舒适室内气候的关键，因此，热环境直接影响人的舒适度、健康以及工作效率。太阳辐射为地球提供了大部分的热能，是决定地球及其生态系统热环境的主要因素。在建筑层面，太阳辐射通过窗户和其他透明结构直接进入室内，或者被建筑表面吸收后转化为热能间接影响室内温度，而供暖系统、电器设备等人为的热源以及人体自身产生的热量，也对热环境有着显著的影响，这些内部和外部的热源共同决定了室内空间的温度条件、湿度水平和气流特性。

室内热环境的形成是一个复杂的过程，涉及室外气候条件和内部热源通过建筑围护结构的热交换与热平衡作用，不仅受到建筑本身的物理特性和设计的影响，还与建筑内部的活动、设备运行以及人体热释放等因素紧密相关。基于此可以得出，室内热环境是指由室内空气温度、空气湿度、空气流动速度以及围护结构内表面的辐射热等因素综合组成的一种室内环境。室内热环境的质量直接影响着人们的舒适度、健康以及工作和学习的效率，它是建筑环境科学中一个至关重要的研究领域。这一领域关注的是如何通过建筑设计与技术手段，综合考虑室内空气温度、空气湿度、空气流动速度以及围护结构内表面的辐射热等多个因素，创造出既节能高效又能满足人体舒适需求的室内环境。

建筑热工学作为一门研究建筑与热环境相互作用的学科，涉及热传递、流体力学、人体热舒适理论以及能源利用效率等多个方面，它的核心目标是找到合适的设计和技术方案，以确保在不同气候条件和使用需求下，建筑内部能够维持一个对人体舒适、对环境友好的热环境。这不仅包括合理的空间布局、建筑方向和窗户设计，以最大化利用自然风和自然光，还涉及选用高效的建筑材料和先进的 HVAC 系统，以及智能化的建筑管理系统来动态调节室内环境。在实际应用中，建筑热工学的原理和方法能够帮助设计师评估不同设计方案对室内热环境的影响，从而在设计初期建筑的热性能就能被预测和优化。例如，通过模拟分析可以优化建筑的朝向，减少夏季过度的日照导致的热负荷，同时增加冬季太阳辐射的利用；通过选择具有良好隔热性能的材料和窗户，可以减少能量的损失，提高建筑的能源利用效率；而通过设计有效的自然通风策略，不仅可以改善室内空气质量，还能减少对机械通风冷却的依赖。除此之外，建筑热工学还强调建筑热环境与人体热舒适度之间的关系，通过研究人体热平衡和热舒适模型，可以确定室内环境参数对人体热舒适度的影响，从而为建筑热环境设计提供科学依据。这种以人为本的设计理念，不仅能够提升居住和工作空间的舒适度和健康水平，还能提高能源利用效率，促进建筑的可持续发展。

（二）与室内热环境有关的物理量

1. 室内空气温度

室内空气温度是影响人体感觉和热舒适度的重要因素之一，对人们的生活质量、健康状况以及工作和学习效率有着直接的影响。因此，对于任何建筑环境而言，无论是住宅还是公共建筑，合理控制室内温度都是至关重要的。在不同季节，人体对温度的舒适感要求有所不同，这就需要建筑设计和运营在保持室内温度上有所侧重，以确保适宜的室内环境。

夏季时，建议的室内空气温度维持在 26 ～ 28 ℃，此温度范围考虑了能源利用效率与人体热舒适度之间的平衡。对于等级较高的建筑或人员停留时间较长的场所，如豪华酒店、高端办公楼等，推荐采用较低的温度值，以提供更加舒适的环境，满足用户对高品质生活和工作环境的需求；而对于一般建筑或人员停留时间相对较短的场所，如过渡空间、仓库等，则可以适当选择较高的温度值，以提高能源利用效率，减少空调系统的能耗。冬季室内空气温度的推荐范围是 18 ～ 22 ℃，这一范围兼顾了人体热舒适度和能源消耗的考量，旨在创造一个温暖而不过度耗能的室内环境。对于要求较高的建筑或人员停留时间较长的场所，采取温度范围中的较高值可以确保用户在寒冷季节中保持足够的温暖和舒适；相反，对于一般建筑或人员停留时间较短的场所，选择温度范围中的较低值有助于控制供暖成本和能源消耗，同时能提供基本的人体热舒适度。这样的温度控制策略不仅体现了绿色建筑对用户舒适度和健康的重视，也展现了对能源利用效率和环境可持续性的承诺，通过精细调控室内温度，结合建筑设计、材料选择和能源管理系统的综合应用，可以有效地平衡人体热舒适度与能源消耗之间的关系，实现经济与环境双赢的目标。

2. 室内空气相对湿度

　　水蒸气分压力是描述空气中水蒸气含量的重要物理量，它直接关系到空气的湿度状态以及人体舒适度和多种气象现象的形成。当空气中的水蒸气量达到一定温度下的最大限度时，称为饱和蒸汽压力。在水蒸气达到饱和后，任何额外的水蒸气加入都会导致超过空气的持水量，从而引发凝结，形成结露现象，这是玻璃窗户或冷饮表面上水珠形成的原因，也是自然界中云和雾的形成基础。相对湿度的概念进一步细化了人们对空气湿润程度的理解，它是空气中实际水蒸气分压力占同温同压条件下饱和蒸汽压力的百分比，用 φ 表示，计算公式如下：

$$\varphi = \frac{P}{P_\eta} \times 100\% \qquad (3-1)$$

式中：φ——相对湿度；

P——空气中水蒸气分压力；

P_η——同温同压条件下饱和蒸汽压力。

φ反映了空气中水蒸气量与空气所能容纳水蒸气量的最大值之间的关系，直观地表达了空气的干湿状态，即φ值越小，空气越干燥，反之亦然。相对湿度的大小不仅影响人体的感觉，还对人体的生理活动有直接影响。当相对湿度低于60%时，空气显得干燥，加速了人体水分的蒸发，使人感到皮肤和呼吸道干燥；而当相对湿度高于70%时，空气湿润，人体散热变得不易，可能会使人感到闷热不适。因此，维持相对湿度在60%～70%，可以使人感觉最为舒适，这一范围有利于维持皮肤和呼吸系统的健康状态，同时有助于提高人们的工作效率和生活质量。在建筑环境中，对相对湿度的控制尤为重要。适宜的湿度水平不仅关乎用户的健康和舒适，还影响建筑材料的性能。例如，过于干燥的环境可能导致木材和其他建筑材料收缩裂开，而过于湿润的环境则可能促进霉菌生长和结构腐蚀。因此，采用现代建筑技术和空调系统的智能控制，可以有效地调节室内外空气的湿度，保持相对湿度在一个理想的范围内，从而创造出健康、舒适的居住和工作环境。

3. 室内空气流动速度

室内空气流动速度的调节在创造一个舒适的室内热环境中扮演着关键角色，这是因为室内空气流动速度直接影响人体通过对流和蒸发散热的效率，进而影响人体的温度感受和热舒适度。在夏季，当空气流动速度为0.2～0.5 m/s时，空气流动有助于加速人体表面的热量和水分交换，通过增强对流和蒸发散热，人体会感到凉爽。在冬季，为了避免因过快的空气流动速度而引起的人体过度散热，室内空气流动速度应为0.15～0.30 m/s，这样的空气流动速度既可以保证室内空气质量，又能避免因空气流动速度过快而带来的不必要的热损失和冷感，有助于维持室内温度的均匀分布，从而为用户提供一个更加舒适和健康的室内环境。

在调节室内空气流动速度时，需要考虑不同区域和不同活动对空气流动速度需求的差异。例如，办公区域和休息区域对空气流动速度的要求可能不同，活动强度较大的区域可能需要更快的空气流动速度以满足更高的散热需求。室内空气流动速度的设计还应充分考虑人体的感受，避免直接空气流动吹拂引起的不适感，智能化的建筑设计和自动化的气流控制系统，可以实现室内空气流动速度的精确调节，这既能满足舒适和健康的需求，又能优化能源利用效率。

4. 室内平均辐射温度

室内平均辐射温度是评估室内热环境舒适度的一个重要参数，它基本上反映了室内各个表面温度的平均水平，对人体辐射散热的影响至关重要。人体不仅通过对流和蒸发散热来调节自身的温度，还通过辐射与周围环境交换热量。因此，室内表面的温度分布直接影响人体的温度感受和热舒适度，《民用建筑热工设计规范》（GB 50176—2016）提出的一系列要求旨在通过对室内各表面温度的控制，达到节能和提升舒适度的目的。

在冬季，规范要求室内表面的最低温度不应低于室内空气的露点温度，这是为了防止内表面结露，因为结露不仅会导致室内湿度上升，影响用户的健康和舒适感，还可能对建筑材料造成损害，如墙体潮湿、霉变等。保持内表面温度不低于露点温度，可以有效避免这些问题，同时保证室内的热舒适度。夏季时，规范对室内表面最高温度的要求则是不超过室外空气计算温度的最高值，这主要是为了减少室内外温差导致的能量损失，同时避免室内过热，确保用户在炎热季节能享受到舒适的室内环境。室内平均辐射温度的控制涉及建筑设计的多个方面，包括建筑的朝向、窗户的大小和位置、建筑材料的热性能以及室内外遮阳设施的配置等，综合考虑这些因素，并运用现代建筑技术和智能化控制系统，可以有效地管理室内的热环境，为用户创造出既节能又舒适的居住空间。这些措施不仅体现了现代建筑对人体舒适度的重视，也展现了对环境保护和能源节约的承诺，是实现可持续发展目标的重要手段。

（三）人体热平衡

人的热舒适度是建立在人体与其周围环境之间的热交换基础上的，这种交换主要依赖人体通过新陈代谢产生的热量与向周围环境散发的热量之间的平衡。在理想状态下，这种平衡保持在一个动态的平衡点，即人体不会感到过热或过冷，这种状态称为热平衡状态。人体热平衡过程可用下式表示：

$$\Delta q = q_m \pm q_c \pm q_r - q_e - q_w \tag{3-2}$$

式中：Δq——人体最终的得失热（W）；

q_m——人体新陈代谢产生的热量（W）；

q_c——人体与周围环境发生对流反应产生的热量（W）；

q_r——人体向周围环境散发的热量（W）；

q_e——人体蒸发水分散发的热量（W）；

q_w——人体对外界做功消耗的热量（W）。

当 $\Delta q=0$ 时，人体处于热平衡状态，但达到热平衡状态并不意味着人体一定会感到舒适，由于热量的不同组合方式，人体仍可能经历不同的热环境，只有当散热方式按照人体正常的生理比例进行时，人们才会感到舒适。所谓的正常比例散热，指的是人体通过对流换热散发 25%～30% 的热量，通过辐射散发 45%～50% 的热量，而通过呼吸和皮肤的无感觉蒸发散发剩余的 20%～30% 的热量。这种散热比例反映了人体在平衡状态下自然散热的生理机制，确保了人体能够有效地调节自身温度，以维持内部温度的稳定。然而，当人的劳动强度增加或室内热环境要素发生变化时，这种正常的热平衡可能会被打破。在过冷的环境中，人体为了减少热量的损失，会通过收缩皮肤表面的毛细血管来减少血流，从而降低皮肤的温度；相反，在过热的环境中，人体则会通过扩张皮肤血管增加血流，提高皮肤温度，并通过大量出汗来增加蒸发散热量，试图寻找新的热平衡点。这种在负荷条件下达到的热平衡被称为负荷热平衡。在负荷热平衡状态下，尽管人体的总散热量与产热量相等，人却可能感到不舒适，因为这种状态下的热平衡是通过改变人体正常的散热比例来实现的，这种调整往往会导致人体感到过热或过冷，影响人的舒适感和健康状态。

二、绿色建筑室内合理的冷热设计

（一）主动式设计

1. 智能 HVAC 系统的引入

在绿色建筑设计领域，智能和高效的供暖、制冷及通风（HVAC）系统是提高能源利用效率和室内舒适度的核心要素，这些系统通过采用先进的技术和材料，能够在提供必要的室内气候控制的同时，大幅度降低能源的消耗和环境的影响。地源热泵系统、太阳能供暖系统以及变频技术等，都是目前高效能 HVAC 系统中常见的解决方案。地源热泵系统利用地下恒定的温度来提供供暖和制冷，相比传统的供暖和空调系统，它能更加高效地使用能源，因为它只需消耗少量的电能就能得到大量的热能。太阳能供暖系统则通过收集太阳光来直接产生热能，以用于室内供暖和热水供应，这种系统尤其适合于日照充足的地区，可以有效减少化石燃料的使用。而变频技术的应用，则使得 HVAC 系统能够根据实际需求自动调整运行状态，避免过度使用能源，进一步提高系统的能源利用效率。

智能 HVAC 系统的引入，可以实时监测室内外的温度和湿度，甚至其他环境参数，根据预设的舒适标准和能效目标，自动调节供暖、制冷和通风系统的运行，实现系统的高效运行。例如，在人员较少或无人时，智能 HVAC 系统可以降低空调或暖气的运行强度，或者在自然通风条件较好时减少机械通风，从而达到节能的目的。同时，这种系统可以提供使用数据和性能报告，帮助运维人员优化系统设置和维护计划，确保系统长期高效稳定地运行。通过这些高效和智能化的 HVAC 系统，绿色建筑能够在保证室内环境质量的前提下，显著降低能源消耗和运营成本，为用户创造出更加健康、舒适的居住和工作环境。这不仅体现了绿色建筑对环境保护和资源节约的承诺，也展示了科技进步在提升建筑性能和居住舒适度方面的巨大潜力。

2. 高效能窗户的选择

在追求绿色建筑和节能效率的今天，高效能窗户的选择成为设计中不可忽视的要素，这些高性能的窗户系统通过采用先进的材料和技术，大幅提升了建筑的热效率和居住舒适度。双层或三层玻璃窗户，不仅因其优异的隔热性能而被广泛应用，还因其能够有效隔断外界噪声，提升室内的静谧环境，而受到推崇。这是因为双层或三层玻璃窗户之间的空气层或惰性气体层起到了绝热和声音隔离的双重作用，不仅减少了热量通过玻璃的传导和对流，还减少了热辐射，显著提高了窗户的整体热性能，这意味着在冬季，室内的热量可以被有效保留，而在夏季，外部的热量则可以被有效阻隔，减少了对空调的依赖，从而实现了能源的节约和环境的可持续发展。具有良好密封性的窗户通过高质量的密封条和结构设计，减少了空气渗透，防止了室内外热量的无效交换。这种密封效果不仅限于热能，对于防水、防尘以及提高隔音效果同样重要，进一步提升了居住和工作空间的整体舒适度。此外，高效能窗户还可以采用反射涂层、低辐射玻璃等技术，反射部分太阳辐射，减少太阳热能进入室内，同时允许足够的自然光进入室内，这保证了良好的自然采光，减少了白天照明的能源消耗。

3. 内部热负荷的管理

内部热负荷的管理是绿色建筑设计中的一个关键方面，旨在通过减少内部发热设备的数量和优化室内空间布局，以及使用节能灯具和电器，来有效控制室内温度的升高，从而降低对供暖和空调系统的依赖，实现能源利用效率的最大化。这种方法不仅有助于创造一个更加舒适和健康的室内环境，还能显著降低能源消耗和运营成本，符合绿色建筑对于环境保护和可持续发展的核心理念。其中，节能灯具和电器与传统的灯具和电器相比，能够在提供相同或更好的性能的同时大幅减少能源消耗和热量产生。例如，LED 灯相比于传统的白炽灯和卤素灯，具有更高的光效率和更长的使用寿命，同时产生的热量远少于后者；而采用能效等级高的电器产品，如空调、冰箱和洗衣机等，可以进一步减少能源消耗和热量产生。

合理的室内空间布局对内部热负荷管理发挥着重要作用，这意味着设计师可以通过合理的室内空间布局有效地分散内部热源，避免局部区域过热，促进室内空气的流动和热量的均匀分布。例如，将大型电器和设备放置在通风良好的区域，可以帮助热量更有效地散发出去，减少对室内温度的影响。利用隔断和开放式空间设计可以进一步优化空气流动，增强自然通风效果，减少对机械通风和空调的依赖。内部热负荷的有效管理还涉及建筑运营阶段的行为和使用习惯的改变。鼓励用户在不使用设备时关闭电源，以及合理安排使用时间，可以进一步减少不必要的能源消耗和热量产生。在此基础上搭配智能建筑管理系统，可以实时监控和调整室内环境条件，根据实际需求自动调节照明和温度设置，实现更加精细化的能源和热负荷管理。

（二）被动式设计

1. 合理的建筑朝向和布局

对于绿色建筑来说，合理的建筑朝向和布局是实现建筑热效率和光效率最大化的基石。通过精心设计建筑的朝向，可以有效利用自然资源，减少能源消耗，同时提高用户的舒适度。这就要求设计师在考虑建筑朝向时详细分析地理位置、气候条件以及周围环境，以确保建筑能够在不同季节中最大限度地利用自然光和热能，同时减少不利气候条件的影响。

在冬季，合理的朝向可以使建筑最大限度地接收太阳辐射，尤其是在寒冷地区，太阳能的有效利用对于减少供暖需求至关重要。例如，在北半球，通过将窗户和生活空间朝向阳光充足的方向可以使自然光直接照入室内，这不仅可以为用户提供充足的日照，还可以通过太阳能的被动吸收来增温，从而降低供暖系统的能源消耗。在夏季，合理的建筑朝向和布局同样可以通过减少直接日照的进入来避免过热问题，如通过设置遮阳设施或利用周围的自然环境（如树木）来提供阴影，从而降低室内温度。合理的建筑布局不仅关注单个建筑的朝向，还包括建筑群体之间的相互关系，以确保每栋建筑都能在不妨碍其他建筑的前提下，最大限度地享受自然资源。基于这种综合考虑人们可以创造出和谐的环境，整个建筑的能源利用效率和舒适度也能得以提高。

2. 高效的隔热材料

在绿色建筑设计中，采用高效的隔热材料对于提高能源利用效率和室内舒适度具有至关重要的作用，这种设计理念着重于利用先进的绝热材料和技术来最大限度地减少建筑的热损失或不必要的热增益，从而在冬季降低供暖需求，在夏季降低制冷需求，这不仅有助于减少能源消耗，还能显著降低建筑的运营成本，并为用户提供更加舒适、健康的生活环境。

通常情况下，墙体、屋顶和地板的绝热处理是高效隔热材料应用的关键领域，在这些部分使用高效的隔热材料，可以有效阻隔外部热量传入和内部热量流失，保持室内温度的稳定。例如，墙体可以采用具有高热阻值的隔热板、喷涂泡沫或其他绝热材料；屋顶的绝热处理可以通过使用反射性屋顶材料、绿色屋顶系统或厚层绝热材料来实现；而地板的绝热则可以通过在地面与建筑基础之间添加绝热层来完成。同时，优质的隔热材料具有耐用性，能够承受各种气候条件的考验，降低维护和更换的需求，这进一步降低了长期的运营成本。在选择隔热材料时，材料的环境影响也需要被考虑，那些可持续性好、可回收利用或具有低环境影响的材料要优先选择，这样不仅能够确保建筑的绿色可持续性，也符合绿色建筑对于环境保护和资源节约的核心理念。

3. 天窗和遮阳设施的使用

在绿色建筑中，天窗和遮阳设施的使用不仅能够优化自然光的引入，还能调节室内温度，减少能源消耗，从而在保证环境可持续性的同时，提升了居住和工作空间的舒适度。在冬季，天窗作为自然光和热量获取的有效途径显得尤其重要。在屋顶设置天窗可以直接引入阳光，从而利用太阳能进行自然供暖，减少对人工供暖系统的依赖。天窗还能提供良好的自然照明，减少日间照明的电力需求。为了最大化天窗的效益，设计师需考虑其位置、大小以及朝向，以确保在冬季最大限度地吸收太阳能，同时避免夏季可能导致的过热问题。使用可变透光率的天窗材料或加装可调节的遮阳设施，如智能调光玻璃，可以进一步提高天窗的适应性，根据季节和天气自动调整光照和热量的进入。

在夏季，遮阳设施对避免室内过热尤为关键，百叶窗、遮阳棚、遮阳帘或植被等，可以有效阻挡直射阳光，减少太阳辐射热的进入，从而降低室内温度和对空调系统的依赖。遮阳设施的设计应考虑到其可调节性，以便根据日照强度进行适时调整，同时要考虑到不影响室内的自然采光需求。例如，外挂百叶窗可以根据太阳的高度角进行调节，而植被遮挡不仅能提供遮阳效果，还能为建筑增添美观性和生态价值。

4. 热质量利用

热质量利用是绿色建筑中一种重要的被动式节能策略，通过利用建筑材料的物理特性来调节室内温度，可以实现自然的温度控制。建筑内部的热质量，特别是那些具有较大质量的结构元素，如厚重的墙体、地板和屋顶，能够在白天吸收大量的热能，晚上则将这些热能缓慢释放到室内空间，这种热能的储存与释放过程，就像一个自然的"热缓冲"系统，有助于减少室内温度的剧烈波动，为用户提供一个更加稳定和舒适的室内环境。具体来讲，在日照充足的白天，太阳辐射穿透窗户照射到室内，热质量高的建筑元素会吸收并储存大量的热能，这种吸热过程有助于减少直接日照对室内温度的影响，避免过度升温。而到了夜晚，当室外温度下降时，这些预先吸收的热能会慢慢地从墙体和地板中释放出来，向室内空间供热，从而减少对人工供暖系统的依赖。通过这种方式，建筑内部的热质量成了调节室内温度的自然媒介，有助于在冬季提供额外的供暖，在夏季则通过夜间通风散热来降低室内温度。

要有效地实现热质量的利用，建筑设计需要综合考虑多种因素，其中，选择具有高热容和热稳定性的建筑材料是关键，常用的材料有混凝土、砖块和石材等，这些材料不仅能够有效地储存热能，还能增强建筑的耐久性。同时，建筑设计应考虑合理的窗户朝向和大小，以确保能够最大化地利用自然光和太阳辐射，而在需要的区域设置适当的遮阳设施，可以避免夏季过度的热增益。热质量的利用还可以结合其他被动式设计策略，如自然通风和遮阳措施，来优化其效果。例如，在夏季夜间，通过开窗促进空气流通，可以加速墙体和地板的热量散发，从而降低室内温度，减少第二天空调的冷却负荷。

（三）室内温度设定

在现代建筑环境中，热舒适度被视为影响人体健康和劳动效率的重要因素，虽然有研究显示在特定温度范围内（如19～25℃），人体能够达到较高的热舒适感和工作效率，但这并不意味着绝对的热舒适环境就等同于健康的绿色热环境，因为一天中温度的适度变化对人体健康是有益的，能够促进人体新陈代谢，增强人体对环境变化的适应能力。因此，建议室内空气温度按照24 h周期进行调节，特别是在夜间适当降低温度，可以模拟自然环境中的温度波动，有助于改善睡眠质量和恢复身体。例如，冬季办公室室内温度上午保持在19℃，中午升高到21℃，午后再降低到18℃，可以创造一个更接近自然变化的环境，从而提高人的舒适感和工作效率。

如今的许多现代建筑，尤其是那些高度依赖空调系统的建筑，往往追求一种稳定的室内气候，忽略了自然气候变化对人体健康的重要性，这种做法虽然可以在短期内提供一种表面上的舒适感，但长期而言可能会降低人体对自然环境变化的适应能力，导致"空调症"等健康问题。这种对稳定室内温度的过分追求还会导致能源消耗的大幅增加，引发更多的环境问题，不符合可持续发展的根本理念。因此，从健康和环境可持续的角度出发，维持一种动态的、能够反映自然气候节律的室内环境，比追求一种静态的、绝对的舒适标准更为合理。这要求建筑设计不仅要考虑如何利用先进的技术和材料来提高能效和舒适度，还要考虑如何让建筑与自然环境更好地协调，促进人与自然的和谐共生。例如，通过优化建筑的被动设计，如合理的朝向、良好的隔热性能、有效的自然通风和日照控制，可以减少对机械制冷和供暖系统的依赖，创造一个更加健康、自然和节能的室内环境。

第三节　绿色建筑声学设计

一、绿色建筑室内声环境

在现代社会中，随着城市化进程的不断加快和人口密度的日益增加，噪声污染已经成为影响人们生活质量的重要环境问题之一。在这种背景下，建筑声学的研究和应用变得尤为重要，它不仅关注如何在建筑设计中提升声音质量，以确保音乐、讲话等需要的声音能够高保真地传达，还重视如何有效控制和减少不需要的声音（如噪声），以避免对人们的工作、学习和生活造成干扰。这意味着需要创造一个良好的室内外声环境，即要求建筑内部或周围所有声音的强度和特性都应与空间的使用需求相一致。为了达到这一目标，建筑声学采取了一系列的措施，包括但不限于声音的隔离、吸收、反射和扩散的处理。通过合理设计墙体、窗户和门的隔声性能可以有效阻隔外部的噪声，如交通噪声、工业噪声等；而通过在室内使用具有良好吸声性能的材料和进行表面处理，可以减少室内声波的反射和共振，降低噪声水平，提升声音质量。建筑声学还可以通过空间的声学设计，如通过对建筑空间形状和布局的精心规划，优化声波在空间中的传播路径，确保声音均匀分布，避免声音集中在特定区域产生的回声或声音死区。随着技术的发展和人们对生活质量要求的提高，建筑声学的研究和应用范围不断拓展。从单一的声音质量提升，到综合的声环境控制，再到对声环境健康影响的深入研究，建筑声学已经成为提升建筑环境质量、促进人们健康和幸福生活的重要工具。在未来，建筑声学将继续与建筑设计、环境工程等多个领域紧密合作，通过创新技术和材料，为人们创造更加舒适、健康的声环境。

（一）声学基本概念

1. 声音的产生与传播

声音的产生与传播是一个复杂而精细的物理过程，它既需要一个振动的源头，也依赖能够传播这些振动的介质。在这个过程中，振动的物体，或称为声源，通过其运动引起周围介质（如空气、水或固体）的振动，这些振动以波的形式向外扩散，形成了声波。当这些声波传达到人的听觉器官，特别是当它们的频率位于 20 Hz ～ 20 kHz 时，就会在人脑中产生声音的感觉。这种传播方式说明了声波的性质——它们是纵波，即声波的传播方向与介质的振动方向是一致的，在振动传递过程中，介质中的分子会经历一个连续的压缩和稀疏过程，这就是形成声波传播的物理基础。这些振动的传递不仅仅限于空气，声波还可以在液体和固体中传播，其传播速度和效率受介质类型、温度、密度等因素的影响。声波在不同介质中的传播特性也解释了人们可以通过电话线、水或者墙壁听到声音的原因。例如，声波在水中的传播速度比在空气中快，这是因为水的密度和弹性使得分子之间的振动传递更加高效。同理，在固体中，如金属或木材，声波的传播速度甚至更快，这使得固体可以作为声波传输的有效介质。

2. 声音的物理特性

（1）周期和频率。物体或空气质点在振动过程中完成一次往复运动——从一个点出发，移动到另一个点，再返回到原点的整个过程，所需的时间被定义为周期，用符号 T 来表示，其单位是秒（s）。这个概念是理解振动现象和波动现象的基础，它直接关系到振动系统的时间特性。周期的概念不仅适用于简单的振动系统，如单摆或弹簧质点系统，也适用于复杂的波动现象，包括声波在空气中的传播。与周期相对应的另一个重要概念是频率，它描述的是物体或空气质点单位时间内完成振动的次数，

用符号 f 表示，其单位是赫兹（Hz）。频率与周期之间的关系如式（3-3）或式（3-4）所示。

$$T = \frac{1}{f} \tag{3-3}$$

或

$$f = \frac{1}{T} \tag{3-4}$$

根据式（3-3）或式（3-4）可知，频率是周期的倒数，这一关系反映了振动速率的快慢。频率高意味着单位时间内振动次数多，周期短；反之，频率低则表示单位时间内振动次数少，周期长。这一概念在音乐、通信、物理学乃至日常生活中都有广泛的应用。例如，音高的感觉就是由声波的频率决定的，频率越高，人们听到的声音就越尖锐；频率越低，人们感受到的声音就越低沉。

（2）声速。声速是声波在介质中传播速度的量度，符号为 c，单位为米每秒（m/s）。声速不是一个恒定值，而是依赖声波所处的传播介质的物理性质，如传播介质的密度、弹性和温度。因此，在不同的传播介质中，声速会有显著的差异，这一点在物理学和声学的研究中具有重要意义，特别是温度对声速的影响。温度是声波传播研究中一个关键的变量。

在标准大气压下，随着传播介质温度的上升，声速也会增加，由此可见两者之间存在正向的数学关系，关系式如式（3-5）所示。

$$c = 331.4 + 0.607t \tag{3-5}$$

式中：c——声速（m/s）；

t——空气温度（℃）。

这个声速与温度关系的公式揭示了温度对声波传播速度的直接影响。在 0 ℃的空气中，声速为 331.4 m/s，但随着温度的升高，每增加 1 ℃，声速就增加 0.607 m/s。这一现象的物理原理在于，温度的升高导致空气分子的运动加速，使得声波能够更快地通过空气传播。这对于声学测量、声波传播分析以及在变化的环境条件下进行精确声学设计都具有重要意义。

声波在不同介质中的传播速度也不同，如表3-1所示。

表3-1 声波在不同介质中的传播速度

介质类型	钢	混凝土	软木	橡胶	玻璃	淡水	松木	玄武岩
声速（m/s）	5 050	3 100	500	50	5 200	1 481	3 320	3 140

由表3-1可知，在松木中声速为3 320 m/s，淡水中为1481 m/s，而在软木中则是500 m/s。这些差异说明声波在固体介质中通常传播得更快，这是因为固体的密度和弹性模量通常比液体和气体大，从而声波能更有效地传播。

（3）波长。波长是描述波动现象的关键物理量之一，特别是在声学领域，它代表了在声波传播过程中，两个相邻波峰或波谷之间的距离。这个距离记作λ，其单位是米（m），直观上反映了声波的空间周期性特征。在声波的传播中，波长与频率和声速之间存在着密切的关系，如式（3-6）或式（3-7）所示。

$$\lambda = c/f \tag{3-6}$$

或

$$\lambda = cT \tag{3-7}$$

根据式（3-6）或式（3-7）可知，在给定介质中，声波的波长与其频率成反比，与声速成正比。因此，在同一介质中，声波的频率越高，波长就越短。

（二）声音的量化

1. 声压和声压级

由于声波是一种波动现象，它会使得介质中的质点发生振动，从而引起压强的变化。这种压强的变化量就是声压，其单位与压强的单位相同，即帕斯卡（Pa）。声压是一个标量，它仅有大小而无方向，可以直接反映声波的能量大小。人类对声音的感知是通过声压的变化来实现的。在日常生活中，人类能感知到的声音强度范围相当广泛，从几乎无法察觉的微弱声音到能引起疼痛感的极强声音。这个范围的声压变化从 2×10^{-5} Pa 到约 100 Pa，覆盖了从闻阈到痛阈的广泛区域，人耳对不同频率的声波的感觉灵敏度是不同的，其中，人耳对 1 000 Hz 频率的声波最为敏感，其闻阈为 2×10^{-5} Pa，痛阈约为 200 Pa。

由于人耳感知声音的机制并不是简单地与声压的绝对值成线性关系，而是更接近于与声压的对数值成正比。这就意味着人耳对声音强度的感知是非线性的，对于极宽的声压变化范围，人耳能够感知的变化却相对有限。为了更加贴合人耳对声音强度变化的感知特性，同时便于处理声压变化范围极大的情况，人们引入了声压级的概念。声压级以对数标度来表示声压的相对大小，单位是分贝（dB），它基于一个参考声压（通常是人耳可以感知到的最小声压 2×10^{-5} Pa）来定义，计算公式如式（3-8）所示。

$$L_p = 20 \lg \frac{p}{p_0} \qquad (3-8)$$

式中：L_p——声压级（dB）；

$\quad p$——声压（Pa）；

$\quad p_0$——基准声压，通常取 2×10^{-5} Pa。

使用声压级作为度量单位，不仅使得声音强度的表示更符合人耳的感知特性，也极大地简化了声音大小的计算和比较。在声学测量、声音工程设计、环境噪声评估等多个领域，声压级成了评价声音强度和声环境质量的标准单位，通过对声压级的测量和分析，可以有效地评估声环境的影响，指导声学设计和噪声控制措施的制定，以创造更加舒适和健康的听觉环境。

2. 响度和响度级

一般而言，人耳对中频范围内的声音感觉最为灵敏，特别是 1 000 Hz 附近的声音，而对低频和高频声音的感知能力相对较弱，即使两个声音的声压级相同，如果它们的频率不同，人们感受到的响度也会有所不同。例如，一个声压级为 40 dB 的 1 000 Hz 声音，会比同声压级的 100 Hz 声音感觉更响亮。为了使 100 Hz 的声音在响度上与 1 000 Hz 的声音相当，100 Hz 声音的声压级需要提高到大约 51 dB。

与声压主要反映声波的物理强度不同，响度更加关注人们对声音大小的感觉，是一种综合考虑声音物理特性及其听觉效应的量度，而响度级的引入，旨在将声音的物理量度（如声压级）和人耳的听觉感受（响度感觉）统一起来，以提供一个更为准确和直观的衡量声音大小的方法。响度级的单位是方（phon），它通过将声音与一个基准频率（通常是 1 000 Hz）的纯音比较来定义，若某个声音的响度感觉与该纯音相同，则该声音的响度级就等于该纯音的声压级。这种定义方法允许响度级同时考虑声音的物理特性和听觉特性，为声学研究和声音设计提供了一种重要的评价工具。

响度级的概念在声学设计、噪声控制以及音频技术等领域中具有广泛的应用。通过量化声音对人耳的主观影响，响度级使得声音工程师能够更精准地设计音响系统、评估噪声污染的影响以及改善声环境质量。在实际应用中，通过调整声音的频率和声压级，可以优化声音的响度分布，以达到所需的听觉效果，提升听众的听觉体验。

3. 声功率和声功率级

声功率是衡量声源发出的声音能量的重要物理量，它描述了声源在单位时间内辐射到周围空间的总声音能量，这个概念对于理解声波的传播和声音能量的分布具有基础性的意义。在声学领域，声功率不仅提供了一个量化声源能量输出的方法，还为声音的测量和控制提供了一个客观的标准。由于声波是通过介质的疏密变化传播的，声功率实际上反映了这些疏密变化中声音能量的流动情况。声源的辐射声功率是一个综合性的指标，它独立于声波在特定环境中的传播条件，即不受空间大小、形状或声波传播路径的影响，这使得声功率成为评估和比较不同声源能量级别的可靠参数。例如，在工业噪声控制、声环境评估和音频设备设计等领域，声功率是一个关键的参考量度。

由于直接感受到的声音强度和声源的声功率之间存在复杂的关系，人们引入了声功率级的概念，以便更方便地表达和比较声功率的大小。声功率级采用对数标度来表示，使得广泛范围内的声功率值能够被简洁地表达和比较，计算公式如式（3-9）所示。

$$L_W = 10 \lg \frac{W}{W_0} \tag{3-9}$$

式中：L_W——相对于声功率 W 的声功率级（dB）；

W——声功率（W）；

W_0——基准声功率，通常取 10^{-12} W。

由于声功率级是基于人耳对声音强度感知的特性的，即人耳感知到的声音强度变化与声功率变化的对数成正比。因此，声功率级不仅反映了声源能量的物理度量，还间接体现了人类对声音强度变化的感知。

（三）声波的传播特性

声波在空间中的存在形成了一个特定的环境，人们称之为声场，声场中声波传播的特性和形态构成了声学研究的基础。在声场中，声波到达不同空间位置的包迹面，即波振面，根据其形态的不同，声波可以分为平面波和球面波两种基本类型。平面波通常出现在离声源足够远的局部范围内，这时波振面呈现平面状，声波沿直线传播，这种情况在理论分析和实际应用中都非常常见。相对地，当点声源发出的声波向四周辐射时，其波振面呈现球面状，人们称之为球面波。球面波的一个显著特点是其声线以声源为中心径向向外扩散，这种特性说明球面波在传播过程中是无方向的，即在均匀介质中，球面波沿任意方向的强度是相同的，这一点对于理解声波在不同环境中如何传播非常重要。例如，在室外环境中，声波从一个点声源发出，如人的说话声或一块石头落入水中产生的声响，以球面波的形式向外传播，声音强度随着距离的增加而减小。在实际环境中，声波的传播会受到多种因素的影响，包括介质的均匀性、空间的几何形状、障碍物的存在等，声波的传播路径会因反射、折射和吸收等现象而变得复杂。在这些情况下，声波的波振面可能不再是完美的平面或球面，声场也会出现各种各样的变化。

1. 声波的反射和衍射

当声波在介质中沿直线方向前进时，它们的传播路径可能会因遇到障碍物而发生改变，特别是当介质的特性阻抗发生变化时，部分声波会被反射回来，形成反射波。这一现象的物理原理与光的反射类似，它遵循反射定律，即声波的入射角和反射角相等，且入射线、反射线与反射面的法线位于同一平面内。这种规律性使得声波的反射行为可以被预测和控制，为声学设计提供了理论基础。当声波遇到的障碍物尺寸远大于波长时，反射现象尤为明显，声波仿佛从障碍物表面"弹回"，形成了清晰的反射声。

如果考虑以声线的形式表示声波的传播方向，那么这些反射声线可以视为源自一个虚拟的声源，即所谓的"虚声源"。这个概念在理解和分析室内声场分布时尤其有用。例如，在剧院或音乐厅的声学设计中，通过精心设计墙面和天花板的角度和材料，可以控制声波的反射，以达到理想的声音效果。

声波在传播过程中遇到的障碍物或孔洞尺寸接近或小于波长时，声波会绕过障碍物继续传播，而不是简单地反射或被阻挡，这就是声波的衍射。声波的衍射使得低频声波的波长较长，导致在障碍物后方即使声音强度可能较弱，人们也能听到声影区的声音，从而实现绕过障碍物的声波传播，这解释了为什么人们在障碍物后面仍然能清楚地听到低音。

2. 声波的折射和干涉

当声波从一个介质进入另一个介质时，两种介质中声速的差异会导致声波传播方向的改变，这就是声波的折射，这一现象不仅在固体或液体介质中发生，在大气中由于温度和风速的变化也会发生，特别是在温度和风速分布不均匀的情况下。具体来讲，白天，由于地表受太阳照射加热，近地面的气温较高，这使得这一区域的声速较大，随着高度的增加，气温逐渐降低，声速也随之减小。这种声速的垂直分布特性导致声波在传播时向上弯曲。相反，在夜晚，地面散热导致近地面气温降低，声速减小，而高空气温相对较高，声速较大，这使得声波传播方向向下弯曲，并解释了为什么夜晚声波能传播得更远。风速的变化也会影响声波的传播方向，当声波顺风传播时，由于风速的叠加效应，声波会向下弯曲，而逆风传播时，声波会向上弯曲，这种现象在某些情况下还会产生声影区，即声线无法直接到达的区域。

当两列声波在介质中相遇时，它们会在某些特定的点上发生相互加强或相互减弱的现象，这就是声波的干涉现象，这种现象也是声波传播中的一个重要特性。这是因为声波是振动波，当两个波的振动在空间中的某些点上相位一致时，它们会叠加形成振幅加大的结果，即发生构造性干涉；而当两个波的振动相位相反时，它们会相互抵消，形成振幅减小甚至为零的结果，即发生破坏性干涉。尽管如此，两列波在相遇并产生干涉现象后，仍将按照原来的方向继续传播，各自保持其传播特性不变。

3. 声波的透射和吸收

当声波在传播过程中遇到障碍物时，它们并不总是完全被反射回去或绕过障碍物继续传播，部分声波能够透过障碍物到达另一侧，这个过程称为声波的透射。这种现象发生的原因在于声波（疏密相间的压力波）能够推动障碍物表面形成振动，而这些振动又会引起障碍物另一侧的传声介质随之振动，从而使声波传递到障碍物的另一侧。透射的显著性取决于多种因素，包括障碍物的材质、厚度以及声波的频率等。一般来说，障碍物越薄，透射的声波就越多，而低频声波比高频声波更容易透过障碍物传播。

在声波透射过程中，障碍物的振动不可避免地会消耗一部分声音能量，这种能量消耗主要通过摩擦和碰撞等形式产生，导致部分声音能量转化为热能或其他形式的能量，这个过程称为声波的吸收，它是声音能量衰减的主要原因之一。声波的吸收效果与障碍物的材料特性密切相关，某些材料能够有效地将声音能量转化为热能，从而减少声音能量。例如，多孔材料、软质泡沫和特定结构的吸音板等，都是常见的吸音材料，它们能够捕捉声波并转化声音能量，减少声波的反射和透射，从而达到降低噪声和改善声学环境的目的。

4. 声波的扩散

声波在传播过程中遇到凸形界面时会发生特殊的扩散现象，这种扩散作用能够将原本集中的声波分解成许多小的、强度较弱的反射声波，从而改变声波的传播路径和分布特性。与声波的直接反射相比，扩散后的声波能够更均匀地覆盖空间，有助于实现声场的均匀化，这对于提升室内声学环境具有极其重要的作用，特别是在公共建筑如剧院、音乐厅、会议室等场所中，声波的扩散能够显著改善声音的均匀性和清晰度，促进声音在室内的均匀分布。适当的声波扩散可以有效防止声音在某些区域过于集中而在其他区域又过于稀疏的问题，从而避免产生声学热点或死区，确保每个位置的听众都能获得良好的听觉体验。声波扩散还有助于减少室内的回声和余音，以避免其对语言清晰度和音乐质量产生负面影响。

在现代建筑声学设计中，声波扩散的原理和应用已经成为提升室内声学品质的关键手段之一。声学设计师通过精心设计的扩散元素，不仅可以优化室内的声音效果，还可以将声学功能与视觉美感相结合，创造出既实用又具有视觉吸引力的空间设计。

二、绿色建筑室内具体的声学设计

在现代社会，随着城市化进程的加速和生活节奏的加快，噪声污染已成为影响城市居民生活质量的重要因素之一。因此，营造一个无噪声干扰且音质良好的声环境，对于提升居住和工作空间的舒适度、促进人们的身心健康具有至关重要的作用。在住宅和各种公共建筑中，优良的室内声环境的营造需要遵循相应的声学规范和标准，采取一系列有效的隔声和降噪措施，这些措施包括但不限于使用隔声材料建造墙体和天花板、安装隔声窗户和门、合理安排建筑的平面布局以及空间功能的布局，以最大限度地减少内部和外部噪声的干扰。

（一）室内声学设计

在现代建筑设计中，室内音质的优化是提升空间功能性和舒适度的重要考量之一，但这并不意味着所有的空间都要设计成同一音质，对于不同功能的厅堂应该具体情况具体分析。例如，供语言通信用的教室和会堂、供音乐演奏用的音乐厅和歌剧院，以及具有多种用途的多功能厅堂，对室内音质的要求各有侧重，这变相体现了声学设计的复杂性和多样性。这里需要注意，这些空间虽然在使用功能和音质需求上存在差异，但它们在良好音质的目标上拥有共同的追求——确保听众、演讲者、演奏者的听觉体验最佳。这也推导出室内音质设计的核心挑战：如何将主观感受转化为可以量化的客观指标。这些客观指标，或称物理参数，包括但不限于声音的清晰度、均匀度、余响时间、声压级以及早期反射和直达声的比例等。

对于以语言通信为主的空间，如教室和会堂，清晰度和语言可懂度尤为重要，这要求声音直达听众而不被过多的余响和背景噪声所掩盖。在这类空间中，有效控制余响时间，保证足够的声音强度，以及通过声学处理减少噪声干扰，都是提升音质的关键措施。而对于音乐演奏用的空间，如音乐厅和歌剧院，则需要综合考虑清晰度、丰富的余响以及音色的均匀性等因素，以传达音乐的丰富层次和情感表达。在这些空间中，余响时间的控制需要更加精细，以适应不同类型音乐的表演需求，同时要确保音乐从各个方向均匀地传达给每位听众。多功能厅堂则面临更为复杂的声学设计挑战，因为它们需要适应多种使用场景和音质需求。这类空间的设计通常采用可变声学特性的策略，如可调节的吸音材料、移动隔断以及可变形的天花板等，以便根据不同活动的需求调整声学环境。

1. 高清晰度

在声学设计中，清晰度是衡量语言和音乐传达效果的一个核心指标，尤其是对于语言通信空间，高清晰度是保证信息有效传递的基本要求。语言的清晰度通常通过音节清晰度来量化评估，这反映了听者能够准确接收和理解发言人所发出的语音信号的能力。音节清晰度的测量方法相对简单直观：发出一系列没有语义联系的单音节词汇，室内听众记录他们所能正确辨识的音节数量，然后将正确辨识的音节数量与发出的总音节数量进行比较，所得到的百分比即为该室内环境下的音节清晰度。

音节清晰度直接影响听众对语言信息的理解程度，音节清晰度与听音感觉的关系如表 3-2 所示。

表 3-2　音节清晰度与听音感觉的关系

音节清晰度（%）	听音感觉
＜ 65	不满意
65～75	勉强可以
75～85	良好
＞ 85	优良

在实际应用中，音节清晰度的标准根据不同的语言和应用场景有所不同，但人们普遍认为，高音节清晰度对于教育、商务会议和公共演讲等场合尤为重要，因为这些场合通常需要高效、准确的语言沟通。例如，一个教室内如果音节清晰度达到 90% 以上，该教室通常被认为具有良好的声学环境，能够有效支持教学活动；而音节清晰度低于 50% 的环境，则可能严重影响听众的理解和学习效果。为了提高室内音节清晰度，声学设计师会采取多种措施，包括优化室内几何形状、选择合适的建筑材料、安装声学处理装置等。这些措施旨在减少室内声音的反射和回声，控制余响时间，以及减少背景噪声等，从而提供一个清晰度高、干扰小的听觉环境。

2. 合适的响度

在室内音质设计中，无论是语言交流还是音乐演奏，适宜的响度水平对于确保信息的有效传递和优化听众的听觉体验至关重要，它不仅需要高于周围环境的噪声水平以确保声音的清晰可辨，还要避免过高造成听觉疲劳或不适。一般而言，人们感到舒适的响度级是 60～70 phon，而对于音乐演奏，由于动态范围和表现力的需求，其响度通常略高于语言交流的响度。

合适的响度水平不仅关系到声音的清晰度和信息的传达效率，还直接影响听众的情绪反应和身心健康。在语言交流场所，如教室、会议室等，适宜的响度能够保证信息传递的效率，让听众轻松理解发言内容，避免因声音太低而使听众费力倾听或因声音太高而感到不适；在音乐演奏场所，如音乐厅和歌剧院，恰当的响度则更为重要，它不仅需要传达作品的细腻情感，还需呈现音乐的层次和动态范围，营造沉浸式的听觉体验。

为了实现合适的响度，声学设计师需要考虑多个因素，包括室内空间的几何形状、材料的选择、声源的位置以及声音的分布等。通过合理设计空间的布局和使用吸音材料等声学材料，可以有效控制声波的传播，从而达到预期的响度水平。采用声学模拟和测量技术对设计方案进行预测和验证，也是确保达到合适响度水平的重要手段。

3. 适当的空间感

在室内音质设计中，空间感不仅仅是声音质量的一个方面，它还涉及听众如何感知声音在一个给定空间内的传播和分布，这种感知能够极大地影响听众对声源的定位、距离感知以及整体的环绕感受。

方向感是空间感的一个重要组成部分，它能够使听众准确判断声音的来源。在音乐演出或语言交流中，清晰的方向感不仅有助于提升声音的清晰度和理解性，还能增强听众的沉浸感，使他们感觉自己仿佛置身于声音发生的场景之中。为了提高方向感，声学设计师需要考虑声源的布局、空间的形状以及声反射和扩散的控制，以确保声波能够以合适的方式到达听众的耳朵。

距离感或亲切感允许听众判断自己与声源之间的距离，这不仅依赖声音的强度和清晰度，还涉及声音的早期反射和余响特性。适当的距离感可以使听众感到声音既不过于遥远，以致感觉脱节，也不过于接近，以致显得突兀。在设计具有良好距离感的空间时，合理的声学处理和材料选择是关键，它们能够有效地调节声波的传播特性，以达到预期的效果。

环绕感或围绕感是指声音在空间中的三维分布，给予听众一种被声音完全包围的体验。在音乐厅或歌剧院等专业演出场所，良好的环绕感能够极大地提升音乐的表现力和情感传递，为听众带来丰富而深刻的听觉享受。通过精心设计的声学结构和声音系统，可以实现声音在空间中的均匀分布和自然传播，从而营造出强烈的空间感。

4. 合理的混响时间

混响时间作为室内声学设计中的关键参数，直接影响着空间内声音的品质和听众的听觉体验。它的定义为声源停止发声后，室内声音强度下降 60 dB 所需的时间，混响时间的长短反映了声音在空间内能量衰减的速度快慢，其影响因素包括空间的体积、内部装修材料、空间的几何形状以及听众的数量等。因此，混响时间的优化需要根据空间的具体使用功能和要求进行精细调整，以实现最佳的声学效果。

对于以语言通信为主的空间，如教室、会议室等，过长的混响时间会导致语言信息的重叠和模糊，影响语言的清晰度和可懂度；较短的混响时间有助于提高语言的清晰度，一般推荐的混响时间为 0.6 ~ 1.0 s，具体值取决于房间的大小和使用需求。同时，通过使用吸音材料和设计合理的室内布局，可以有效控制混响时间，确保语言信息清晰可辨。对于以音乐演奏为主的空间，如音乐厅、歌剧院等，合理的混响时间能够增强音乐的丰满度和表现力，为听众提供沉浸式的听觉体验。音乐厅的理想混响时间通常较长，根据音乐类型的不同，混响时间可能在 1.5 ~ 2.5 s 变化。在这类空间的设计中，通过精心选择内部装修材料和优化空间形态，可以实现对混响时间的精确控制，使其既能保持音乐的细节清晰，又能提供足够的丰满度和深度。

混响时间的频率特性也是室内声学设计中需要考虑的重要因素，不同频率的声波在空间中的传播和衰减特性可能有所不同，因此，在优化混响时间时，各个频率范围内声波的均匀性和平衡性还需被确保。通过对空间进行科学的声学模拟和测试，可以确保混响时间在整个频率范围内达到最佳效果，满足空间使用的多样化需求。

5. 无声学缺陷干扰

在室内音质设计中，空间中存在的声学缺陷和噪声干扰直接影响听众的听觉体验和舒适度。常见的声学缺陷有回声、声聚焦、声影区、颤动回声等，都是由声波在空间内不合理的反射、折射或衍射引起的，这些现象会导致原始声音失真，干扰正常的听觉感受，使听众感到疲劳、厌烦，甚至难以集中注意力。尤其是在需要清晰语言通信的场合，如教室、会议室等，声学缺陷的影响更为明显，它直接影响语言的可懂度和交流的效率。常见的噪声包括来自外部的交通噪声、建筑设备的运行噪声和室内人员活动产生的噪声，特别是连续的低频噪声，会掩蔽重要的语言和音乐信号，降低声音的清晰度和可辨识度。其他如突然的敲击声或门的关闭声等间断性噪声，则会破坏室内的宁静氛围，影响声音效果以及听众的集中度。

为了避免声学缺陷和减少噪声干扰，声学设计师通过采用非平行的墙面、设置吸音材料、使用隔音结构，可以有效地减少不利的声波反射和回声现象。同时，优化空间形态和表面处理，可以防止声聚焦和声影区等不良声学效应的产生。声学设计师也可以使用双层隔声玻璃、密封门窗和专业的隔声材料来增强外围结构的隔声性能，有效隔绝外部噪声的入侵。对于室内产生的噪声，可以采取低噪声设备、设置缓冲区域、采用吸音装饰等控制措施。

（二）噪声控制

1. 我国噪声标准

随着城市化的进程加快，各种噪声源，如交通、工业、建筑施工以及日常生活活动，都在不断增加。这些噪声不仅侵扰了人们宁静的户外活动空间，还对创造健康舒适的室内声环境构成了挑战。因此，构建绿色声环境，特别是在室内环境中实现声学舒适性，成了提升城市建筑品质的首要任务。为了使城市居民免受噪声污染的影响，我国制定了《民用建筑隔声设计规范》（GB 50118—2010），这些标准对不同类型区域的环境噪声水平和建筑内部的隔声性能做出了明确的规定，旨在确保人们在日常生活中享受到相对宁静的环境，减少噪声对人们健康和生活质量的负面影响。

在追求绿色声环境的过程中，仅仅满足以上基本标准是不够的，因为绿色建筑的目标不仅是实现环境保护和资源节约，还包括为用户提供一个健康、舒适的生活环境。这意味着在声环境设计中，应当超越最低限度的要求，但过于严格的隔声要求可能会导致建筑成本的大幅上升，而且在某些情况下，过度隔绝外界声音也可能会使建筑环境显得过于封闭和不自然。因此，声学设计师需要考虑实际的环境条件和用户需求，寻找一个合理的平衡点。在我国，随着人们生活水平的提高和对生活质量要求的增加，住宅中的声环境问题，特别是撞击声问题，逐渐成为人们比较关注的一个焦点。撞击声，主要是由楼上用户的日常活动，如走动、跳跃或物品落地等引起的，这种声音通过楼板传播到楼下，影响楼下用户生活的舒适度。为了解和解决这一问题，国内曾进行了住户对有关住宅楼板撞击声隔声性能听觉感觉和满意程度的调查研究，旨在探究楼板计权标准化撞击声压级与住户主观评价之间的关系。根据调查结果，我国现行《民用建筑隔声设计规范》（GB 50118—2010）规定住宅楼板的计权标准化撞击声压级不得大于 75 dB，这一标准在一定程度上反映了住宅楼板撞击声隔声性能的基本要求，约 90% 的住户认为 75 dB 的计权标准化撞击声压级是可以接受的。虽然 75 dB 的计权标准化撞击声压级能够达到大部分住户的可接受程度，但要实现更高层次的居住舒适度和满意度，还需要进一步提高楼板的撞击声隔声性能。为了提升住宅楼板的撞击声隔声性能，多种措施可以被采取。例如，在 120 mm 厚钢筋混凝土楼板上铺设弹性垫层和木地板或地毯，可以降低计权标准化撞击声压级至 60 dB 左右。进一步增加地毯的厚度，计权标准化撞击声压级可以降得更低，这可以提供更好的隔声效果。对于钢筋混凝土楼板而言，若要达到相同的撞击声隔声性能标准，则需要采用更为复杂的声学设计，如实施浮筑地板结构，以有效隔离撞击声的传播。

在现代城市中，剧场、电影院作为文化娱乐的重要场所，其室内声环境的设计和控制尤为重要，《剧场、电影院和多用途厅堂建筑声学设计规范》（GB/T 50356—2005）对剧场、电影院的声学设计提出了具体的要求，保障了观众的观影和观演体验，减少了外部干扰，确保了声音传达的清晰度和真实性。该规范特别指出，观众厅和舞台内无人占用时，在通风、空调设备和放映设备等正常运转条件下噪声级的限值不宜超过噪声评价曲线 NR（noise rating）值的规定，这一规定不仅是基本的声学设计要求，也是绿色建筑设计中应当遵守的基本原则。绿色建筑强调的是建筑与环境的和谐共生，对于剧场、电影院等公共文化娱乐场所，优良的声环境不仅关系到观众的审美享受和身心健康，也反映了建筑设计和运营的可持续性。因此，控制和优化剧场、电影院内的环境噪声，不仅需要从技术层面采取有效措施，如选择低噪声的 HVAC 系统、采用隔声材料和吸音材料减少设备运行噪声的传播，还需要在建筑设计阶段就充分考虑声学设计，以确保声源、传播途径和接收者三者之间的有效隔离。同时，通过综合应用声学原理和现代声学技术，可以有效提升剧场、电影院的声学性能，为观众提供更为清晰、自然和沉浸式的听觉体验。

2. 噪声控制的具体步骤

解决噪声污染问题，确保良好的声环境质量，是提升用户生活、工作、学习质量和保护公共健康的重要措施。噪声污染的控制需要从声源（噪声的源头）、传播路径，以及接收者这三个方面入手，通过综合考虑经济可行性、技术可实施性和实际需求，采取相应的降噪措施。

从声源着手控制噪声是解决噪声污染问题的最直接和最有效的方法，通过降低噪声的初始强度，可以在源头上减轻对环境和人类健康的不利影响。然而，在实际情况中，用户往往难以对声源进行根本性的改造，原因多种多样，可能包括技术限制、经济成本，以及声源的不可控性等。尽管如此，在声源处采取即便是局部的减弱措施，也能显著降低噪声的辐射强度，为后续的噪声控制工作提供便利，减少在传播途径和接收者处的噪声控制任务。例如，对于工业设备或机械的噪声控制，通过安装隔声罩或使用消声器等设备可以局部减弱噪声的辐射，这些措施虽然不能从根本上消除噪声，但能有效降低噪声的初级强度，减轻其对周围环境的不利影响。同样，在交通噪声控制方面，通过对交通工具进行改良，如使用低噪声轮胎、优化发动机设计等，也能在一定程度上减少噪声的产生。

在许多情况下，由于技术或经济的限制，直接在声源处降低噪声可能并不可行，这时采取有效的措施控制噪声在其传播途径中的扩散成了缓解噪声污染的关键策略。首先，总体规划设计遵循"闹静分开"的原则至关重要，这意味着设计师在早期规划阶段就对可能产生强噪声的源头进行合理的空间布置，使其尽可能远离需要保持安静的区域，如住宅、学校和医院等。这种方法可以在一定程度上减轻噪声对敏感区域的影响。其次，改变噪声的传播方向或路径是减轻噪声污染影响的有效措施之一。这可以通过设计特定的声学障碍物如隔声墙或隔声屏障来实现，这些结构能有效阻挡声波的直接传播，从而减少噪声在特定方向上的扩散。例如，在高速公路旁建立隔声屏障，可以显著降低交通噪声对附近居民区的影响；山岗、土坡等天然地形可以自然地阻断噪声的传播，而乔木和灌木等植被不仅可以吸收声波，还可以通过散射作用降低噪声的强度。

在噪声控制的多层次策略中，接收者的个人防护措施虽然是最后的手段，但在实际应用中却经常成为实现快速有效降噪的关键途径，特别是在那些由于技术或经济原因难以从声源或传播途径上彻底解决噪声问题的情况下，为暴露在噪声环境中的个人提供防噪声设备，不仅是一种经济有效的方法，也是保护听力和保持身心健康的必要措施。常用的个人防噪声设备包括耳塞、耳罩和头盔。耳塞和耳罩是常见的防噪声产品，它们通过物理方式阻隔外界噪声，直接减少噪声对耳朵的影响。耳塞小巧便携，适合长时间佩戴，但长期使用可能导致耳道不适或其他生理反应，需要用户定期更换，保持耳道卫生；耳罩覆盖整个耳朵，可以提供更全面的保护，适用于高噪声环境，但其密封性和佩戴舒适度成为影响防护效果的关键因素；而头盔则因其笨重的特性，通常应用于特殊的工作环境，如高噪声的工业生产现场或建筑施工区域，它尽管提供了更全面的头部和听力保护，但在日常使用中受限较多。尽管个人防噪声设备存在一些使用上的限制和不便，但在某些环境下，它们依然是保护个体免受噪声伤害的有效手段。

第四章 绿色建筑外环境设计

第一节 绿色建筑场地规划

一、绿色建筑场地选址

（一）绿色建筑场地选址思路和注意事项

1. 绿色建筑场地选址思路

建筑业的温室气体排放在全球温室气体排放中占有相当大的比例，其中约一半的温室气体来源于建筑材料的生产、运输过程，以及建筑的建造和日常运行管理中的能源消耗，这种情况不仅促进了全球气候变化的加剧，还导致了酸雨、臭氧层破坏等一系列环境问题的出现。在欧洲，建设活动所引起的环境负担占到了总环境负担的 15% ～ 45%，这一数据充分说明了建筑活动为环境带来的沉重压力。面对这一挑战，绿色建筑理念作为一种新型建筑理念应运而生，其核心目标是最大限度地减少对环境的负面影响，通过减少不可再生资源的消耗和最小化直接环境负荷，实现建筑与自然环境的和谐共生。这种建筑理念不仅仅关注建筑本身的节能减排，更强调建筑与其所处自然环境的融合，包括合理利用自然资源，以及采用可持续的材料和技术。而想要实现绿色建筑，就要在建筑的设计、建造、运行和管理的每一个环节都顺应自然规律，保护自然环境，这意味着设计师和建筑师需要在设计阶段就考虑到建筑的能源利用效率，选择低碳环保的建筑材料，优化建筑的方向和布局以最大化利用自然光和自然风，减少能源消耗；在建造过程中，尽量减少施工活动对周围环境的干扰和污染，实现施工过程的绿色化；在运行和管理阶段，通过智能化管理系统和节能技术，可以进一步降低能源和水资源的消耗，减少建筑运行对环境的影响。

绿色建筑的场地选址过程不仅需要深入考量自然环境的特征和资源，以提升建筑的能效和用户的舒适度，还需要谨慎评估人类活动对环境的潜在影响，力求在建筑的整个寿命周期内，最大限度地节约能源和材料，减少环境负荷。可以说，正确的选址是实现绿色建筑环保和可持续发展目标的基础和前提。绿色建筑的场地选址应从以下三个方面着手考虑：第一，充分考虑自然环境因素，如地形、风向风速、日照条件等，以利用这些自然条件对建筑节能的积极作用。例如，通过合理的场地布局，可以最大化利用自然光和自然风，减少建筑对人工照明和机械通风的依赖，从而降低能源消耗。考虑地形对建筑设计的影响，可以通过地形适应性设计，减少土地开挖量和填充量，保护自然地貌和土壤资源。第二，减少对周围环境的负面影响。这包括避免破坏生态敏感区域，如湿地、森林和野生动物栖息地，保护本地生物多样性；同时，通过设置缓冲带、增加绿化覆盖，可以减少建筑活动对周边环境的污染和干扰。第三，考虑雨水管理和地表水保护，例如，采用透水铺装、雨水花园和生态滞留区等措施，可以有效管理雨水径流，减少城市洪涝风险和水体污染。

绿色建筑的场地选址，不仅关乎建筑本身的功能和效益，更涉及广泛的社会、经济以及环境因素，为确保场地选址符合建筑的长远发展和可持续性目标，需要在经济、计划、企业管理、社会规划等领域专家的协助下进行综合分析和评价，这种跨学科的合作能够提供全面的视角，帮助决策者在复杂多变的条件下做出明智的选择。综合分析主要从四个层面分析：第一，区域位置的分析是场地选址的首要分析层面，一个优越的区域位置，不仅能够提升建筑项目的商业价值，还能确保其更好地服务于社区和城市的发展。例如，对于商业建筑项目来说，一个人流密集、交通便利的位置更有利于吸引顾客；而对于住宅项目，则需要考虑生活配套设施、教育资源、公共交通等因素，以提高居住的便利性和舒适度。第二，地价和地块条件分析直接影响建筑项目的经济可行性，前者直接影响项目的初期投资，后者如地形、土壤类型、水文状况等则会影响后续的建造成本和工期。通过对这些因素的综合评估，可以帮助项目团队优化预算分配，避免未预见的风险和成本。第三，市政设施状况的分析能够确保项目顺利接入城市的基础设施网络，如供水、供电、排水、通讯等。良好的市政设施不仅是项目顺利进行的基础，也是保障未来使用者生活品质的重要因素，遵从城市规划要求可以确保项目与城市整体发展战略和规划目标相协调，可以避免项目在后续发展中遇到政策限制或调整的风险，同时有助于项目为城市的可持续发展做出贡献。第四，其他现状条件与建设条件的全面分析，如社会环境、文化历史背景、环境敏感区域等，不仅能够帮助项目更好地融入当地环境，还能够避免可能的社会冲突和环境破坏。

　　伊恩·麦克哈格的"生态的土地使用规划"方法[1]为现代景观设计和城市规划提供了一种革命性的视角，特别是在考虑场地与环境之间关系的过程中。这种方法强调了对自然环境深入理解的重要性，其核心在于通过综合分析土地的自然属性，如植被、土壤、地表水、排污系统、地形以及地质与水文等因素，来指导建筑和基础设施的布局，从而实现人类活动与自然环境的和谐共生。伊恩·麦克哈格的方法通过简化图解和复合图的方式，将各种自然因素的数据叠加分析，从而揭示出土地的最佳利用方式，这不仅能帮助规划者识别出土地的敏感区域，以避免在这些区域进行开发，还能指导在适宜的区域进行更为合理和可持续的开发。例如，通过分

---

[1] 麦克哈格.设计结合自然 [M].芮经纬，译.北京：中国建筑工业出版社，1992.

析地形和相邻土地形式，可以确定建筑的最佳位置、设计合理的风荷载方案、制定有效的排水策略，以及规划地平标高和重力流污水管线走廊；地下水和地表径流的特征则有助于决定建筑的具体位置、自然渠道的转移和径流滞留池的最佳布局；而土壤构造和承载力的分析则直接影响建筑的场地选址和基础设计。运用伊恩·麦克哈格的"生态的土地使用规划"方法，在场地规划和建筑设计过程中考虑自然环境的承载力和敏感性，不仅能够最小化人类活动对生态系统的影响，还能够提高项目的环境适应性，减少未来的维护和管理成本。更重要的是，这种方法有助于提升建筑项目的生态价值，增强其对生物多样性的贡献，并促进区域的可持续发展。

2. 绿色建筑场地选址注意事项

在进行绿色建筑的场地选址与规划时，确保场地的环境安全性和场地对自然灾害的抵御能力是至关重要的，特别是预防风暴、洪水、泥石流等可能对建筑造成毁灭性破坏的自然灾害的发生，需要通过深入的地质与水文状况分析、气象条件评估以及从防灾减灾的角度进行的全面考量。针对洪水的防护，场地选址应优先考虑200年一遇洪水水位之上的地段，或确保所在区域拥有可靠的城市防洪设施，这不仅涉及对历史洪水数据的分析，还需要考虑未来气候变化可能带来的影响，通过建立防洪堤、设置排水系统等措施，可以有效提高场地的防洪能力，减少洪水对建筑和人员安全的威胁。针对泥石流、滑坡等地质灾害，场地规划需避开这类灾害频发的地段，需对场地的地质结构进行详细勘查，识别出潜在的不稳定区域，并通过工程措施加以稳固或选择其他更为安全的地点进行建设。同时，针对地震灾害，避开地质断裂带、易液化土、人工填土等对建筑抗震性能不利的地段是必要的。通过评估地震风险和采用抗震设计标准，可以有效提高建筑的抗震能力，保护生命财产安全。针对冬季寒冷地区和多沙暴地区，容易产生风切变的地段应避开，所以场地规划应充分考虑风向、风速等气象因素，通过合理的建筑布局和设计减少风害风险，提高建筑的耐候性能。

随着科技的快速发展和人类活动的增加，环境健康安全问题日益受到重视，特别是氡气和电磁辐射作为两种常见的环境健康隐患，其对人体健康的潜在危害不容忽视。氡气是主要来源于土壤和石材的无色无味气体，是一种已知的致癌物，能通过呼吸进入人体，长期暴露于高浓度的氡环境中会显著增加肺癌的风险。对于电磁辐射，无论是其热效应还是非热效应，都可能对人体健康产生不利影响，从生理反应到慢性疾病，其潜在的健康危害不应被忽略。鉴于此，绿色建筑的场地选址和规划，必须充分考虑环境健康安全因素，确保建筑场地远离氡气和电磁辐射的潜在污染源，以保护未来用户免受这些环境因素的影响。这要求设计人员和规划师在场地选址时进行细致的地质和环境背景调查，评估土壤和石材中氡气的含量，以及查看周边是否存在电视塔、雷达站、变电站、高压电线等可能产生电磁辐射的设施。绿色建筑的场地规划设计也应针对可能发生的环境健康问题采取相应的防护措施，例如，使用防氡渗透的建筑材料和技术、设置有效的通风系统以降低室内氡浓度，以及在建筑设计中考虑电磁波防护，合理布局电气设施，减少室内外电磁辐射的影响。位于潜在火灾、爆炸和有毒气体泄漏风险地区的建筑，更应遵循国家和地方的安全规定，采取必要的安全防范措施，确保建筑的安全性和用户的健康。

除了自然灾害和环境健康安全问题之外，绿色建筑的场地规划设计应确保建筑项目场地周围环境的纯净，这是实现其可持续发展目标的关键一环，对于保护场地内大气环境质量、保障用户健康以及提升生活质量具有至关重要的意义。城市环境中常见的污染物包括油烟、车辆尾气、燃煤锅炉排放、垃圾处理过程中的污染物等，这些都可能成为影响场地环境质量的重要因素，不仅污染空气，还可能带来噪声等多种形式的环境干扰。因此，在绿色建筑及其相关住区内部，应彻底排查并消除任何可能的污染源，尤其是那些易产生噪声的设施，以及可能排放烟尘、恶臭、噪声的设施。这要求在项目的规划设计阶段，就必须对这些潜在污染源进行严格的控制和管理，确保所有设施的排放均达到或优于相关环境保护标准。同时，在规划设计时应采取一系列有效措施，优化项目布局，将住区与可能产生污染的设施分隔开来，确保住区远离污染源。例如，利用绿化带、隔声墙等自然和人工屏障，降低污染物向住区传播的风险。对于必要的服务设施，通过采用先进的排放控制技术和设备，减少其对周围环境的影响；对于不可避免需要设置在住区内部的设施（如垃圾转运站等），应通过科学的设计和管理措施，最大限度地减少其对居民生活的干扰，例如，通过选用封闭式垃圾站、安装高效的净化设备、定期清洁和消毒等方法，可以有效控制垃圾处理过程中可能产生的臭味和污染物排放。

（二）绿色建筑场地气候选择

在全球能源消耗日益增长的背景下，建筑能耗已成为节能减排的重点领域。据统计，建筑能耗占到全社会总能耗的1/4，其中，建筑的采暖、空调和照明能耗占比达到了14%，而建筑建造过程中的能耗占了11%，这些数据在未来还有上升的趋势，尤其是在我国采暖地区，能耗水平大约是欧美发达国家的3倍，这一巨大差距并不是由于材料或技术的落后，而主要是设计标准及其执行力度不足所导致的。绿色建筑，顾名思义，是一种节能建筑，其设计理念不仅仅局限于使用节能材料或技术，更重要的是通过对场地的精心规划和设计，最大限度地利用自然资源，减少人为能源的消耗。具体而言，通过合理的场地布局和建筑朝向，可以最大化地争取阳光，提高自然采光率，减少照明能耗。同时，通过优化建筑形态和布局，加强建筑的自然通风能力，可以有效减少空调的使用，从而降低能耗。通过设计合理的遮阳系统和绿化，不仅可以遮挡夏季过强的阳光，还可以改善微气候环境，进一步减少建筑的冷暖负荷。在进行绿色建筑设计时，一些可能影响建筑节能效果的负面因素还需要注意规避，如"霜洞"现象、辐射干扰、不利风向、局地疾风以及雨雪堆积等。这些因素不仅会影响建筑内部的舒适度和安全性，还可能增加建筑的能耗。因此，绿色建筑的设计需要全面考虑气候、地形、环境等因素，通过综合性的规划和设计方法，有效地应对这些挑战。

我国的地域辽阔，气候类型多样，这对建筑设计提出了不同的要求和挑战。在严寒地区和寒冷地区，因为冬季漫长且寒冷，所以建筑设计的重点在于提高保温性能和采暖效率，具体做法有采用保温隔热材料、保证窗户的保温性能以及建筑结构的紧密性，以减少热能的流失。同时，合理的建筑朝向和布局也能最大化地利用自然光照，减少人工照明和采暖的需求。夏热冬冷地区和夏热冬暖地区的建筑设计，则需要同时考虑夏季的遮阳和通风以及冬季的保暖问题。换言之，这些地区的建筑需要在夏季抵挡高温热量入侵，通过设计合理的遮阳系统和利用自然风降低室内温度，减少空调的使用；冬季则需要保持足够的保温性能，以减少采暖能耗。温和地区由于四季温差较小，其建筑设计则更多地侧重自然风和自然光的利用，通过设计有效的通风系统，可以实现绝大部分时间内的自然调温，减少机械空调或采暖的需求。同时，充分利用自然光，不仅能节约能源，还能提供更为健康舒适的环境。

二、绿色建筑场地布局

在现代城市规划和建筑设计中，合理的建筑布局与间距是确保高效土地利用和提升舒适度的关键因素，直接关系到人们的健康和生活质量，更是实现建筑节能和可持续发展的重要条件。同时，在土地资源日益紧张背景下，提高建筑密度和土地使用效率成为设计师必须考虑的重要目标。

合理调整建筑布局和间距，旨在平衡日照、通风与土地节约之间的关系。一方面，设计需保证每栋建筑都能获得充足的自然光照，避免高密度建设带来的光线阻挡问题，保障居住和工作空间的光照需求。例如，通过科学计算和设计，可以优化建筑的朝向和布局，使得即使在冬季，低角度的阳光也能照射到更多的室内空间，从而减少对人工照明的依赖，降低能耗。另一方面，合理的建筑间距能有效促进空气流通，增强通风效果，减少病菌传播的风险，提升居住环境的质量。在高密度建筑群体中，通过设置合理的间距和通道，以及利用自然风向，可以有效引导风流，增强自然通风效果，减少对空调系统的依赖，进一步降低建筑能耗。在保障日照和通风条件的前提下，适当缩小建筑间距、合理规划建筑高度和体量，不仅可以提高土地利用效率，还能在一定程度上减少基础设施建设和公共服务设施投入，从而减轻城市扩张带来的压力，促进城市的集约化和可持续发展。

（一）绿色建筑应朝向阳光

日照不仅是自然界重要的能量来源之一，对于人类的生存、健康以及工作效率等方面也起着至关重要的作用，尤其在严寒地区和寒冷地区，冬季充足的日照对于提升人们的生活质量和身心健康具有不可替代的作用，充足的日照可以调节人体生物节律，改善心情，提高工作和学习效率。因此，在建筑设计中，合理利用日照不仅可以为室内提供自然光照，创造舒适的居住和工作环境，还可以直接或间接地为建筑供热，显著提高建筑的能源利用效率和节能性能。当太阳光直接照射到玻璃窗上时，它可以穿透玻璃，直接为室内提供一部分热量，这种被动式太阳能利用方式，可以减少建筑对于外部能源的依赖，降低采暖系统的运行成本。同时，太阳光照射到墙壁或屋顶上，会使围护结构的温度升高，这不仅能减少室内热量的流失，还能通过围护结构的热惯性，储存一部分热量。在夜间，这些储存的热量可以被逐渐释放，以减缓室内温度的下降，从而进一步增强建筑的节能效果。因此，严寒地区和寒冷地区的建筑设计，应充分考虑建筑的朝向和布局，以最大限度地利用冬季的日照。在具体设计中南向窗户的面积应尽可能增加，以提高日照对室内采暖的贡献；同时，通过设计合适的遮阳设施和使用高性能的保温材料，可以在夏季阻挡过多的太阳辐射，避免室内过热，而在冬季则可以最大限度地保留太阳辐射带来的热量。

争取日照是建筑设计中非常重要的一环，是实现节能减排、提升生活质量的关键策略。为了更好地争取日照，建筑设计可从以下几个角度着手。

（1）适宜的地理位置和方位选择：建筑的基地选择是实现优良日照条件的首要步骤。在理想情况下，建筑应位于向阳的平地或山坡上，这样不仅可以最大限度地接受太阳辐射，还有助于自然光的最大化利用。例如，北半球的建筑更适合朝南布局，从而在冬季可以获得充足的阳光，同时在夏季通过适当的遮阳设计可以降低过热风险。通过精心的地理位置选择和方位布局，建筑可以在一年四季都获得理想的日照条件。

（2）前方无遮挡的视野规划：确保未来建筑的向阳面前方无固定遮挡是提升日照质量的重要措施。建筑设计应避免建筑面对高大建筑物、密集植被或其他可能遮挡阳光的障碍物。任何形式的固定遮挡都可能导致建筑在日常使用过程中失去宝贵的自然光源，增加采暖和照明的能源需求，从而造成能源浪费。在规划阶段，通过模拟分析，可以确定潜在的遮挡因素；通过合理规划建筑高度和布局，可以确保充足的阳光无障碍地照射到建筑表面和室内空间。

（3）提高日照利用效率的设计优化：在保证充分日照的同时，建筑设计需考虑如何有效管理和利用这些日照资源。利用先进的建筑材料和设计策略，如高性能窗户、可调节的遮阳系统，以及反射率高的外墙材料，可以最大化自然光的引入，同时减少热量损失和过度照明带来的能源浪费。此外，通过合理的空间布局，如将生活和工作区域布置在能接收最佳日照的位置，可以进一步提高日照利用效率，创造健康舒适的室内环境。

（4）绿色景观设计与日照的结合：在规划建筑周边的绿色空间时，日照的因素也应被考虑到。合理布置的植被不仅能够美化环境，还可以在夏季提供自然遮阴效果，解决建筑的过热问题，而在冬季则不会形成阻碍日照的障碍。通过灵活运用绿色植被，可以在不同季节中平衡建筑的日照需求和热舒适性，进一步提升建筑质量。

在现代城市规划和建筑设计中，建筑群体相对位置的合理布局或科学组合应给予高度重视，因为这直接关系到居住和工作环境的日照质量，以及建筑能效的优化。通过精心设计，不仅可以提高日照利用效率，降低能源消耗，还可以创造更加舒适和健康的室内外环境。具体的布局设计应遵循以下原则和方法。

（1）建筑的错列布局：通过将建筑错列布置，可以有效利用地形和周围环境的自然条件，如山墙空间，来争取更多的日照时间。这种布局方式不仅可以增加建筑间的间距，减少相互遮挡，还可以提供更多的视野和私密性。错列布局让建筑能够根据具体的地理位置和太阳高度角，最大化地利用日照资源，同时能创造更加动态和有趣的城市景观。

（2）建筑类型的点状与条状有机结合：点状建筑和条状建筑各有其优点和局限，通过有机结合这两种类型，既可以保证建筑群体之间足够的日照间隔，又能有效地利用空间，提高土地利用效率。点状建筑提供灵活的布局可能性，有利于形成敞开的视野和良好的通风条件；而条状建筑则可以根据地块的形状和方向优化布局，以达到最佳的日照和遮阳效果。这种结合方式可以灵活适应不同的城市环境和功能需求，创造出既实用又美观的建筑群落。

（3）建筑的围合空间设计：围合空间的设计不仅可以挡风保温，还可以在不影响日照的前提下，提供一定的遮阳效果。通过巧妙的布局，可以创造出多功能的户外空间，如中庭、庭院等，这些空间既可以享受充足的自然光照，又能为人们提供避暑的地方。此外，围合空间的设计还可以增强建筑群体的整体感和协调性，形成富有特色的社区环境。

（二）绿色建筑应保持通风

在实现绿色建筑的完善意义上，设计师一直致力探索和应用既能满足冬季采暖要求又能兼顾夏季制冷问题的解决方案，这种平衡的追求不仅减少了对常规能源的依赖，还通过利用自然条件来创造室内的凉爽环境，其中，利用良好的通风机制来实现建筑致凉是一种古老而合理的方法。这种方法的基本原理是在夜间利用凉爽的空气流通，使得室内的吸热材料得以冷却；在白天，这些材料能散发出存储的"凉气"，从而有效降低室内温度。当外部环境温度下降到比室内更低时，夜晚开窗可以促进空气流通，有效地将室内的热量传递到外部环境，利用自然温差实现室内冷却。这种方法的效率高且成本低，不涉及任何能源消耗，完全依赖建筑的设计和材料选择以及自然气候条件的利用。这种自然通风的策略不仅体现了对自然环境的深度理解和尊重，还展示了人类智慧在建筑设计中的巧妙应用。因此，设计师和建筑师在绿色建筑场地布局设计时应充分考虑夏季制冷的需求，采用特定的建筑材料和设计方法。例如，使用高热惯性材料建造墙体和地板，这些材料可以在夜间冷却过程中吸收并存储大量的冷能，然后在白天释放这些冷能，以减少室内外温差造成的热流动；仔细设计建筑的外形和布局，调整窗户的大小和位置或设计其他能促进空气流通的元素，可以增强自然通风的效果。

在绿色建筑场地布局设计中，有效利用自然风向来改善室内外的通风环境，不仅能提高建筑的舒适性和质量，还能显著降低能源消耗，实现可持续发展目标。具体做法包含以下三个环节。

（1）了解并利用基地环境条件，特别是夏季和冬季的主导风向，创造良好的室内外通风条件。夏季，当外部温度较高时，主导风的正确引导可以有效地促进室内外空气的流通，帮助降低室内温度，提供凉爽的环境。因此，在规划和设计阶段，建筑场地布局设计应确保基地环境条件不会阻碍夏季主导风向的自然通风。相反，在冬季，主导风往往带来较冷的空气，因此建筑场地布局设计应尽量减少这种风对建筑的直接影响，以避免过度的能量损失和室内温度降低。

（2）研究永久地貌对主导风作用的机制对于优化建筑和环境的关系。山脉、丘陵等自然地貌以及建筑群体、高大的围墙等人造地貌，都能影响风向和风速。通过对这些地貌影响的深入理解，在设计初期就可以考虑如何利用这些自然和人造元素来引导风流，以优化通风条件。例如，合理布局建筑和空间，可以创造风的通道，促进风的流动；利用地形的遮挡效果可以保护建筑免受冬季寒风的侵袭。

（3）组织和利用基地内的物质因素，以最经济的方式改造室外环境，创造良好的通风环境。这包括利用现有的自然元素如树木、水体等，以及人造结构如绿色屋顶、绿墙等，这样不仅可以美化环境，还能通过这些元素的自然属性来改善通风和微气候条件。例如，树木不仅可以遮阴，减少太阳辐射，还能通过蒸发作用帮助降低周围空气的温度。同时，水体可以通过其表面的蒸发冷却效果，为周围环境带来凉爽的微风。

（三）绿色建筑应合理遮阴

遮阴作为一种有效的建筑策略，可以有效地防止夏季过多的太阳辐射进入建筑内部，达到降温和提升室内舒适度的目的。常见的遮阳设施有遮阳篷、百叶窗、深檐和植被等，它们可以显著减少太阳直接照射对建筑内部温度的影响，不仅能有效降低室内空间的冷却需求，从而减少对空调等制冷设备的依赖，还能大幅降低能源消耗，实现节能减排的目标。遮阴设计需要考虑建筑的方位、周围环境以及太阳轨迹的变化，以确保在夏季有效阻挡高角度的太阳辐射，同时在冬季允许低角度的阳光进入。遮阴设计还可以与建筑的美观性和功能性相结合，例如，设计有创意的遮阳结构，不仅能提供遮阴效果，还能增强建筑的外观吸引力。

1. 绿化遮阴

绿化遮阴是一种自然且高效的方法，通过种植乔木和灌木来调节建筑周边的微环境，达到降温和遮阳的目的。这种方法不仅能有效减少夏季太阳辐射对建筑内部温度的影响，还能提升建筑所处环境的整体美观性和生态价值。通过精心选择和布局植物，可以在满足遮阴和通风需求的同时，进一步优化建筑的能效和舒适度。

乔木因其高大的树冠和茂密的叶片，特别适合作为遮阳的主要植物，不仅能够遮挡直射阳光，降低地面和建筑表面的温度，还能通过蒸腾作用释放水分，为周围环境带来凉爽的微风。种植乔木时，考虑树种的特性及其成熟高度和冠幅是非常重要的，这可以确保它们能提供足够的遮阴效果，而不至于阻碍通风或造成室内环境过于阴暗。正确的种植距离能够保证植物有足够的生长空间，同时有助于空气流通，避免湿度过高。对于建筑南边，种植落叶乔木是一个理想的选择，夏季时，它们的茂密叶片可以为建筑提供必要的遮阴效果，减少太阳辐射的热量进入室内；到了冬季，这些乔木落叶后，允许更多的阳光穿透并进入室内，升高室内温度，从而减少对人工采暖的需求。这种季节性的变化完美地适应了节能建筑的设计理念，既保证了夏季的凉爽，也确保了冬季的自然温暖。对于建筑背部，种植常绿灌木则是出于挡风和保护隐私的考虑。常绿灌木全年保持绿色，可以有效地阻挡冷风进入建筑区域，减少冬季的能耗。同时，它们为隐私保护提供了一定的帮助，能防止直接视线穿透。在选择常绿灌木时，它们的大小和生长习性应被考虑，以确保它们能够有效地发挥挡风和保护隐私的作用，而不会对建筑的通风和采光产生负面影响。

2. 建筑遮阴

在炎热的气候条件下，通过巧妙地规划建筑布局和间距，前幢建筑可以自然成为后幢建筑的遮阴物，形成所谓的"凉巷"。这种遮阴方式利用建筑自身的结构来阻挡直射阳光，减少太阳辐射热量的吸收，从而降低地面和周围空间的温度，改善微气候环境。相较于其他遮阴措施，建筑自身遮阴不需要额外的造价，是一种经济高效的环境调节手段。这种设计策略不仅对于提升建筑内部的舒适度至关重要，也对整个城市的微气候环境有着积极的影响，可以有效减少城市热岛效应，为城市居民提供更加凉爽的户外环境。

实现有效的建筑遮阴需要考虑多种因素，包括建筑的方位、形态、高度以及间距，科学地安排建筑的布局，可以最大化利用自然风向和太阳轨迹，实现日照管理和自然通风的双重目标。例如，将较高的建筑布置在南方，可以在夏季为北侧的建筑提供阴影，而在冬季允许低角度的阳光照射到北侧建筑，保证足够的日照。在建筑遮阴设计中其他遮阴元素还可以被采用，如悬挑屋顶、深窗台和阳光遮挡板等，这些设计不仅能提供额外的遮阴地，增强建筑遮阴的效果，还能增强建筑的美观性和个性化。同时，这些遮阴措施有助于减少对空调等人工制冷系统的依赖，进一步降低能源消耗和环境影响。

3. 地貌遮阴

地貌遮阴是一种古老而智慧的建筑策略。利用自然地貌来建造房屋，不仅可以有效地形成一定的遮阴地，减少夏季阳光的直接照射，还能使房屋在冬季时通过开阔的地形接受更多阳光，从而达到节能减排的目的，其中山坡和突兀的丘陵不仅是自然界的奇观，也是人类居住环境设计的一部分，展示了人类与自然和谐共存的智慧和能力。古人在与自然环境的互动中积累了丰富的经验和知识，在战胜自然的过程中学会了观察自然现象和理解自然规律，进而学会了利用自然力量来满足生活需求。例如，通过选择地形有利的位置建造住所，可以自然地解决通风和遮阳的问题，这不仅体现了对自然环境深刻的理解，也展现了早期人类对生活环境改善的智慧和努力。这种遮阴方式在许多古老文明中都可以找到类似的实践案例。例如，我国古代就有"依山傍水"建筑的概念，即利用山的靠背和水的引导来构筑住所，这样既能享受自然风光，又能有效利用自然资源；在美洲的古代文明中，玛雅人和阿兹特克人也利用地形特点，建造了令人叹为观止的金字塔和城市，这些建筑不仅符合宗教和天文学的需求，也反映了他们对自然环境的深刻理解和利用。

利用自然地形遮阴的实践不仅限于住宅，农业生产也可以根据地形和气候条件选择作物种植区域，通过梯田、风水林等方式调节微气候环境，保护土壤，这些智慧的应用同样体现了人类与自然和谐共处的理念。

第二节　绿色建筑景观设计

一、建筑和景观的关系

（一）建筑和景观的和谐统一

建筑作为城市的主要形象和文化象征，不只是一座独立存在的物体，而是与其周围环境紧密相连，共同构成了城市的肌理和风貌。建筑的不可移动性和不可更改性赋予了它一种特殊的地位，使得它在设计和建造过程中必须考虑与周围景观的和谐配合。这种配合不仅体现在物理形态上，更体现在情感因素和形态语言的传达上，建筑和景观相互搭配，共同创造出一个能够引发人们情感共鸣和审美体验的空间环境。一个建筑的美感并不仅仅来源于其自身的设计，还需要它从整体上与环境相协调，这要求建筑师在设计时不仅要考虑建筑本身的功能和美观，还要考虑建筑所处的环境条件，如地形、气候、文化背景以及周边的建筑风格等，以确保建筑能够自然地融入其所处的环境之中。人们对建筑的认知是全面的，不仅包括建筑本身，还包括建筑周围的环境景观，当建筑与环境景观和谐统一时，它们可以更好地表达环境的艺术境界和审美情趣，这种和谐统一不仅是视觉上的，也是情感和文化上的，它能够让人们感受到一种场所精神，这种精神是通过建筑与环境的相互作用和融合而产生的，它赋予了每一个地方独特的身份和意义。

建筑与其他艺术形式的一个重要区别在于其空间环境的特定性，因为建筑不仅仅是一个静态的视觉艺术品，还是一个可以被人们实际使用和体验的空间。这种空间环境的特定性意味着建筑必须考虑人的尺度、行为模式以及人们与空间环境的互动关系。因此，建筑设计不仅要追求美学上的完美，还要关注空间的功能性、舒适性和可持续性，以满足人们对生活和工作环境的需求。在当代社会，随着人们环保意识的增强和科技的发展，建筑设计越来越重视建筑与自然环境的和谐共生，特别是绿色建筑和可持续建筑设计理念的提出，不仅考虑了建筑的能源利用效率和材料选择，还考虑了建筑对周边环境的影响，旨在创造既美观又环保的生活空间。通过这种方式，建筑不仅成了人类文化的载体，也成了推动社会可持续发展的重要力量。建筑外部环境的景观设计，包括植被的配置、水体的布置以及休闲设施的安排，共同构成了一个综合的环境设计体系。这个体系不仅关注建筑的视觉美感，更重视建筑与自然元素的和谐共生，以及建筑对于人们情感和行为的影响，一个成功的环境景观设计能够激发人们的情感共鸣，增强人们对空间的认同感和归属感。在当代城市发展的背景下，随着人们对生活质量要求的不断提高，建筑外部环境的景观设计愈发受到重视，设计师在创造具有审美价值的建筑环境时，更加注重生态原则和可持续发展的理念。这意味着，特定建筑的审美价值不仅体现在其独特的设计和艺术表达上，更体现在其与特定环境景观相结合时所展现出的整体美感和环境友好性上。

植物在建筑环境景观设计中扮演着至关重要的角色，它们因易维护和随季节变化的特性而受到青睐。因为植物能够为建筑环境增添无与伦比的美感和生命力，所以在打造建筑环境景观时，植物的选择和配置成为展现地域特色、反映人与自然和谐共生理念的关键因素。通过精心设计的植物配置，建筑不仅能够与周边环境融为一体，还能够突出其独特的地域性，为人们提供富有情感和审美价值的空间体验。植物的多样性和季节性变化为环境景观增添了丰富的层次和色彩，使得相同的建筑在不同的植物背景下展现出截然不同的视觉效果。而植物在净化空气、调节微气候环境、降低噪声污染等方面的自然功能，为建筑环境的可持续性和用户的健康提供了重要支持。

每个季节，植物都以它们独有的色彩和形态，与建筑相互映衬，共同创造特有的景观和氛围，这种自然界的节奏与建筑设计的恒久之美相结合，赋予了建筑空间更加丰富和深刻的意义，让人们在不同的时间中感受到不同的美和情感。春天，大地回暖，万物复苏，嫩绿的叶片和绚丽的花朵开始点缀建筑周围，它们为建筑披上了一层生机勃勃的外衣，使得原本静态的建筑仿佛充满了生命力，它们当中隐藏的是对新生的期待和庆祝，这为人们带来了更新的希望和活力。进入夏季，浓郁的碧绿覆盖了整个景观，为建筑提供了一片凉爽的背景，为人们遮挡了炎炎夏日的阳光，还通过繁茂的叶片和花朵，与建筑形成了一个生动活泼的场景。这样的景观不仅减少了城市的热岛效应，还增强了人们对自然美的感知。秋天的到来，带来了一片金红色的景致，树叶从绿色逐渐转变为黄色、橙色甚至红色，为建筑和周围环境添上了一抹绚丽的色彩。秋天的植物不仅提醒着人们季节更替的自然规律，还在视觉上为建筑增添了一种温暖而深邃的美感，使得建筑与周边环境仿佛穿上了一件色彩斑斓的节日盛装。冬季，虽然许多植物进入了休眠期，但仍有树木展示出寂静的苍翠，为冬日的建筑和环境带来了一抹生机，尤其是在雪花覆盖的日子里，绿色的针叶树与白雪相映成趣，为冬日的寒冷增添了一份坚韧和希望。通过植物季节更迭所带来的万千色彩，建筑与其周围环境在四季中展现了不同的生动表情，这不仅丰富了人们的视觉体验，更深化了人们对时间流逝和自然变化的感知，增加了对生活环境的情感连接。在这样的环境中，建筑不再是冰冷的结构，而是与自然和谐共生的生命体，与四季的变化共呼吸、共生长，让人们在日常生活中即能感受到自然的韵律和节奏。

（二）建筑和景观的互动

在人类开始主动改变自然环境的过程中，人与自然的关系经历了从同一性到对象性的转变，这种转变标志着人类对自然的认识和利用进入了一个新阶段，从而使得人类与自然界的关系更加复杂。人类意识的形成最初基于对周围环境的感知，这种意识是关于个人之外的其他人和事物的基本认知。在这一阶段，人类与自然的关系主要是一种简单的服从关系，人类生活的自然环境与人类之间的关系处于一种原始而狭隘的状态。但随着时间的推移，人类开始意识到自己作为自然界的一部分，能够通过自己的行动去改变自然界，这种认识的深化，推动了人类对自然的态度和行为从简单的适应和服从向主动改变和利用自然转变。在这个转变过程中，作为人类主观意识的一种特殊体现的建筑景观设计思想，遵循了从自发到自觉的发展规律。最初，建筑设计主要基于对自然环境的直接模仿和适应，反映了人类对自然的简单认识和服从态度。随着人类社会的发展和技术的进步，建筑设计开始更多地反映人类对自然的主动改造和利用，这种改造和利用不仅体现在建筑的风格和功能上，也体现在建筑与环境的关系上，建筑设计逐渐成为人类理性思维和审美观念的体现，反映了人类对自然环境的深入理解和科学管理。

随着人类意识的发展和对自然界的深入认识，人类与自然的关系也在不断进化，人类不再仅仅是自然界的被动成员，而是成了能够通过科技和智慧主动改造自然界的力量。这种力量虽然带来了人类生产力和生活水平的显著提高，但同时对自然环境产生了前所未有的影响，引发了诸如环境污染和生态失衡等问题。因此，人类与自然的关系是动态发展的，是在不断地实践和认识过程中形成和演变的。在当前的环境危机和可持续发展的大背景下，重新审视人类与自然的关系，寻找一种既能满足人类发展需要又能保护自然环境的生活方式和发展模式，成了当代社会面临的重大挑战。而绿色建筑景观设计思想恰好符合这一特殊的局面，它不仅需要反映人类对与自然和谐共处的追求，也需要体现人类对自然环境负责任的态度和行动。

二、绿色建筑景观的发展

绿色植物对人类的生活具有深远的影响，不仅因为它们为人们的环境提供了必要的生态服务，如净化空气、调节温度以及增加生物多样性等，更因为它们在心理和情感层面上唤醒了人类与生俱来的亲切感和归属感，这种强烈的认同感使得绿色植物在人类社会文明的建设历程中占据了重要位置。随着环境问题的日益凸显，人们开始更加关注如何在建筑设计和环境设计中融入自然元素，使得建筑不仅成为人类居住和活动的空间，还成为生态文明建设的一部分。在现代建筑设计和城市规划中，利用各种技术手段将绿色植物融入建筑环境已经成为一种趋势，从垂直绿化、屋顶花园，到城市公园和街头绿带的设计，绿色植物的应用不仅使得城市空间视觉上更加美观，还提高了城市居民的生活质量，而这些特殊的设计不仅体现了对自然美的追求，更反映了对可持续发展理念的认同和实践。通过这种方式，建筑景观设计成了连接人与自然的桥梁，使人们在快节奏的城市生活中仍能感受到自然的亲近和舒适。

建筑景观设计可以视作一种微缩的自然，体现了人类对自然环境的尊重和向往，通过精心设计的户外空间，不仅增加了城市的绿色面积，还创造了供人们休憩和亲近自然的场所，人们在这些空间中可以暂时远离城市的喧嚣，享受宁静和平和，这大幅提升了城市居民的心理健康和幸福感。随着人们环境保护意识的增强，以及生态学理念在当代社会中的深入人心，人类对景观设计的认知和实践已经发生了根本性的转变，不再仅仅将景观设计视为一种美化环境的手段，而是从生态的角度重新审视和定位，将可持续发展的理念作为设计和营造的核心。这种转变意味着设计师在景观设计中不仅要考虑景观的功能性和美观性，更要重视其在生态系统中的作用和影响。能源与物质的循环再利用、场地的自我维持能力以及生态系统的整体健康成了设计师思考的重要内容，以确保设计方案既能满足人类社会的需求，又能促进自然环境的可持续发展。这种以生态为中心的设计思想已经颠覆了传统景观设计的范式，对设计的方法论和实践产生了深远的影响。景观设计不再局限于基础的空间规划、道路划分和植被配置，而是形成了一种全新的设计体系，这个体系强调人与自然的和谐共生，注重利用可再生资源，维护场地生态，同时积极探索新科技在生态保护和资源利用中的应用。

在这个全新的设计体系下，生态学的要求已经超越了传统的功能与形式，成为设计思想的首要考量，生态化的景观设计也成为景观设计中的一种时尚。这种设计不仅关注景观的美学价值，更重视生态系统的建设和维护，力求达到人与自然和谐共生的目标，更重要的是这种设计方式不仅提升了城市的生态质量，也成为推动可持续发展战略的重要手段。基于此，设计师通过深入研究生态系统的工作原理和自然界的循环机制，设计出既美观又能够促进生态平衡的景观方案，为人类提供了休闲娱乐、社交互动的空间，这些空间更成为生物多样性的保护区，城市雨水管理的有效工具，甚至是城市热岛效应的缓解器。因此，景观设计成了连接人与自然、促进社会可持续发展的重要桥梁，展现了对地球未来负责任的态度和对生活质量深思熟虑的追求。未来，随着技术的不断进步和人们环境保护意识的不断提高，生态化景观设计将在社会文明建设中扮演越来越重要的角色。

三、绿色建筑景观设计中的植物选择和设计

植物在自然环境和建筑景观设计中扮演着极其重要的角色，它们不仅提升了环境的美观性，更是维持生态平衡、增加生物多样性和改善微气候环境的关键。因此，在绿色建筑景观设计中，植物的选择和应用必须经过精心考虑，以确保它们既能适应当地的气候和土壤条件，又能达到预期的设计效果。由于植物的生长受到温度、湿度、光照和土壤类型等多种因素的影响，其地域性特征非常明显，这就要求设计师在选择植物时，必须充分考虑这些环境因素，选择适宜在特定地区生长的植物种类。

在绿色建筑景观设计的过程中，植物的应用形式多样，包括单一种植、群体栽植、与建筑结构相结合的垂直绿化等，每种应用形式都有其独特的美学价值和生态功能，设计师需要根据建筑的功能、空间布局以及预

期的环境效果来确定合适的植物应用形式。对设计师来讲,除了简单的植物搭配,其组织美学也是设计过程中不可忽视的一环,通过对植物颜色、形态、质感和季节变化的考虑,可以创造出既美观又能反映自然节律的景观空间。为了保证植物景观的优美和高效,技术手段必不可少,它们可以帮助优化植物的生长条件,提高景观的可持续性和生态效益。例如,采用先进的灌溉技术和土壤改良方法可以有效保证植物的健康生长,同时减少水资源的消耗;通过生态设计原则,如雨水花园和渗透性铺装,可以增强景观的雨水管理能力,减少径流污染;而使用本土植物不仅可以降低维护成本,还能增加景观的生物多样性。

(一)绿色建筑景观设计中的植物选择

1. 地域植物生态习性

地域植物的生态习性受气候、海拔、土壤等自然地理条件的影响,这些因素共同作用形成了植物的地域性特征,这种地域性特征不仅决定了植物的分布范围,还影响了植物的形态、色彩、生长周期等方面,使得相同种类的植物在不同的生长环境中表现出截然不同的特性。例如,温带山林和热带雨林的植物在形态上的差异就非常明显,前者因为需要适应冬季的低温和雪覆盖,往往低矮且落叶以减少水分蒸发,而后者则因为全年处于温暖湿润的环境中,往往高大且常绿,以充分进行光合作用,这种适应性的演变是植物在长期的自然选择过程中形成的,反映了植物与其生长环境之间复杂而微妙的关系。确定植物的地域性特征对植物的自然生态学研究有重要意义,对于农业生产、园林绿化、生态恢复等实践活动也具有指导价值。例如,大兴安岭地区和山东地区的波斯菊之间的差异,就直观展示了地域对植物生长形态的影响。因此,在进行植物栽培和景观设计时,考虑植物的地域性特征至关重要,这不仅可以保证植物的健康生长,还能提高生态环境的整体美感和功能性。

不同地区的植物适应了各自的生长条件，形成了丰富的生物多样性，这种多样性不仅是地球生态系统宝贵的财富，也是人类文化多样性的重要基础。通过研究植物的地域性生态习性，可以更好地进行物种保护、生态恢复和可持续利用，同时能够在绿色建筑景观设计中体现不同的地域特点，促进地域文化的传承和发展。

2. 地域植物文化属性

在漫长的历史进程中，每一片土地上的植物都逐渐融入当地的文化之中，成为具有地域标识的文化符号，这种文化与环境的融合，通过具有代表性的植物得到了良好的体现，不仅反映了一个地区的自然条件和生态特征，更深层次地展现了该地区的传统价值观、审美情趣乃至政治经济背景。地域性特色植物成为一种文化的代表符号，它们承载着丰富的文化意义和社会记忆，通过其形态、色彩、香气以及与人类生活的各种联系，传递着特定地域的文化精神和历史信息。例如，竹子在中国文化中象征着坚韧和节制，是文人墨客频繁吟咏的对象，反映了中国文化中的某些核心价值观，如高洁、坚韧不拔等；橄榄树在地中海地区，不仅是重要的经济作物，也象征着和平与智慧，深深植根于当地的文化和历史中。这些植物随着时间的推移，已经超越了其自然属性，成为人类文化和情感的载体，其文化属性在地域文化的发展和传承中起着不可替代的作用。地域植物的文化属性也体现在人们的日常生活中，不同地区的节日、习俗、饮食甚至建筑风格都与当地的植物紧密相关。例如，中秋节人们在赏月的同时品尝月饼，其中不乏用当地特色植物制作的如莲蓉、豆沙等馅料，这不仅是对味觉的享受，也是对传统文化的一种传承。

我国的多民族文化构成了一个丰富多彩的文化图谱，其中植物文化的多样性尤为显著，体现了各民族独特的文化认同和审美情趣。例如，傣族和佤族将芭蕉视为吉祥的象征，这不仅反映了对自然的崇敬，也体现了对美好生活的向往；彝族用银木荷代表喜庆和好运，用马缨花寓意富贵幸福，展现了彝族文化中对美好愿望的追求；哈尼族、佤族、景颇族用刺桐象征吉祥，表达了对和谐与幸福生活的期盼。尽管各民族在植物文化上展现了多样性，但也存在共通之处，例如，多民族用松树象征长寿，用竹子代表吉祥，用荷花象征姻缘，这些共通的文化符号不仅加深了各民族之间的文化交流和理解，也为中华文化的多元一体性提供了有力证明。

在全球范围内，东西方文化差异尤为明显，这种差异在植物文化方面表现得更加突出。例如，我国佛教文化中常见的松、柏、银杏等植物，不仅在佛教寺庙和园林中占据重要位置，还蕴含了禅意和哲学思考，反映了中华文化对自然和谐与内心平静的追求。而古希腊的圣林则偏爱悬铃木、棕榈树、槲树等，这些植物在古希腊神话和宗教仪式中占有重要地位，体现了西方文化对神性和英雄主义的崇拜。又如，我国文人墨客推崇的"四君子"梅、兰、竹、菊，不仅代表了高洁、坚韧、谦逊和清雅的品质，也是中国传统文化中重要的审美象征。而西方文化将玫瑰作为热烈爱情的代表，体现了西方文化对爱情表达的直接和热烈。这些植物文化的差异不仅展现了东西方文化在价值观、审美观和宗教信仰上的不同，也增加了世界文化的多样性。随着全球化的发展，地域植物的文化属性在传播和交流中扮演着越来越重要的角色，它们成为连接不同文化、促进文化多样性理解和尊重的桥梁。通过对地域植物的研究，人们不仅能够更好地理解一个地区的自然环境和生态系统，还能够深入挖掘和传承该地区的文化精髓，为维护文化多样性和促进世界和平贡献力量。因此，地域植物在当代社会中的价值远远超出了其生物学意义，它们是文化传承和社会发展不可或缺的组成部分，是连接过去、现在和未来的重要纽带。在绿色建筑设计中，利用地域植物进行景观设计，不仅能够提升建筑的美观性，更能体现该地区的文化特色和审美理念。

3. 地域植物选择的意义

随着我国经济的快速发展和城市化进程的加速，提升国民生活环境质量已成为城市建设的重要目标之一，而建筑景观项目作为城市建设的重要组成部分，其设计和实施水平直接影响着城市的面貌和居民的生活质量。信息化建设的推进和国内外文化交流的加强，无疑为建筑景观设计提供了更广阔的视野和更多样的灵感来源，促进了建筑景观设计理念和技术的飞速发展。但是，在全球一体化经济的大背景下，建筑景观设计趋同的现象日益明显，一些设计师在追求创新和差异化的同时，不免受到国际流行趋势的影响，甚至照搬照抄国内外优秀景观设计作品或风格。这种趋同不仅减少了城市景观的地域特色和文化个性，也忽视了景观设计应与其所处环境的自然条件和文化背景相协调的原则。这种趋同现象在景观植物的选择上表现得尤为明显，部分设计师由于缺乏对本土文化和生态环境的深入理解，在一些设计项目的景观植物选择上存在一定的盲目性，这不仅可能导致引进的植物难以适应当地的气候和土壤条件，增加景观维护的难度和成本，还可能对本地生态系统造成不利影响。例如，一些非本土植物的引入，可能会破坏原有的生态平衡，影响本地生物多样性。基于此，设计师需要更加重视对本土文化和自然环境的尊重和融合，在进行景观设计时应充分考虑所处地域的气候条件、土壤特性、水资源状况以及文化传统，选用适宜的本土植物，尽可能地保留和强化地域特色，同时要注重可持续发展原则，避免对当地生态系统产生不利影响，从而创造出既美观又生态的城市景观，促进城市文化的传承和发展，为居民创造出更加舒适和谐的生活环境。

在当代景观设计领域中，一个优秀的景观设计作品的诞生基于对项目前期调研的深入和全面覆盖，它保留了历史背景、地理环境、人文社会、气象条件、水文状况、土壤类型等多个方面，以确保设计方案能够充分反映和融入当地的自然环境和文化特色。景观设计应将生态性原则置于首位，需要优先考虑植物对当地环境的适应性，尽量选用本土或者适应性强、对当地生态影响小的植物。因为本土植物不仅在经济上更具优势，更易于存活和繁衍，还能够保持和增加地区的生物多样性，维护生态平衡，更重要的是本土植物往往与当地的人文历史紧密相连，具有独特的文化象征意义，使用这些植物能够使景观设计更加贴近当地文化，能够增强景观的文化内涵和教育价值。盲目引进非地域植物，忽略了这些植物可能对本地生态系统带来的负面影响，如生存环境的不适应、生态平衡的破坏等，这不仅会导致本土生态系统的脆弱和不稳定，还可能使建筑景观失去其地域性特色。

将绿色理念贯彻到景观设计中，不仅仅是在植物选择上的考虑，更是一种对整个设计过程和方法的革新，通过搭配生态友好的材料、实施雨水管理和节能减排策略、创造生物栖息地等措施，可以提升景观的美观性和功能性，确保建筑项目的可持续发展，为用户创造一个更加健康、舒适、和谐的环境。

（二）绿色建筑景观设计中的植物设计

景观植物的层次感和空间感是塑造任何景观设计核心的基石，设计师通过精心选择和布局不同高度、不同形态的植物，能够创造出丰富的视觉层次和深度，从而为建筑与其周围环境之间建立起一种和谐而亲密的联系。这种层次化的植物布局不仅能够引导视线，增加空间的探索性和期待感，还能够通过不同的植物纹理、颜色和形状，营造出多样化的空间氛围。在确立了这种基本的空间框架之后，通过对色彩和花卉的巧妙调配，可以进一步增强景观的吸引力和特色性。例如，通过使用色彩鲜明、季节性强的花卉，可以为景观注入生命力，使其在不同季节展现不同的风貌。同时，这些色彩和花卉的选择需要与建筑风格和周边环境协调一致，以确保整体景观设计的统一性和协调性。这样的设计方法不仅增强了建筑与自然环境的融合度，也为人们提供了愉悦和舒适的视觉及情感体验，展现了景观设计在提升生活质量和环境美学方面的重要价值。

1. 绿色建筑景观层次感设计

（1）在景观设计中，第一重的植物一般是高为 7 ～ 15 m、冠幅为 5 ～ 10 m 的大乔木，它们不仅为景观提供了垂直维度的丰富性，还是构成景观基本框架的重要元素。这一层的大乔木，可以选择圆冠阔叶的法桐、元宝槭、槐、白蜡，或者是高冠阔叶的毛白杨、新疆杨，或者是高塔形常绿的圆柏、大云杉等，它们各自独特的形态和生长习性，为景观设计提供了丰富的视觉元素和生态价值。这些大乔木以宏伟的姿态矗立于景观之中，不仅能够为人们提供阴凉和庇护，还能成为显著的地标和视觉焦点。在四季变换中，它们的叶色变化、花期和果实的成熟，都给景观带来了动态的美感和生命力。春天，嫩叶初展，为景观注入生机；夏天，浓荫覆盖，树下成为避暑的佳处；秋天，叶色变化，为景观添上丰富的色彩；冬天，即使落叶，枝丫的线条也为冬季的景观增添了几分韵味。更重要的是，这些大乔木具有强大的生态功能，它们能有效改善微气候环境，调节空气湿度，净化空气质量，同时为鸟类和其他小动物提供栖息地，增加生物多样性。在设计中恰当选择和配置这些大乔木，不仅能够达到美化环境的目的，更能够促进生态平衡，体现可持续发展的理念。

（2）在景观设计中，第二重的植物主要由高度为 4 ～ 5 m 的大灌木和小乔木构成，这一层次在整个景观中扮演着衔接和过渡的角色，它们不仅填补了高大乔木与地被植物之间的空间，还增加了景观的深度和层次感，使得整个空间更加丰富和立体。例如，低矮塔形的常绿乔木（如小云杉和翠柏），以及圆冠形的常绿乔木（如油松、白皮松）的形态各异，能够为景观带来不同的视觉效果。小乔木如紫叶李、玉兰等，则以其独特的花色和叶色，为景观增添了鲜艳的色彩和活力。这一层次的植物，由于高度适中，也常被用来构建景观的焦点或作为隐私屏障，同时提供必要的阴影区域，创造出舒适的休憩空间。它们在四季中的表现也极具变化，如春天花朵盛开的玉兰、夏季叶片浓绿的油松、秋天果实累累的紫叶李，都给人们带来了视觉上的享受和心灵上的慰藉。这一层次的植物在维护生物多样性方面也发挥着重要作用，它们不仅可以吸引和供养各种鸟类和昆虫，还能为小型哺乳动物提供栖息地和食物，促进了生态系统的健康和稳定。在景观设计中恰当运用这一层次的植物，不仅能够实现视觉上的美感，更能在生态上发挥积极作用，提升整个景观的生态价值和可持续性。

（3）在景观设计中，第三重的植物主要由高度为 2 ～ 3 m 的灌木组成，这些灌木以其独特的形态和色彩，为景观空间增添了细腻的层次和丰富的色彩变化。球类常绿灌木，如大叶黄杨、金叶女贞、红叶小檗和凤尾丝兰等，以其整齐的球形和鲜明的色彩，为景观带来了秩序感和视觉焦点，不仅可以作为低矮的隔离带或边界标识，还能通过色彩和形态的变化，与四季变换相呼应，为景观空间带来活力和变化；竖形灌木如木槿等，则以其独特的竖直生长习性和丰富的花色，为景观设计增添了纵向的动感和层次，常被用于构建视觉上的引导线或作为景观中的垂直元素，与其他形态的植物相结合，打造出层次分明、富有节奏感的景观空间。特别是在花期，这些竖形灌木的花的绽放，不仅能够吸引人们的视线，还能为环境增添香气，提升景观的感官体验。在景观设计中恰当运用这一层次的植物，不仅完美填充了在高大乔木和地被植物之间的空间，有效地利用了中间空间，增强了景观的丰富性和层次感，还发挥了很好的生态功能，如给昆虫等小动物提供食物和栖息地，增加生物多样性。

（4）在景观设计中，第四重植物层次扮演着装饰和细节完善的角色，主要由花卉和小灌木构成，这一层次通过丰富的色彩和多样化的形态，增强了景观空间的层次感和生动性。通过人工修剪形成的整齐的色带或图案，不仅强调了设计的精细和规整，还以其鲜明的颜色对比，为景观空间带来了视觉上的焦点和节奏感。这种方法在公园、庭院、街道绿化等多种场景中得到应用，有效地提升了环境的审美质量和精神面貌。团形灌木，如榆叶梅、紫薇、金银忍冬等，以其紧凑的生长习性和时而绽放的花朵，为景观设计增添了自然而又优雅的美感。这些植物在视觉上为景观增添了色彩，其花期的到来更是为环境带来了生机和活力，同时吸引了蜜蜂、蝴蝶等多种益虫，增强了生态环境的活力。可密植成片的灌木如棣棠、迎春花、锦带花等，通过大面积的植栽，形成了景观中的色块或花海，这不仅为人们提供了观赏的美景，也是增加生物多样性的有效手段。在景观设计中恰当运用这一层次的植物，不仅能够提供丰富的食物和栖息地给野生动物，也增加了城市绿化的层次和深度，为城市生态系统的建设和维护做出了贡献。

（5）在景观设计的层次中，第五重属于最贴近地面的层次，主要由地被植物构成，这一层次在整个景观中起着基础和衬托的作用，不仅为景观提供了一片连续的绿色基底，还能够增强整体景观的完整性和连贯性。普通花卉型地被植入如菊花、福禄考、鼠尾草等，以其丰富的花色和形态，为地面层次带来了细腻的美感和色彩的变化，不仅能够在视觉上吸引人们的注意，还能够通过花期的变化为景观空间带来季节性的节奏和生动性。长叶形地被植物，如鸢尾、萱草、花叶芦竹、狼尾草、芒等，以其独特的叶形和生长习性，为景观设计增添了不同的纹理和层次感，这些植物的叶片通常较长，它们在风中摇曳的姿态，能够形成波动的视觉效果，增加景观的动态美，也为景观空间增添了一种自然而又舒缓的氛围。在景观设计中恰当运用这一层次的植物，不仅能够增添景致，还能够有效地防止水土流失，维持土壤湿度，减少热岛效应，同时为小型昆虫等小动物提供栖息地，促进生物多样性的增加，大幅提升景观的美观度和生态价值，为人们创造一个舒适、健康的休闲环境。

2. 绿色建筑景观空间感设计

（1）在建筑周边环境的景观设计中，通过精心策划的植物配置，可以极大地提升空间的美学价值和生态功能，特别是近距离视野范围内的种植风格，特别强调形态的错落有致和层次的分明。通过乔木、灌木及地被植物的层次化布局，可以创造出一个既和谐又富有变化的绿色空间。在这种设计中，地被花卉不仅仅起到点缀作用，更在灌木的前端或间隙中引入色彩和质感的变化，构成视觉层次中的基础一层。紧接着，修剪成球形的灌木形成高低错落的组团，这些组团既是视觉焦点，也构成了体量较大的绿色骨架，为景观增添了立体感和深度。在这一层次上，适量配置的花卉灌木和少量的阔叶小乔木或大乔木，增加了空间的动态感和生命力，特别是球形冠与瘦长形冠的搭配，以及彩叶与绿叶的结合，不仅丰富了视觉效果，更加强了形态和色彩的对比和互补。这样的设计方法不仅美化了建筑周边的环境，更通过植物的多样性和层次感，营造出一种自然而又细腻的氛围。最后常绿乔木的数量被限制在 1 ～ 3 株，以确保空间不会因为过多的大型植物而显得拥挤，同时保持整个植物组合的轻盈和透气性。这种有节制的植物使用策略，既强调了植物自身的美感，又兼顾了整体景观的和谐统一，确保了建筑周边环境的近距离视野范围内，既有层次分明的绿色构架，又不失轻盈和透明感，为人们提供了一个既舒适又美观的居住和观赏环境。

对于建筑边缘、墙角等狭窄空间，通过层次丰满的植物配置，可以有效地提升空间的视觉美感和生态功能。例如，将叶形地被植物与修剪绿球交叉种植，不仅打破了单一的绿色调，还增加了层次感和动态美，既保留了自然的野趣，又不失整齐的规划美；从大乔木到草花的多层次配置，充分利用了植物的株形态之间的差异，形成了错落有致的视觉变化，既能吸引视线，又能使得景观在不同季节展现不同的风貌；以北美圆柏配合花灌木，不仅有效地破除了建筑的棱角感，还增添了生机和美感，同时使得狭窄处的植物更加密实，从而营造出一种既密集又有序的绿色空间。

建筑周边环境的景观设计采用疏密搭配的层次配置，使局部留出的草坪区域与组团形成了明显的开阔对比，既保证了空间的开放性，又增添了秘密花园般的探索趣味。由低到高、层次分明的组合种植，在细节上注重地被层的线性排布和围绕在绿球植物外侧形成的组团边界，这不仅在视觉上形成了强烈的引导作用，还通过地被层植物之间的色彩和形态变化，为景观增添了丰富的视觉层次和动态美。

（2）在建筑与建筑之间较大的绿地区域，组团种植的设计策略尤为关键，它不仅要求在视觉和功能上与周边环境协调一致，还需考虑空间的开阔变化，创造出既有亲密感又不失开放性的绿色空间。在这样的设计中，在密植组团之间留出相对较大的草坪面积，既保证了绿地区域的通透性和使用功能，又增加了景观的层次感和视觉深度，这种开放与封闭的结合，使得绿地区域不仅是一个简单的过渡空间，还是具有丰富体验的景观环境。

①在绿地中心区域的组团种植，通常采用层次配置的方式，其相对尺度较大，同种基调灌木的数量较多，通过与其他植物形成主次形态对比，营造出丰富而又统一的视觉效果。而地被植物和修剪绿球的使用相对较少，这些元素在中间区域以成片或成线的方式种植，其形态较为简洁，旨在通过清晰的线条感强化空间结构，而在组团的起始边缘处，则通过相对错落复杂的布局，增加了空间的动态感和层次变化，形成了整体形态上的繁简对比。这样的设计不仅美化了建筑之间的绿地空间，更重要的是，通过细腻的植物布局和层次变化，提升了空间的生态功能和休闲价值，为人们提供了一个既适合观赏又适宜休憩的舒适环境。同时，这种设计体现了对自然和生态的尊重，通过合理的植物配置和空间规划，促进了生物多样性的保护，为城市绿地系统的建设和发展做出了贡献。

②在建筑与建筑之间花园的设计中，采用植物分隔的方法能有效地界定空间，同时能提升美观度和生态价值。通过组合修剪绿球与修剪色带共同构成边界的设计策略，不仅创造了清晰的空间分割线，还赋予了景观艺术美感和自然韵味。这种分隔方法，将球形灌木、修剪色带以及其他形态多样的灌木和草花巧妙结合，既体现了设计的细腻和精致，也满足了功能的需求。尤其是在入户路口边、不同园区之间，这样的植物分隔线不仅明确了路径和区域的界限，还营造了引人入胜的过渡空间，借助疏密有致的变化节奏进一步丰富了景观的层次感和视觉效果。在一些需要强调界限的地方，通过密植修剪绿球和修剪色带，形成了较为紧凑的视觉效果；而

在需要过渡和软化空间界限的区域，通过适当稀疏的植物布局，可以让人感受到更加宽敞和自然的空间氛围。这样的设计不仅美化了环境，还通过不同植物的色彩、形态和纹理变化，为空间增添了艺术表现力，提升了景观的整体美感。此外，植物分隔方法还具有良好的生态效益，不仅可以为城市增绿添氧，改善微气候环境，还能给昆虫等小动物提供栖息的场所，增加生物多样性。通过这种与自然和谐共生的设计理念，建筑与建筑之间的花园不仅成了人们休憩和享受自然之美的场所，也成了城市生态环境的重要组成部分。

③在城市景观设计中，建筑旁、道路转角处、景墙小品边缘以及地下车库周围等关键位置的植物配置，不仅需要品种丰富、层次分明，还需要在形态组合上展现出多样性，以达到既美化环境又提升空间质量的目的。这种配置方法，借鉴了别墅区中的植物配置理念，通过精心的选择和布局，创造出既私密又开放的绿色空间，增加了城市景观的层次感和视觉深度。在这些特定的空间中，植物配置旨在打造出一种和谐而富有变化的自然景观，通过选用不同高度、不同颜色和不同纹理的植物，形成了丰富的层次和动态的视觉效果。高大的乔木作为背景，为景观提供了骨架和遮阴效果；中等高度的灌木和小乔木填充在高大乔木之间，增加了中间层次；而地被植物则铺设在最前端，点缀着每一个角落，使得整个空间生机盎然、色彩斑斓。这里需要注意，这些位置的植物的层次性配置不仅仅是为了视觉上的美观，更重要的是能够根据不同区域的功能需求和环境条件，进行有针对性的设计。例如，道路转角处的植物配置可以通过视觉引导，提升行人的安全性；而地下车库周围的植物则可以通过增加绿色植被，改善微气候环境，减少噪声和尘埃。这样的设计不仅美化了城市环境，还提升了城市居住的舒适度和生态价值，体现了现代景观设计对人与自然和谐共生的追求。

（3）公共绿地的景观设计通常倾向于一种较为粗放而富有层次的风格，旨在通过不同种类和高度的植物组群营造出开阔有致的自然景观，这些景观通常以圆冠阔叶大乔木和高冠阔叶大乔木构成主体框架，借助其壮观的姿态和丰富的绿意，为公共绿地提供宽阔的遮阴区域和强烈的视觉冲击。与此同时，高塔形常绿乔木和低矮塔形常绿乔木，以及圆冠形常绿乔木的引入，为景观增加了垂直方向上的变化和层次感，这不仅确保了全年的绿化效果，也为公共绿地增添了不少生机。球类常绿灌木和修剪色带的巧妙运用，在细节上强调了景观的整齐与规律，为公共绿地的开阔视野增添了精细的观赏点。小乔木和各式灌木如竖形灌木、团形灌木以及可密植成片的灌木，则在大乔木的庇护下，构成了丰富多彩的中下层景观，它们不仅为人们提供了更亲近自然的空间，也为生物提供了重要的生境。在最底层，普通花卉型地被植物和长叶形地被植物的铺设，不仅完善了公共绿地的层次感，还为公共绿地带来了缤纷的色彩和细腻的质感。这些地被植物在视觉上形成了一个平滑的过渡，同时起到了保湿、防腐蚀的作用，为绿地的生态功能做出了贡献。

第三节 绿色建筑铺装设计

一、我国铺装的发展历程

铺装作为一种古老而深刻的人类文明表现，其历史可追溯到人类初期的居所与活动，当然，原始人类使用石材来铺设他们的居所，这种行为不仅是对自然环境的改造，也是对居住环境的一种优化和装饰。在我国，铺装的历史尤为悠久，伴随着中华文明的发展，铺装技术进步显著。早在远古时期，人们就已经认识到选择地形适宜、地面干燥且平坦的地点来建造聚落的重要性，这些地点往往位于高地或山脚下，既可以避免洪水的侵袭，又有利于防御野兽和敌人的袭击。通过对地面的铺装和加固，早期居民创造了更加稳定和安全的居住环境，这种对居住环境的改造不仅体现了人类对自然的适应和改造能力，也是人类文明进步的一个重要标志。

　　进入夏、商、周三代，这种铺装文化传统不仅得以保留，还发展成为一种更为复杂和精细的社会象征，那个时代的铺装不再仅仅是为了满足基本的居住需求，而是逐渐演变成为一种反映社会等级和礼仪规则的重要方式。夏、商、周时期的人们开始使用更为多样化的材料进行地面铺设，如竹片与苇叶，这些自然材料的选用不仅体现了对自然资源的有效利用，也反映了古人对居住环境美学的追求。通过不同的铺装方式和材料的使用，人们可以区分不同的社会地位和尊卑关系。例如，堂上座位的安排，以及室内座位的方向选择，都体现了当时社会对于尊卑、主宾关系的严格规定，这种规定不仅体现在日常生活中，也反映在建筑设计和室内布局上，例如，席位的分配和席面的铺设厚度，都成了区分社会等级和地位的重要标志。对席位的规定直观地反映了古代社会中等级的划分和尊卑的差别。按照古代礼法，帝王将相高居堂中，文臣武将分列两侧，其中天子铺地席五重，诸侯三重，大夫两重，从地席厚度也可以看出权位尊卑。

　　春秋战国时期，铺装技术与艺术达到了新的高度，这一时期的铺装不仅满足了基本的功能需求，更成了展示个人品位、社会地位和技术创新的重要手段。相传中的"吴王梓铺地，西子行则有声"故事，便是这一时期铺装艺术创新的典型例证。吴王夫差为了迎合西施的脚步，特意在馆娃宫中铺设了梓木板，使得西施在其中行走时，步步生音，这不仅增添了行走的乐趣，也体现了吴王对西施的宠爱以及对铺装艺术的独到见解。当然，这一时期的铺装艺术不仅仅局限于宫廷内部，还广泛影响了民间生活。春秋战国时期，随着铁器的广泛应用和工艺技术的进步，木材、石材等材料的加工更加精细，铺装技术也随之得到了发展，人们不再满足于简单的泥土地面，而是开始使用更为坚固美观的木板、石板进行地面铺装，这既满足了实用性的需求，也体现了对美观性和舒适性的追求。特别是在公共建筑、贵族宅院以及重要的道路上，铺装的质量和美观度成了衡量一个地区文化水平和经济实力的重要标志。此外，春秋战国时期的铺装技术不仅体现在物质层面上，更融入了深厚的文化内涵。铺装设计越来越注重与周围环境的和谐统一，以及对自然美的追求。例如，利用不同颜色和质地的石材拼接成的图案，既展现了匠人的技艺，也富含了那个时期特有的文化象征。铺装不再是单一地为了行走，而是成了一种文化和艺术的展现，反映了人们对美好生活追求的态度和精神。

秦汉时期的铺装技术和道路建设，标志着我国古代基础设施建设达到了一个全新的高度，体现了秦朝中央集权统治的强大力量和统治者对国家管理的深远见识。秦始皇统一六国后，为了加强对新帝国的管理和控制，开始在全国范围内修建驰道，这些道路横贯东西，纵贯南北，连接了帝国的各个角落，使得信息传递、军队调动和行政管理更为高效。这种规模宏大的公共工程不仅是技术上的挑战，也是对当时社会组织能力的一种考验。驰道宽达五十步，旁以青松相隔，不仅保证了行车的舒适性和安全性，还在美化环境、调节气候方面起到了积极作用，这种将基础设施建设与自然环境美化相结合的理念，为后世道路建设和城市规划提供了宝贵的经验。秦始皇的驰道不仅是物质上的建设，更是一种权力和治理能力的象征。通过这些贯穿帝国各地的驰道，秦始皇展示了其统一和控制全国的能力。驰道的建设和使用，加强了中央与地方的联系，促进了各地经济文化的交流和融合，对我国古代社会的统一和发展起到了重要作用。因此，秦汉时期的铺装和道路建设，不仅仅是土木工程技术的一次巨大飞跃，更是我国古代社会管理思想和国家治理模式的一次革命性创新。这些古老的驰道，就像一条条血脉，将秦汉帝国的各个部分紧密连接起来，成了维系国家统一和促进社会发展的重要基础。

秦汉之后，各个朝代的统治者都十分重视道路的铺装设计，开始使用更为坚硬的材料进行铺装。例如，隋炀帝为了加强对全国的管理和方便军事调动，大力推广道路建设，这一时期的官道多为压实的土路，部分重要路段会使用石块或木板进行加固；唐宋时期的道路建设发展到了一个高峰，城市内部的街道开始使用砖石铺设，以南北向为主进行方格网布局，这样不仅便于行人行走，也方便货物运输，城市之间的商业交流因此而更加频繁；明清时期的道路系统较为成熟，重视城市与农村的连接，其道路建设更加注重规模和完善性，除了使用石材铺设街道外，还以简易的石子和土砂路面建设边疆地区的道路。

进入现代后，随着工业化和现代化的推进，道路大部分采用沥青和混凝土等现代材料进行铺装，有的也采用石材、木材、高强度塑料材料进行铺装，这极大地提高了交通效率和安全性。同时，现代的道路铺设还会对铺装表面进行一定的处理，如防滑耐磨表层处理、颜色分配、分布配置等，这既保证了应用需求，又起到一定的装饰作用。

从原始的安全需求演化到复杂的交通和装饰功能，铺装技术的发展映射了人类社会的进步与文明的积淀。在这一过程中，铺装不仅仅是连接帝王宫殿、贵族府邸以及平民住所的实用路径，更是一种文化的体现，将自然的肌理与人造的城市、社会肌理融合在一起。更重要的是，未来化的铺装不仅承担着实用功能，更赋予了空间美学价值，通过运用多样化的材料和设计，成了引导视线、组织交通、定义空间界限的工具，同时成了构建和谐园林景观、传递特定文化和情感价值的媒介。它的设计和施工考虑了与周围环境的和谐共生，旨在创造一个既能防止尘土飞扬、方便人们通行活动，又能美化环境、丰富视觉体验的空间，体现了人类对自然环境的尊重与改造，展现了人与自然和谐共处的理念。随着社会的发展和技术的进步，铺装的材料、技术和设计理念也在不断创新，但其核心目的——创造美观、舒适、有序的生活环境，以及传达特定的文化和情感价值——始终不变，这彰显了人类文化的深厚底蕴，也预示着在未来铺装设计中铺装技术与艺术将持续融合并发挥重要作用。

在我国古代的城市建筑建设中，古人根据地域资源、技术条件和社会需求，选择了石材、砾石和黄土等多样的材料进行地面铺设，从而形成了丰富多彩的铺装艺术。统治阶层利用其充足的资源和权力，将精美的石材从全国各地运至京城，用于皇宫、园林及重要道路的铺装，这展现了其雄厚的财力和对美学的追求。这些精选的石材，经过精心加工，铺设成了宫殿台基、庭院地面和宽阔的道路，它们不仅实用耐用，更兼具极高的观赏价值，成为传承至今的文化遗产。与此同时，普通民众的铺装方式则体现了古代社会的实际生活需求和审美趣味，简朴的"净水泼街，黄土垫道"既反映了当时民间对清洁、整齐环境的追求，也展现了黄土作为一种广泛可得的铺装材料，在古代社会的重要地位。黄土铺装虽简单，但在维持道路平整、防尘抗泥方面有着不可小觑的作用，体现了古代人民利用自然资源、适应自然环境的智慧。而古代工匠运用各种技术手段，创造出的铺装杰作，不仅在宫廷建筑、陵墓和宗教圣地中有所体现，更在风景园林和民间街巷中随处可见，这些铺装工程不仅满足了基本的使用功能，更蕴含着深厚的文化内涵和审美价值，如同一幅幅精美的地面画卷，展现了我国古代社会的生活面貌和文化精神。它们承载着历史的记忆，见证了文化的传承，成了连接过去与现在的重要纽带。从皇家到平民，从城市到乡村，铺装技术的应用和发展，不仅展示了古代社会的工艺水平和美学追求，也反映了人与自然和谐共生的理念。这些经历了千百年风雨的铺装作品，至今仍让后人赞叹不已，不仅是因为它们的实用价值，更是因为它们作为文化遗产的独特魅力和历史意义。

二、绿色建筑铺装的主要功能

（一）承载活动

铺装不仅仅是一种简单的地面处理技术，还是承载和引导各种活动的重要元素，从细小的步道到宽阔的广场，每一处铺装的设计都紧密关联着其所要承载的活动类型和规模，这体现了设计者对空间使用功能和人的行为模式的深刻理解。对于道路铺装，无论是曲折的小径还是直的主干道，都为人们提供了从一处到另一处的通行路径，而这些道路的铺装设计不仅关乎到达的功能，更关乎行走过程中的体验和景观的欣赏。对于广场铺装，广场通过其开阔的空间特性，成了人们集聚交流、举办活动、休闲放松的公共场所，广场的铺装设计往往需要考虑集散功能与人流动线的合理安排，以确保活动的顺利进行和人们使用的舒适性。在铺装设计中，不同的材料和铺装技术不仅影响地面的质感和美观，也影响活动的性质和氛围。例如，柔软的草地铺装适合家庭和小群体的休闲活动，而坚硬的石材或混凝土铺装则更适合大型集会或纪念性活动。铺装的色彩、图案和细节处理也能够提升空间的视觉效果，增强场所的识别性，引导人们的行为方式，这就意味着通过精心设计的铺装体量和形态，可以有效地引导人群的使用特点和行为模式。例如，小型铺装区域，如公园中的休息座、小径旁的观景点，提供了更为私密的空间，适合个人深思或小团体交流；而大型铺装空间，如广场和开放草坪，则自然成为社区活动、文化演出和公众集会的理想场所。

（二）强化主题

铺装艺术在现代建筑设计中通过将公园名称、动物形态、水波纹或其他多样化图案"绘制"于铺装地面，或者将它们巧妙拼合，提供了一种实用的地面铺装解决方案，并将该方案转变成一种强有力的视觉和感官语言，这不仅丰富了场地的视觉效果，更在无声中传达了场地的主题和文化寓意，增强了人们的探索兴趣和互动体验。这种以铺装为媒介的艺术表达，使得每一步行走都成为一次发现惊喜的过程。随着科技的进步，更多高科技元素被融入铺装设计之中，例如，在铺装下嵌入声、光、电设备，创造出变化多端的喷泉效果，以及安装感应发声、发光的互动装置，这些创新不仅增加了铺装的功能性，更激发了人们对环境的感知和参与。这样的设计思路将传统铺装提升至全新的艺术高度，让地面成为表达创意、引发互动的舞台，为人们提供了一种全方位的感官体验。更重要的是，通过这些多元化的方法完成的铺装，成了连接人与环境的桥梁，它不再仅仅是简单的行走空间，而是变成了一个充满故事性、趣味性和互动性的场所，人们在漫步其中时能够体验到设计师想要传达的深层意图。

（三）转换空间

在建筑设计中，铺装不仅是地面处理的一种方式，也是引导空间转换和增强人们体验感的重要手段。巧妙地运用不同级别的道路系统，可以引领人们从一个功能节点流畅过渡到另一个节点，使空间转换呈现出丰富而灵活的特性。优秀的道路铺装设计，通过材质、颜色、图案的变化，创造出易于寻迹的路径，同时激发人们的探索欲，让每一次行走成为一场发现之旅。特别是在广场等集散空间，铺装图案的互相叠加和规律的铺设线条不仅美化了地面景观，也通过视觉引导，使大型空间被巧妙切割成具有不同功能和氛围的小型区域，这种铺装构图帮助人们理解了空间的功能划分和特点，增强了空间的可读性和趣味性。铺装设计通过材料的选择和铺设方式的变化，可以巧妙地暗示空间的流动方向和下一个目的地的位置，引导人们自然而然地向预定的方向移动。这不仅优化了人流动线，避免了拥挤和混乱，也增强了空间的层次感和节奏感，使人们的体验更加丰富。

（四）辅助管理

随着城市规模的不断扩张和硬化表面的增加，传统的城市排水方式面临着重大挑战，疾风骤雨后的内涝问题成为现代城市设计师必须面对的现实问题。在这一背景下，古老的开放式排水系统以其独特的优势成为现代城市排水设计的重要参考，为了有效应对瞬时大量雨水带来的挑战，城市设计师开始探索更加可持续和高效的排水解决方案，其中包括改变铺装的渗水结构让雨水能够迅速渗入地下，这既补给了地下水资源，又辅助了市政排水系统的工作。在这一过程中，各类渗水材料和可循环使用的材料得到了广泛应用，这些材料不仅有效地解决了城市排水问题，还提升了城市的生态功能，为人们带来了全新的生活体验。例如，设计师通过合理利用透水砖、透水混凝土等渗水性良好的材料能够创造出既美观又具有高效排水功能的道路和广场，这不仅提高了城市的防洪能力，还促进了雨水的自然循环，减少了城市热岛效应。通过精心设计的绿色屋顶、雨水花园等绿色基础设施，以及自然过滤和渗透过程，可以减少雨水径流，使城市排水系统得到有机补充，同时可以为城市提供更多的绿色空间和生物多样性。这种将传统智慧与现代科技相结合的方法，不仅解决了城市排水问题，还提升了城市的生态环境质量，使城市成为更宜居、更可持续的空间。

三、绿色建筑铺装材料选择

在绿色建筑铺装设计中，材料的选择与应用是赋予建筑空间特定氛围和功能的关键，材料的特性可以比喻为其"性格"，这不仅生动形象，还深刻揭示了每种材料在设计中的独特作用和表达方式。天然材料，如石材、木材、砾石等，拥有质朴、自然的"性格"，它们带来的是一种原始的美感和时间的沉淀，能够使建筑空间展现出一种宁静而和谐的氛围；合成材料，如混凝土、塑料等，则展现出一种现代、创新的"性格"，它们往往赋予空间现代感与未来感，通过设计师的巧思，可以创造出令人惊喜的视觉和触感体验；可回收材料，如废旧轮胎、再生塑料等，体现了一种环保和可持续的"性格"，它们不仅减轻了环境的负担，也传递了绿色生活的理念，让建筑空间成为生态环保的示范场所。设计师在选择和应用材料时，不仅要考虑其物理性能和美观性，更要探寻其背后的文化意义和情感表达，使之与建筑空间的整体设计理念和功能需求相协调。这样的设计过程，既是对材料本质的探索，也是对空间魅力的创造，通过对每种材料"性格"的精准把握和对材料的应用，确保铺装不仅满足了使用功能，更提升了空间的艺术价值和文化内涵，使之成为人与自然对话的舞台，展现出多样化的生活方式和审美追求。

（一）天然材料

天然材料，以其独特的魅力和环保特性，在铺装设计中占据着不可替代的地位，它们源自自然，无须经过复杂的加工处理，便能被应用于各种设计之中，这不仅大大降低了人工和资源的消耗，更使得建筑空间能够贴近自然，呈现出一种原始而纯粹的美感。天然材料的地域性较强，它们反映了不同地区的自然特色和文化背景，使得设计具有独特的地域标识，增强了建筑环境的个性化和识别度。特别是石材、木材、黏土、卵石等常见的天然材料，因其美观的自然肌理和稳定的理化性质被广泛采用，而且因其结构致密、能承受高荷载的特点，成为建筑环境设计中不可或缺的要素。它们可以根据设计的需求，通过切割、雕塑等方式进行形态的设计和组合，例如，在古典建筑环境中，石板与卵石的搭配便是一种典型的应用，不仅体现了自然美，也富有趣味性和观赏价值。天然材料虽然美观且环保，但其资源的有限性和产量的限制要求设计师在使用时必须考虑可持续性和环保性，这种限制促使设计师在选择材料时更加慎重，优先考虑地域内可持续获取的资源，以减少对自然环境的影响。

（二）合成材料

在绿色建筑铺装设计中，合成材料的应用正变得越来越重要和广泛，这不仅因为它们能够提供比天然材料更多的设计自由度和物理性能，还因为它们在环境可持续性方面具有很大的潜力。合成材料是通过人工合成方式合成的、能够大规模地复制自然界中存在的特性、能够创造出自然材料所不具备的新属性的特殊材料，常见的合成材料有塑料、玻璃钢等。合成材料的显著优点是多功能性。例如，某些合成材料能够同时具备高强度、耐腐蚀和良好的渗水性能，这些特性对于道路铺装尤为重要，因为它们不仅需要承受不同的气候条件和物理磨损，还要符合城市排水和生态补给的需求。合成材料的使用大大降低了对自然资源的依赖，减轻了环境的压力，同时通过回收和再利用，延长了材料的寿命周期。

绿色建筑中的铺装设计越来越注重材料的环境影响和可持续性，这使得设计师大量利用高科技合成材料，如环保树脂和再生塑料，创造出既美观又功能强大的铺装解决方案。例如，由特殊合成材料制成的铺装板，不仅能够模仿自然石材的美感，还能够提供更好的抗滑性和耐候性，而且易于安装和维护。

（三）可回收材料

随着生态文明建设的推进和人们环保意识的增强，可回收材料的应用日益广泛，成了设计师在追求可持续发展理念时的重要选择。这些材料不仅减少了对自然资源的依赖，降低了建设过程中的环境影响，还赋予了建筑空间独特的美学价值和教育意义。而且通过对废弃材料的再加工和再利用，不仅解决了城市建设中废弃物处理的问题，还创造出具有新生命的铺装材料。例如，废弃混凝土、砖瓦、木材等建筑废料，通过粉碎、筛分和重组，转化为新的铺装材料，这不仅是对资源的有效节约和回收，也是对传统材料的创新和延伸；工业固体废弃物如煤矸石、粉煤灰和炉渣的利用，不仅减轻了环境的负担，还通过科学技术手段将其转变成有价值的铺装材料，如煤矸石制成的轻骨料砖等，这些材料的应用，既体现了环保理念，又丰富了建筑空间的材料语言。这种对废弃材料的再利用不仅体现了建筑铺装设计中的创新思维，也展现了对自然和环境的深度关怀。通过这样的设计实践，铺装空间不仅成为人们休闲娱乐的场所，更成为生态教育和环保意识传播的重要平台，推动了社会主义生态文明建设的生动实践，展示了人与自然和谐共处的理想图景。

四、绿色建筑铺装设计原则

（一）主题契合

在绿色建筑铺装设计中，强调主题与风格的适宜性可以确保铺装与建筑环境的和谐统一，同时可以满足不同功能需求和美学追求。针对公园、广场等不同类型的公共空间，设计师通过精心选择材料、构思铺装图案和色彩，以及考虑铺装的实用性和环保性，来塑造具有特定主题和风格的空间环境。例如，公园中的铺装可能采用更为现代和人工的材料与设计，以契合建筑环境和人群的居住需求，也可能采用天然材料和随性的布局，以强调与自然的和谐共融。针对特定功能的空间，如儿童活动区或室外演艺场所，铺装设计会考虑空间对活动支持的能力，主张通过色彩和图案的运用，增强空间的趣味性和引导性。

（二）安全稳固

在绿色建筑铺装设计中，安全稳固原则是保障人们活动顺畅和避免安全事故的重要考量，这就要求设计师在规划建筑铺装时，必须综合考虑人在建筑中的各类活动特点，包括休息、行走、娱乐等静态与动态活动，以及人流量的变化，从而选择适宜的材料和构造方法，确保铺装的耐用性和安全性。因此，耐磨、坚固、抗压和防滑等特性成为选择铺装材料的重要标准，这不仅影响铺装的使用寿命，更直接关系人的安全。

在设计核心区域及其连接通道，特别是桥梁、屋顶花园、架空栈道等结构时，设计师需要精确计算预期的静态和动态荷载，考虑人流密度、活动性质等因素对荷载的影响，以及可能的荷载变化，采用结构强度高、稳定性好的材料和加固技术，以确保铺装在长期使用过程中的稳定性和安全性。与此同时，铺装设计还应考虑恶劣天气条件下的安全性，如雨雪天气的防滑处理，以及高温天气下材料的热稳定性，以确保在各种环境条件下的使用安全。

（三）地域气候特点

在绿色建筑铺装设计中，不同地区的气候特点需要被充分考虑，以便于充分展现铺装设计的强大表现力，而且这一原则体现了对环境适应性的深刻理解，也展示了对地域文化的尊重和融入。我国地域辽阔、气候多变，铺装设计必须采取灵活多样的方法和技术以适应不同的环境条件。例如，在北方的寒冷地区，设计师需要考虑冻土层对铺装稳定性的影响，选择能够适应地面冻融循环的材料和结构，例如，采用抗冻性强的材料和增加排水设计，以保证春夏季节地基的稳定性和铺装的长期使用寿命；而在南方的湿热地区，设计师则需要考虑高湿度对材料性能的影响，选择耐潮湿、防滑以及能够快速排水的材料和铺设技术，以应对多雨的气候条件。同时，铺装设计应充分利用当地独有的天然材料，这不仅因其具有环境友好、易于获取的特性，还因其能够展现地域的自然美和文化特色。利用本地材料不仅降低了运输成本和碳排放，也使设计作品与当地环境和文化产生了更深层次的联系，强化了场所的身份和特色。例如，利用南方地区丰富的石材资源进行铺装，或在北方应用当地特有的木材，都能够使建筑空间更加生动、具有吸引力，同时体现了对可持续发展和环境保护的承诺。

（四）生态性

绿色建筑铺装设计强调生态性原则，倡导在铺装设计和施工中采用环保、可持续的方法和材料，这种趋势反映了对自然环境的深切关注及对未来资源可持续性的考虑，旨在减轻建筑对环境的影响，同时提升城市景观的生态价值和美学品质。在铺装材料的选择上，现代铺装设计倾向于使用透水性良好的材料，如透水混凝土、透水砖和石材等，这些材料能够有效促进雨水渗透，减少地表径流，有助于地下水的补给和城市热岛效应的缓解。同时，采用物理加压而非化学黏合的方法来构建铺装层，不仅保留了地面的自然渗水功能，还提高了铺装的耐久性和自然美观，使其更能适应地面微小的形变，减少因温度变化或水土流失造成的破损。

为了降低对不可再生资源的依赖，现代景观设计还积极探索将合成材料和可回收材料作为铺装材料。这些材料不仅能提供多样化的肌理和色彩，满足设计的美学需求，还通过利用由废弃物如废塑料、旧轮胎等转化成的新型环保铺装材料，实现了资源的循环再利用，展现了景观设计中的创新和环保理念，这种做法不仅减轻了环境的负担，也体现了对可持续发展的承诺。

五、绿色建筑铺装设计流程

（一）确定铺装位置

在绿色建筑铺装设计中，铺装位置的确定是实现功能分区、引导流线、增强景观美感的关键环节，设计师在规划道路和场地铺装时，应深入考虑它们在建筑中的具体位置及其承担的功能作用，以达到既实用又自然的设计效果。主路作为建筑周边环境的生命线，其布局和设计体现了对流线的引导和对各功能区的整合，通常在地形较平缓的区域设置，这样做不仅保证了行走的舒适性，还便于连接建筑内的主要景观和活动区域。支路和小径则更多地承担着探索和发现的功能，它们穿梭于林下、溪边、湖岸，连接主路与隐蔽的空间，为用户提供了更加丰富多样的体验。设计师通过巧妙地设计支路的曲线和竖向变化，如设置台阶、坡道等，不仅解决了地形变化带来的挑战，还增添了路线的趣味性和探索性，使得每一次转弯都可能带来新的视角和发现。在绿色建筑铺装设计中，对位置的精心选择和设计不仅体现在路径的布局上，还体现在如何通过铺装增强场地的生态功能和美观性上。例如，透水铺装的运用能够促进雨水渗透，减少径流，这在各类铺装中都应被考虑，特别是在易积水的区域或需要补给地下水的场地。与此同时，选择与周围环境相协调的材料和颜色，可以使铺装自然融入景观中，这不仅美化了环境，也提升了空间的整体感和舒适度。

场地型铺装与道路型铺装在绿色建筑铺装设计中形成了一种互补且密不可分的关系，共同构建了建筑内部的空间网络，这种点线面结合的布局使得铺装的位置选择成了铺装设计中的一个关键考量，主要包含以下几点：第一，场地型铺装与各级道路应衔接方便，合理的铺装位置能够有效地连接主路和支路，为人们提供休息、聚集或活动的空间，同时它是路径上的重要节点，可以引导人们深入探索建筑的每一个角落。第二，铺装场地在路网中出现的频率需要根据人们的体力和心理需求精心设计。过于频繁的场地安排可能会导致人们感到疲惫或者注意力分散，而过于稀疏则可能使人们体验显得单调，缺乏变化。第三，对于水岸或滨水场地类型的铺装设计，岸线的变化与视线的关系尤为重要。这类铺装场地不仅提供了与水亲近的机会，还是观赏水景、享受水边活动的理想场所。通过精心设计岸线变化和考虑视线发展的需要，可以最大化地利用水体的景观价值；通过框景、借景等方法，可以增强场地的视觉吸引力和停留价值。

（二）确定中心广场的主题

在绿色建筑铺装设计中，中心广场的铺装是一个综合性的设计任务，它不仅需要考虑中心广场的功能性、美观性，还要着重考虑其环境友好性和可持续性，因为中心广场集休闲、观赏和活动等多种功能于一身，这就要求铺装材料必须具有高耐磨性、抗压性和长期的耐候性，以适应高频率的人流和各种公共活动。同时，为了增强中心广场的美观性和舒适性，铺装设计会采用具有自然肌理的材料，如透水混凝土、石材、再生砖等，这些材料不仅能够提供自然美观的视觉效果，还能够有效地促进地表水的渗透，减少雨水径流，增加地下水补给。

在绿色建筑中心广场铺装中，主题的设定是塑造空间氛围和传达设计意图的关键，更是文化、功能和社会互动的平台。绿色建筑中心广场主要包含三种类型的主题中心广场：第一，以文化内涵、地域特色、场地精神为主题的中心广场。这种中心广场的铺装要求设计师深入挖掘地方文化和历史背景，通过精心选择的材料、独特的形态设计、象征性的纹样应用以及色彩搭配，将某种文化精神或地域特色物质化，使中心广场成为讲述地方故事的场所。这种广场设计不仅加深了人们对地方文化的理解和认同，也增强了广场的独创性和吸引力。第二，以功能为主题的中心广场。

这种中心广场的铺装更侧重满足特定的使用需求和功能布局，例如，公园入口广场的设计旨在提供清晰的导向和良好的首印象，儿童活动场地则围绕儿童游乐的安全性、多样性以及监护人的便利性进行考虑。这类中心广场通过合理的空间布局和功能区划分，以及适宜的材料选择和设计细节，创造出既实用又舒适的使用环境，满足了人们的活动需求。第三，提供无差别休息环境的中心广场。这种中心广场虽然没有明确的文化主题或功能导向，但同样重要。这类中心广场的铺装通过开放而灵活的空间布局，简约而舒适的铺装设计，为人们提供了一个自由休息、随意停留的环境。在这些中心广场中，绿色建筑的理念可以通过采用环境友好的铺装材料、增加绿色植被、设置雨水收集和利用系统等措施得以体现，这旨在创造一个既环保又人性化的公共空间。

（三）确定铺装尺寸和空间

在绿色建筑铺装设计中，确定铺装尺寸和空间是一项至关重要的任务，它直接影响空间的使用功能、美观性以及人体感受。这就要求设计师在铺装设计过程中深入考虑尺度、材料选择与组合，以及铺装的功能需求，以创造出既符合人体工程学又与自然环境和谐共生的空间。

尺度的恰当把握确保了空间与人体大小、视线的相对关系得到优化，使得人在空间中的活动更加舒适自如。尺度的选择不仅反映了空间的功能定位，也是对人体尺寸和活动范围的深刻理解。例如，广场的铺装尺寸需要考虑集散功能，需要足够的面积以容纳大量人群；而小径或步道的尺寸则更加紧凑，以营造亲密而私密的氛围。在铺装设计中，设计师通常使用两种或两种以上的材料进行搭配设计，既需要考虑材料的主次关系，又需要注重材料间的和谐与对比。其中，主要表现材料确定了铺装的基调，而辅助材料则细化了空间的层次和细节，增强了空间的视觉效果和整体感。通过这种统一或类似的色彩、规格、质地材料强化场地设计意图，或利用工艺与天然材料的对比以及不同色彩、规格、质地材料的对比来表现设计意图，都是设计师塑造空间特色和氛围的有效手段。铺装规格需要与场地本身的尺度和设计意图相协调，过大或过小的规格都可能导致铺装的视觉效果和功能性受损。例如，用于室外铺装的石材，通过不同的切割和加工技术，可以创造出具有自然美感和功能性的表面，例如，凹凸不平的表面在雨后形成独特的水景，既美化了环境，又反映了自然界的变化。

铺装的根本目的是满足功能需求，设计师在确定铺装尺寸和空间时，应从场地所承担的功能出发，考虑人们在该空间中的活动需求和心理感受，通过科学合理的设计使铺装既能满足使用功能，又能与周围环境形成和谐的关系，创造出既美观又实用、既符合绿色建筑原则又充满人性关怀的空间环境。

第五章 绿色建筑可再生能源系统技术管理

第一节 绿色建筑能源系统概述

一、建筑与能源管理

随着我国工业化水平的不断提升以及人民生活水平的显著提高，国内对能源的需求呈现出持续增长的趋势。特别是在建筑业，建筑能耗问题日益凸显，建筑业成为能源消耗的主要领域之一。据清华大学建筑节能研究中心的统计数据显示，2004 年至 2018 年，我国的建筑能耗增长了 2 倍，占到了社会总能耗的近 40%。[①] 这一比例随着人民生活水平的不断提高而逐年上升，这反映了建筑能耗问题的严峻性和紧迫性。

建筑能耗的影响因素复杂多样，这里主要从以下几个方面进行分析。

（一）气候因素

气候因素包括温度、湿度、太阳辐射、风力和降水等，这些气候因素直接影响建筑的热性能、采光效果、太阳能利用效率以及自然通风的效

---

① 清华大学建筑节能研究中心 . 中国建筑节能年度发展研究报告 2020（农村住宅专题）[M]. 北京：中国建筑工业出版社，2020.

果，进而影响建筑的能耗水平。Hong 等基于长达 30 年的气象数据应用大型建筑模拟方法深入研究了气候条件对建筑能耗的影响，最终发现寒冷地区的气候对建筑能耗的影响更为显著，这意味着，在寒冷地区进行建筑设计和能源系统的优化对于降低能耗和提升能效具有重要意义。[1]Xu 等基于16 个公共建筑原型模型和典型气象年等气候数据，评估了不同情景下美国加利福尼亚州公共建筑取暖能耗和制冷能耗，进一步证实了不同气候变化情景下建筑总能耗的趋势，这反映了气候变化对建筑能耗的直接影响。[2]

（二）建筑围护结构

建筑围护结构包括墙体、屋顶、窗户、天窗和地板等，这些建筑围护结构是决定建筑热损失或热获得的关键因素，其设计和材料选择直接影响建筑的保温隔热性能和能源需求。李雪平等的研究通过对民居的能耗模拟及围护结构的改造分析，展示了通过优化围护结构设计能有效降低建筑的能耗。[3]雷舒尧的研究进一步分析了围护结构传热系数的调整对能耗的影响，尤其是外墙和外窗传热系数的优化，对降低建筑能耗具有显著作用。[4]

（三）建筑设备系统

建筑设备系统包括 HVAC 系统，以及照明系统、电力设备和供水系

---

① HONG T Z, CHANG W K, LIN H W. A fresh look at weather impact on peak electricity demand and energy use of buildings using 30-year actual weather data[J]. Applied energy, 2013, 111 : 333−350.

② XU P, HUANG Y J, MILLER N, et al. Impacts of climate change on building heating and cooling energy patterns in California[J]. Energy, 2012, 44（1）: 792−804.

③ 李雪平，张引. 基于能耗模拟的皖南徽派民居节能改造研究 [J]. 西安理工大学学报，2022，38（4）: 500−506, 569.

④ 雷舒尧. 夏热冬冷地区某居住建筑能耗分析与可再生能源应用研究 [D]. 南京：东南大学，2020.

统等，是建筑能耗的重要组成部分。其中，HVAC 系统在建筑总能耗中所占的比例最大，其效率和运行方式对整体能耗有着决定性的影响。贾永英等以小型单体建筑为研究对象，比较不同间歇供热方式的建筑制热能耗及室内温度波动规律，发现间歇加热的能耗远低于连续加热。[①] 焦震等以教学楼为研究对象，研究供暖系统运行时间对建筑能耗的影响，发现使用间歇运行方案可以在满足室内舒适度的同时减少建筑能耗。[②]

（四）窗墙比

窗墙比指的是窗户在建筑外墙中所占的比例，适当增加窗墙比可以增加自然采光，减少照明能耗，特别是在冬季，更大的窗户还可以通过温室效应增加室内的被动太阳能采暖，从而降低供暖需求。戴绍斌等通过比较夏热冬冷地区具有不同窗墙比的办公建筑的能耗的研究发现，随着窗墙比的增加，建筑能耗呈现先减小后增大的趋势。[③] 这是因为窗户的绝热性能通常低于围护结构的其他部分，过高的窗墙比在夏季会导致过多的太阳热能进入室内，增加制冷负荷；在冬季则可能因窗户的热损失过大而增加供暖能耗。因此，选择合适的窗墙比对于平衡建筑的能耗至关重要，这需要根据具体气候条件、建筑定位和使用需求综合考虑。范征宇等比较了我国严寒地区、寒冷地区、夏热冬冷地区和夏热冬暖地区的办公建筑在不同窗墙比下的能耗，发现窗墙比对建筑能耗有一定影响。[④]

① 贾永英，崔雪，王忠华. 基于 EnergyPlus 的沈阳典型单体建筑间歇供暖策略设计研究 [J]. 建筑节能，2019，47（8）：22-25，34.

② 焦震，姜海洋. 基于 EnergyPlus 的某高校供暖系统运行节能优化分析 [J]. 建筑热能通风空调，2020，39（11）：60-63，24.

③ 戴绍斌，彭瑶，黄俊，等. 夏热冬冷地区办公建筑窗墙比对建筑综合能耗的影响分析 [J]. 建筑节能，2014，42（11）：45-48.

④ 范征宇，肖子一，刘加平. 多气候区不同窗墙比下功能布局对办公建筑能耗的影响 [J]. 建筑节能（中英文），2023，51（6）：18-23，31.

（五）遮阳装置

遮阳装置可以有效阻挡太阳直射光，减少夏季太阳辐射热进入室内，从而降低制冷需求。遮阳装置不仅限于传统的固定遮阳板、百叶，还包括可动遮阳系统、绿色植物遮阳等创新形式，这些都能在满足室内舒适度和采光需求的同时，显著降低建筑的能耗。章明友等经过研究发现，随着遮阳系数的减小，建筑能耗显著降低，这说明有效的遮阳措施可以大幅减少夏季的冷负荷。[①] 霍慧敏等通过能耗模拟分析了不同倾角的外百叶遮阳对建筑能耗的影响，得出通过优化遮阳装置的设计（如倾角），可以在保证良好采光的同时，有效减少能耗。[②]

随着全球对气候变化和环境保护认识的加深，建筑领域作为能源消耗的主要领域之一，其节能减排的潜力和作用不容忽视，我国适时提出"碳达峰、碳中和"战略目标，对建筑节能降耗提出了更高的要求。传统的建筑节能方法，如通过改造外墙、屋顶、窗户等建筑围护结构来提高能效，虽然效果显著，但在已有建筑中的可操作性较低，尤其是对于历史悠久或设计固定的建筑而言，进行大规模结构改造不切实际，同时经济负担重。在这种背景下，对已有建筑的 HVAC 系统进行优化控制，特别是通过引入可再生能源技术，成了实现节能降耗的重要途径。具体做法是对建筑设备系统的智能化进行改造和优化，利用风能、太阳能等可再生能源为HVAC 系统提供能量，这不仅能够显著减少传统能源的使用和碳排放，还对建筑的整体结构有较小改动，能够有效降低改造成本。例如，太阳能光伏板可以安装在建筑屋顶或外墙，将太阳能转换为电能，供建筑内部使用或反馈至电网；风力发电设备可以根据建筑位置和风力条件选型安装，为

---

① 章明友，邢滕，孙摇. EnergyPlus 在建筑节能降耗中的应用 [J]. 建筑经济，2022，43（增刊 1）：574-578.

② 霍慧敏，徐伟，吴剑林，等. 近零能耗建筑外百叶遮阳节能采光耦合特性研究 [J]. 建筑科学，2023，39（4）：183-192.

建筑提供清洁能源。此外，通过采用地热能、生物质能等其他形式的可再生能源，结合现代化的能源管理系统，如建筑能源管理系统（building energy management system, BEMS），可以实现对建筑能耗的实时监控和动态调整，优化能源利用效率。[①] 这些系统能够根据建筑内外的环境变化，如室内外温差、湿度、人员分布等，智能调节 HVAC 系统的运行状态，达到舒适节能的双重目标。同时，增强建筑用户的能源使用意识，推广节能的生活和工作方式，通过教育和引导，鼓励用户合理利用能源，减少不必要的能源浪费，配合技术手段的应用，共同促进建筑节能降耗的目标实现。

二、绿色建筑能源系统定义

在推动绿色建筑发展的过程中，人们面对的一个核心挑战：如何在满足居民照明、供暖、制冷以及通风等基本生活需求的同时，显著减少能源消耗和温室气体排放。在城市活动中，建筑领域的能源利用尤为突出，因其不仅涉及日常运营的能耗，如供暖、制冷和照明等，还包括建筑材料的生产、运输和建筑施工过程中的能源消耗。为了实现低碳目标，建筑能源系统的构建必须采取创新的设计和技术方案，从源头上减少能源需求，同时采取多元化的策略，综合利用先进技术和可再生能源，优化建筑的能源性能。例如，采用太阳能光伏板和太阳能热水系统，可以直接利用太阳能来产生电力和热能，减少了对外部电力和化石燃料的依赖；利用地源热泵系统可以有效地供暖和制冷，其运行效率远高于传统的供暖和空调系统；在建筑设计中遵循被动式设计原则，如合理的窗户布局，可以显著降低对人工照明和机械通风的需求。除了这些技术方案外，智能建筑管理系统的引入也是降低能源消耗的关键，它通过实时监

---

① ENDO N, SHIMODA E, GOSHOME K, et al. Construction and operation of hydrogen energy utilization system for a zero emission building [J]. International Journal of Hydrogen Energy, 2019, 44（29）: 14596-14604.

控和调节建筑内部的能源利用情况，可以确保能源以最高效的方式被利用，避免浪费。

绿色建筑能源系统是指一套集成在建筑中，用于供应、分配、使用和控制能源（主要是供暖、制冷、照明和电力设备）的设施和技术的总和，这些系统设计用于优化建筑的能源利用效率，同时确保为在建筑内居住和工作的人员提供舒适、健康的环境。对绿色建筑而言，能源系统是其实现建筑生态设计的核心，是实现节能、高效和环境友好建筑目标的关键，它可以在最大限度范围内减少建筑对环境的影响。绿色建筑能源系统不仅涵盖了传统的供热和供冷设备，如锅炉、空调和通风系统，还包括用于能源生成（如太阳能光伏板和风力发电）、能源存储（如电池存储系统）和能源管理（如智能热能表和自动化建筑管理系统）的技术。

在现代社会，绿色建筑能源系统可以简单概括为两个主要领域：第一，能源资源系统，它关注的是能源的来源和形式，包括传统能源资源（如电力、煤炭、石油和天然气等）以及新能源资源（如地热能、风能和太阳能等）。传统能源虽然在目前的能源体系中占据主导地位，但由于其对环境的负面影响，如温室气体排放和资源枯竭问题，越来越多的研究和实践被引向新能源的开发和应用。新能源资源由于其可再生性、清洁性和对环境影响较小，逐渐成为绿色建筑能源系统的重要组成部分，这不仅有助于减少建筑对传统能源的依赖，还能显著降低运营成本和环境足迹。第二，能源设备系统，它主要涉及为建筑提供必要的供暖、制冷和通风等服务的设备和技术，包括但不限于高效的锅炉、热泵、空调单元、通风系统以及集成了智能控制技术的建筑管理系统。这些系统设计的根本目的是最大限度地提高能源利用效率，同时保证室内环境的舒适性和健康。部分智能系统还能够根据建筑内部和外部环境的实时数据，自动调整运行状态，从而减少能耗和碳排放。随着技术的进步，许多新兴技术如太阳能光伏板和风力发电装置也被整合进能源设备系统中，进一步拓宽了建筑能源系统的研究和应用范围。

三、绿色建筑能源系统设计

绿色建筑的能源系统设计是一项综合性极强的系统工程，它要求人们在强烈的地球环境保护意识指导下，进行精心规划和设计，这一过程不仅需要建筑师的创意和设备工程师的专业技能紧密合作，还需要跨学科的协同，包括环境学、能源科学、材料科学等多个领域的专家共同努力。这样才能创造出既符合人类需求，又能最大限度减少对地球环境影响的绿色建筑。[①] 随着社会的发展和科技的进步，建筑领域正面临着一场由可再生能源应用和建筑一体化技术驱动的革命，这场革命的核心在于如何高效、智能地利用太阳能、风能、地热能等可再生能源，以及如何在建筑设计和施工过程中应用先进的节能环保材料和技术，这些创新的应用不仅能显著降低建筑在运营阶段的能耗，还能减少温室气体和其他污染物的排放，从而对抗全球气候变化。在未来，建筑和城市将不再是简单的能源消费者，而是成为能源的生产者和消费者的复合体，通过分布式能源系统的设计和集成，实现能源的本地生产和消费。分布式能源，就是立足本地资源，平衡终端需求，区域性能源（电、冷、热）的产、储、配、供、控一体化服务体系。[②] 这种模式不仅可以提高能源利用效率，还可以增强城市和社区的能源自给自足能力，减少对远程能源供应的依赖。分布式能源系统的推广，将直接与传统的集中式能源供应系统展开竞争，促进能源系统的转型和升级。[③]

---

① 黄翔，颜苏芊. 绿色建筑与暖通空调设计 [J]. 制冷与空调，2001，1（5）：1–5.

② 宋英华，张敏吉，肖钢. 分布式能源综论 [M]. 武汉：武汉理工大学出版社，2011：36.

③ 卜增文，孙大明，林波荣，等. 实践与创新：中国绿色建筑发展综述 [J]. 暖通空调，2012，42（10）：1–8.

（一）绿色建筑能源系统设计原则

1. 整体性与系统性原则

整体性与系统性原则是绿色建筑能源系统设计的核心，要求人们将建筑看作一个复杂的系统，其中各个部分相互依赖，共同影响着建筑的能源利用效率和环境。这种观念要求从建筑的最初规划阶段就开始考虑能源利用和环境保护，而不是将它们作为后期附加的元素。这意味着建筑师、工程师、环境科学家以及其他相关专业人士需要密切合作，共同探索如何通过设计和技术创新来优化建筑的能源流动和利用效率。在设计实践中，这种整体性和系统性原则体现在对建筑方位、布局和形态的精心规划上，以最大化利用自然光和促进自然通风，从而减少对人工照明和空调的依赖。同时，设计师需要考虑建筑对周围环境的影响，包括如何减少建筑运营和维护过程中的碳排放以及如何保护自然生态和增强生态意识。

2. 高效利用能源原则

高效利用能源原则是绿色建筑能源系统设计中的一个基石，旨在通过精心设计和选择材料来最大限度地减少建筑的能源需求。这个原则不仅关注减少能源消耗的总量，还强调提高能源利用效率，确保每一单位能源都能被最有效地利用。在实施这一原则时，建筑师和工程师会重点关注建筑的外壳，包括墙体、屋顶、窗户和门等部分，选择那些具有高隔热性能的材料，以减少热能的损失或获得。例如，使用双层或三层玻璃窗，以及具有良好保温性能的墙体和屋顶材料，可以显著降低建筑的供暖和制冷需求。实现能源高效利用的另一个关键方面是高效的 HVAC 系统设计，即通过采用先进的 HVAC 技术，如地源热泵、高效率的热交换器和智能温控系统，可以大幅提高能源利用效率，保持室内环境的舒适度，从而避免能源的浪费。

3. 优先使用可再生能源原则

优先使用可再生能源原则是绿色建筑能源系统设计的关键方针之一，它倡导在设计与运营中尽可能地利用太阳能、风能、地热能等可再生能源，以减少对化石燃料的依赖和环境污染。这一原则的实施不仅是为了应对日益严峻的能源危机和全球气候变化，也是推动建筑业向更加可持续、环保的方向发展的重要手段。在具体实践中，优先使用可再生能源原则体现为在建筑设计初期就将太阳能光伏板、太阳能热水器、风力发电机，以及地源热泵系统等可再生能源技术的集成作为设计的一部分。例如，在建筑的屋顶或外墙安装太阳能光伏板，可以直接将太阳能转化为电能，供建筑内部使用或向电网输送；太阳能热水器则能有效利用太阳能加热水，满足居民的生活热水需求；在适宜的地区，特别是对于位于风能资源丰富地区的建筑而言，风力发电机可以作为建筑能源供应的补充；地源热泵系统利用地下恒定的温度来为建筑供暖或制冷，大大提高了能源利用效率。

4. 循环利用与资源回收原则

循环利用与资源回收原则是绿色建筑能源系统设计中的又一核心方针，旨在通过促进材料和资源的高效循环使用，减少资源浪费和环境污染。这一原则不仅关注建筑使用阶段的资源利用效率，还涉及建筑材料的选择、废弃物的处理以及水资源的管理，从而实现建筑寿命周期内资源的最大化利用和环境影响的最小化。在建筑设计和施工阶段，选择钢材、混凝土、玻璃和塑料等可回收材料或再生材料，可以显著降低对新原材料的需求，减少开采和加工过程中的能源消耗及环境污染。同时，应用有效的水资源管理系统，如雨水收集和利用系统、污水处理与回用系统，不仅能减少对地下水和市政供水的依赖，还能减少建筑对周围水环境的影响。通过这些系统收集的雨水和处理后的污水可以用于灌溉、冲厕、清洗和冷却塔等，这大大减少了饮用水的消耗。

5. 健康舒适原则

健康舒适原则着重于创造一个有益于用户健康及舒适度的室内环境，这在绿色建筑能源系统设计中占有重要地位。这一原则将用户的体验放在首位，避免了建筑对用户身心健康的直接影响。在实际应用中，遵循这一原则意味着在建筑设计阶段就需要考虑如何最大限度地利用自然光，减少对人工照明的依赖，同时通过合理的窗户布局和通风设计，保证室内空气流通，降低污染物浓度。通过使用环境友好且释放污染物较少的建筑和装饰材料，以及安装高效的空气过滤和净化系统，可以进一步提高室内空气质量。更重要的是采用高效的供暖、制冷和隔热材料，可以在节能的同时保持室内温度和湿度在人体感觉舒适的范围内，这使得绿色建筑不仅能够为用户提供一个健康、舒适和宜人的居住和工作环境，还能够促进其身心健康，提高生活和工作质量。

（二）绿色建筑能源系统设计要点

绿色建筑能源系统设计主要采用了两种方法：被动式设计和主动式设计，这两者可以相对独立地考虑。被动式设计特别注重建筑的布局和形态，不仅关注如何有效地利用自然资源，如太阳光和风，还考虑建筑自身的热质量和形状如何影响能源的吸收和保持，旨在最大限度地减少能源需求。例如，通过利用被动式太阳能、优化外墙保温性能以及改善建筑结构的设计，可以显著提高建筑的能源利用效率。而主动式设计讲求采用先进的技术和智能控制系统，主动调整和控制建筑环境，以实现更高的能源利用效率。这包括使用高效的 HVAC 系统、智能照明系统，以及其他自动化技术来优化能源消耗。主动式设计还涉及对可再生能源技术的集成，如太阳能光伏板和风力发电机，以减少对传统能源的依赖。建筑师通过设计实践，不断探索和总结，最终得出绿色建筑能源系统设计方法主要着眼于气候环境、资源利用、能源利用效率和环境保护四个关键方面，以便于成功地将新材料和构造技术应用于建筑能源系统设计中，提高建筑的耐久性、舒适性和能源利用效率，同时减少建筑对环境的影响，实现可持续发展目标，为未来几代人创造更健康、更环保的生活环境。

1. 自然光的充分利用

自然光的充分利用是绿色建筑能源系统设计中的一个核心方面，旨在最大化地利用自然光为建筑内部提供照明，从而减少对人工照明的依赖和相应的能源消耗。通过巧妙地设计中庭、玻璃幕墙、透光窗户以及其他光线传输设施，建筑师能够确保室内空间在白天光线充足，进而提高居住和工作空间的光照质量。同时，搭配日光反射器和反射板等装置，可以进一步增强室内光线的分布和均匀性，即使是建筑较深或自然光线不直接照射的区域也能享有良好的采光效果。智能控制系统的应用能够实现对自然光的动态调节，可以根据外部光线条件和室内照明需求优化光环境，既保证了室内舒适度，也进一步降低了能耗。智能控制系统还可以根据天气变化和时间段自动调整，确保在不同的日照条件下，建筑内部的光线始终处于最佳状态。这种对自然光的高度重视和利用，不仅提高了建筑的能源利用效率，也有利于创造更健康、更舒适的室内环境，间接提高了建筑的可持续性。这种综合性的设计方法体现了绿色建筑对环境友好、能源高效和用户体验三者之间平衡的追求，是现代建筑设计向着更加可持续和环保方向发展的体现。

2. 智能化遮阳系统

智能化遮阳系统在绿色建筑能源系统设计中扮演着至关重要的角色，它利用先进的智能控制技术，根据太阳光的强度和方向的变化自动调整窗帘、百叶窗或遮阳板等遮阳设施，从而使室内光环境处于最佳状态。而且，这种系统的设计通过动态调节外部光线的引入，可以保持室内照明的舒适度和效率，既可以避免过强的太阳光直射造成的眩光和过热，又能保证足够的自然光照，减少对人工照明的需求和相应的能源消耗。

智能化遮阳系统通过传感器检测外部光线条件和室内光照需求，智能控制器则根据这些信息调节遮阳设施的角度和位置，再借助系统的互动平衡机制精准地响应环境变化，达到预定的照度水平或创造特定的光线效果。在发达国家，智能化遮阳系统已经得到了广泛的应用，它们在提高建筑能源利用效率的同时，为居住和工作空间提供了更高的舒适性和灵活性。这种系统的引入，体现了绿色建筑设计理念对智能技术和可持续发展的高度重视，展现了通过技术创新实现环境保护和能源节约目标的可能性。

3. 建筑隔热保温性能的改善

在绿色建筑能源系统设计中，建筑隔热保温性能的改善是提高能源利用效率和室内舒适度的关键环节。通过采用高效的保温隔热材料和技术对墙体和屋面进行革新，绿色建筑不仅能够有效地阻挡外部极端温度的影响，还能减少能源的损失，实现节能减排的目的。这种设计方法并没有明显归属于被动式和主动式设计策略，却是所有绿色建筑共同追求的性能指标。窗户是建筑外壳中热量交换的主要部位之一。使用保温百叶窗和双层隔热玻璃等，可以大大提高窗户的隔热性能，减少热量的流失，还可以在夏季阻挡过多的太阳热量进入室内，从而减少对空调系统的依赖。对于建筑结构中那些易造成热量流失的热桥部位，在设计和施工阶段如何通过材料选择和结构优化来减少热桥的形成就需要被考虑。

绿色建筑还通过使用先进的保温材料如真空绝热板、相变材料等，来进一步提升建筑的保温隔热性能，这些材料能够在维持较薄的材料厚度的同时，提供出色的隔热效果，且不牺牲建筑空间或设计美观性。通过这种综合性的隔热保温策略，绿色建筑能够在极端气候条件下保持室内温度的稳定，为用户创造一个更加舒适和健康的环境，同时能够实现能源消耗的大幅度降低。

4. 充分的自然通风

充分的自然通风是绿色建筑能源系统设计的一个核心要素，它利用自然气候条件来维持室内空气流通和改善空气质量，从而降低对机械通风的依赖和相应的能源消耗。这种设计策略不仅需要考虑建筑的物理布局和方向，以确保建筑能够最大限度地利用风向和风速，还包括对建筑内部空间的组织，以促进空气的自然流动。特别是通过通风井或其他通风设施的精心配置，可以使得建筑实现有效的跨区域通风，加速室内外空气的交换。在绿色建筑智能生态系统中，自然通风的概念被进一步扩展。通过集成智能控制技术，如自动调节的风挡系统，建筑可以根据实时气候条件和室内空气质量指标动态调整通风需求。这种智能化的通风系统能够自动开闭窗户或调整通风口，以提高空气流通效率，实现室内温度和湿度的自然调节，这不仅提高了居住和工作环境的舒适性，还有助于减少建筑的能源需求和提升室内空气质量。

5. 热量收集系统

在绿色建筑能源系统设计中，热量收集系统通过对自然能源产生的热量的存储和利用，为建筑的供暖、制冷和热水需求提供可持续的能源解决方案。例如，热量收集系统通过水或密闭的空气间层等热媒体能够捕获太阳能或其他可再生能源产生的热量，并将其转换为建筑使用的热能，这不仅减少了对化石燃料的依赖，也显著提高了能源利用效率。热量收集技术的应用范围广泛，特别是在被动式太阳能建筑中，设计着重通过建筑的布局和材料选择来最大化太阳能的利用，例如，通过南向窗户捕捉太阳热量，使用热媒体存储并在需要时释放热量，这既减少了能源消耗，也有效地维持了建筑内部的温度平衡。绿色建筑中的热量收集系统常常与建筑智能控制系统相结合，智能控制系统能够根据实时天气条件和建筑内部的热量需求，自动调节热量收集、存储和分配的过程，从而实现更加精确和高

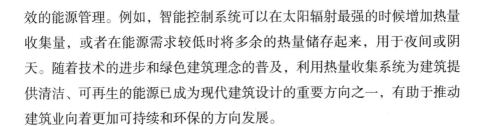

效的能源管理。例如，智能控制系统可以在太阳辐射最强的时候增加热量收集量，或者在能源需求较低时将多余的热量储存起来，用于夜间或阴天。随着技术的进步和绿色建筑理念的普及，利用热量收集系统为建筑提供清洁、可再生的能源已成为现代建筑设计的重要方向之一，有助于推动建筑业向着更加可持续和环保的方向发展。

第二节　绿色建筑中可再生能源的应用

一、可再生能源概述

（一）能源的定义和分类

1. 能源的定义

能源是资源的一种，是支撑人类社会发展和日常生活不可或缺的天然物质，其种类繁多且功能各异，覆盖了从古至今人类依赖的各种能量形式。它既包括煤炭、石油、天然气和水力等传统能源，也涵盖太阳能、风能、地热能、生物质能、海洋能以及核能等新能源，这些能源共同构成了人类能源消费的广阔基础。

2. 能源的分类

根据不同的分类标准，能源可以分为多种类型，这里主要阐述以下几种分类情况。

（1）根据能源的不同特性和人类对其开发利用的历史分类。在人类文明的发展历程中，能源的获取和利用一直是推动社会进步的核心动力，能源按其特性及开发利用的历史长短被划分为常规能源和新能源两大类。常规能源，又称传统能源，主要包括化石燃料，如煤炭、石油和天然气等，这些能源自人类工业革命以来就已被广泛使用，是支撑现代工业社会和人们日常生活的基础。随着科技的进步，人类开始寻求更清洁、更可持续的能源解决方案，从而新能源概念被引入了。新能源指的是近现代以科技创新为驱动，开始被大规模开发和利用的能源类型，包括太阳能、风能、地热能、生物质能等。这些新能源的特点是可再生、清洁和对环境影响小，它们的开发利用标志着人类能源消费模式向更加可持续和环境友好的方向转变。这种分类不仅反映了能源开发利用的技术进步，也体现了人类对能源消费与环境保护之间平衡的追求。

（2）根据能源是否可再生分类。能源按照其是否可再生的特性，分为两大类：不可再生能源和可再生能源。不可再生能源，包括石油、天然气、煤炭等，是地球上存量有限的资源，它们经过数百万年的自然过程形成，一旦被开采和消耗，就无法在短时间内恢复，其过度使用还伴随着严重的环境污染和温室气体排放问题。相对地，可再生能源，如太阳能、风能、水能、地热能和生物质能等，拥有几乎无限的供应潜力，它们来源于自然界且可以被持续不断地供应，如太阳辐射、风力、水循环和地热活动等，可以在被使用后通过自然的方式迅速恢复。这些可再生能源的开发和利用，因其清洁和可持续的特性，被视为对抗气候变化、减少环境污染和实现能源安全的关键路径。随着技术的发展和成本的降低，可再生能源正在逐渐成为全球能源结构转型和绿色低碳发展的重要支柱，这标志着人类在追求经济社会发展的同时，更加注重与自然环境的和谐共存。

（3）根据加工维度分类。能源按照其在使用前是否经过转换加工的维度，分为一次能源和二次能源。一次能源是指直接从自然界提取并可以直接被使用的能源，这类能源包括但不限于原煤、原油和天然气等化石燃料，以及太阳能、风能和水能等可再生能源。它们是能源使用链的起点，直接来源于自然界，无须经过复杂的转换过程即可被利用，尽管在某些情况下，简单的清洁或基本的物理处理可能是必需的。相对地，二次能源是通过将一次能源转换、加工或改变其形态得到的能源，例如，电力是煤炭、水能、风能或太阳能等一次能源转换而来的，汽油和柴油则是通过炼油过程对原油进行加工提炼得到的。同样，沼气是通过有机物质的厌氧消化过程产生的。这些二次能源在达到最终用户手中前，需要经过一系列集中或分散式转换过程，这不仅增强了能源的可用性和便利性，也使得能源的应用更加广泛和高效。此分类揭示了能源从获取到最终使用的复杂链条，强调了能源转换技术在提高能源利用效率和满足多样化需求中的重要作用。

（二）常见的可再生能源

1. 太阳能

太阳能，这一宇宙中无穷无尽的能量来源，源自太阳内部持续进行的核聚变反应，核聚变反应过程中巨大的能量被释放并以光和热的形式辐射到宇宙空间。太阳的总辐射能量达到惊人的 3.75×10^{26} W，地球接收到的太阳的辐射能量大约为 1.73×10^{7} W，尽管这只是太阳总辐射能量的极小一部分，但这已远远超过人类历史上所有时期的能源需求。太阳能作为地球上较为丰富和强大的自然能源之一，对于维持地球生态系统的平衡和支持人类文明的发展起着至关重要的作用，因为人类所需的绝大多数能量，无论是直接的还是间接的，都来源于太阳。太阳不仅照亮了地球，还通过其辐射能量驱动了地球上的多种能量循环和生物过程。

以化石燃料来讲，植物通过光合作用这一神奇的自然过程，利用太阳光将水和二氧化碳转化为氧气和葡萄糖，葡萄糖作为化学能被存储在植物体内，为食物链的其他环节提供能量基础。随着时间的推移，死去的植物和动物遗体在地质作用下，转化成今天人们所依赖的化石燃料：煤炭、石油和天然气，因此可以说化石燃料是太阳能在过去亿万年间积累下来的宝贵资源。除了化石燃料，太阳能还以其他形式存在并被利用，如水能和风能这两种重要的可再生能源，其形成也是由太阳能驱动的。风的形成是由太阳加热地球表面时产生的不均匀热分布导致的，而水循环，包括蒸发、降水、流水等过程，也是由太阳能提供动力的。这些自然过程展示了太阳能如何转化为地球上的动能和位能，为人类提供了清洁、可持续的能源解决方案。

在当今世界，随着科技的进步和对可持续发展需求的增加，太阳能的直接利用变得越来越重要。太阳能光伏技术能够直接将太阳能转化为电能，为住宅、商业和工业提供清洁的电力来源。此外，太阳热能技术，通过收集太阳的热能来供暖或制冷，也在全球范围内得到了广泛应用。这些技术的发展和应用不仅减少了对化石燃料的依赖和温室气体排放，还促进了能源消费向更加环保和高效的方向转变。太阳能资源的潜力是巨大的，科学家估计，地球每分钟接收到的太阳辐射能量足以满足全球人口一年的能源需求。因此，开发和利用太阳能，不仅是实现能源安全的途径，更是保护地球环境、应对气候变化的重要策略。随着技术的不断进步和成本的降低，太阳能及其衍生的能源将在全球能源结构中扮演越来越重要的角色，引领人类进入一个更加绿色、可持续的未来。

2. 风能

风能作为一种清洁且可再生的能源，源自地球表面的空气流动，这种动能的形成基于地球各地因太阳辐照不均而产生的温差以及空气中水蒸气含量的差异，这种温差或水蒸气含量差异会导致气压不同，从而引发从高压区向低压区的空气流动，最终形成风。当风速增加时，动能会增大，这就为风力发电提供了基础。风力发电机通过捕捉这些自然风并将其转换成机械能，再进一步转换为电能或热能，展现了风能进行能源转换的多样性和灵活性，这种能量的转换不仅为人类社会提供了一个减少对化石燃料依赖和温室气体排放的可持续能源解决方案，还促进了能源结构的优化和环境质量的改善。

风能资源的潜力和价值在于其密度和可利用的年累积小时数，两者共同决定了一个地区风能的可开发程度和经济效益。风能密度，即单位面积迎风面上风的功率，与风速的三次方及空气密度成正比关系，这意味着风速的微小变化会对风能密度产生显著的影响，这一特性使得高风速区域成为风能开发的重点区域。根据中国风能资源普查的相关统计数据，陆地上 10 m 高度的风能资源总储量约为 32.26 亿 kW，其中可开发和利用的陆地上风能资源储量为 2.53 亿 kW，近海可开发和利用的风能资源储量为 7.5 亿 kW，共计约 10 亿 kW，这些数据不仅体现了我国丰富的风能资源，也揭示了我国在风能开发方面的巨大潜力，更指明了风能作为未来能源结构中重要组成部分的广阔前景。随着风力发电技术的不断进步和成本的逐渐降低，风能的开发和利用正日益成为我国乃至全球能源转型和绿色低碳发展战略中的关键要素。风能的广泛利用有助于减少对化石燃料的依赖和温室气体排放，有助于促进能源产业的可持续发展，同时为解决能源安全问题提供了新的解决方案。随着技术的发展和成本的降低，风能逐渐成为全球能源市场上竞争力较强的可再生能源之一，对于推动全球能源转型和实现可持续发展目标具有重要意义。

3. 地热能

地热能是一种古老而又充满活力的能源，是地球在其数亿年的演化过程中积累下来的巨大能量宝库。地球是一个巨大的热库，其内部储藏着丰富的热能，从地表到地核，温度随深度增加而升高，形成了一个正常的增温梯度，大约每下穿 1 000 m，温度便会上升 25 ～ 30 ℃。在大约 40 km 的深度，温度更是高约 1 200 ℃，而地核的温度则达到惊人的 6 000 ℃，地球内部岩浆的热量和放射性物质衰变过程中释放的热量通过地壳的裂隙和薄弱带不断向地表传递，形成了丰富的地热资源。地热不但是一种可再生的热能资源，而且其资源量巨大，且相对稳定，更因其清洁、低碳的特性而成为新能源领域的一颗璀璨明珠，具有很高的经济开发价值和环境效益。

地球的地热资源分布呈现出显著的不均匀性，主要集中在地球板块构造边缘的地带，如环太平洋地震带和地中海－喜马拉雅火山地震带。这些地区由于地壳的活动较为频繁，如地震和火山爆发等现象，使得地热资源更易于通过地壳的裂隙到达地表，形成丰富的地热场。这种自然的"地热供暖系统"不仅为周边地区提供了宝贵的清洁能源，也为地热能的开发利用提供了天然优势。在地热能的利用方面，我国近年来取得了显著成就，甚至一度成为全球地热能利用的领跑者，我国通过对地热资源的深入勘探和技术创新，使地热利用规模持续扩大，年增长率保持在近10%的水平，这不仅体现了地热能作为可再生能源在能源结构中的重要地位，也展示了我国在推进清洁能源发展和实现能源转型上的决心和成果。

地热能的开发利用，不仅可以减少化石燃料的消耗和温室气体的排放，促进环境的改善，还能提高能源供给的安全性和稳定性，为构建绿色、低碳、可持续的能源体系贡献力量。随着地热能开发技术的不断进步和经济性的不断提高，地热能在供暖、发电、农业、渔业等多个领域的应用前景将更加广阔，这不仅将为地热资源丰富的地区带来经济效益，还能在全球范围内推广地热能的利用，为应对气候变化和促进全球可持续发展做出重要贡献。

4. 生物质能

生物质能是地球上一种独特的能源，其本质是太阳能通过绿色植物的光合作用转化为化学能并存储于有机物中的能量，这种能源覆盖了广泛的有机物，从农作物及其废弃物、木材及其副产品，到动物粪便等，几乎涵盖了所有的非化石形态的有机生命形式及其产物。生物质能的核心价值在于它的可再生性和作为碳源的可持续性。与化石燃料相比，生物质能在使用过程中理论上不会增加大气中的二氧化碳总量，因为植物在生长过程中吸收的二氧化碳与其燃烧或分解时释放的量相平衡，从而形成一个封闭的碳循环。随着全球对可持续能源和减少温室气体排放需求的增加，生物质能作为一种重要的可再生能源，其开发和利用受到了越来越多的关注，它不仅能转化为固态、液态和气态的燃料直接燃烧，还可以通过现代生物技术转化为生物乙醇、生物柴油等二代生物燃料，这些燃料能够减少对石油资源的依赖和环境污染。在全球能源消费结构中，生物质能已经成为紧随煤、石油和天然气之后的第四大能源，这展现了其在全球能源市场中的重要地位。未来，随着科技的进步和社会对可持续发展的追求，生物质能的利用将更加多样化和高效化，将为全球能源转型和应对气候变化提供更加强有力的支持。

生物质能的利用技术主要分为热化学转化技术和生物化学转化技术两大类，这两种转化方式各具特点。热化学转化技术利用高温作用将固体生物质转换成可燃气体和焦油等产品，例如，木材、农作物残余等生物质通过气化、液化或燃烧等方式转化为乙醇等可以作为汽车燃料使用的清洁能源，这种转换不仅增加了能源的附加值，也为传统化石燃料提供了可持续的替代品。生物化学转化技术，则依赖微生物的发酵作用，将生物质转换成甲烷等生物气体，这种方式特别适用于有机废物的处理和能量回收，如厨余垃圾、畜禽粪便等，不仅可以产生沼气供炊事、照明使用，还能将转化过程中产生的生物质残渣作为有机肥料，回归农田，形成一个良性的循环利用系统。此外，压块细密成型技术通过将生物质原料压缩成高密度固体燃料，既提高了运输和储存的效率，也便于生物质能的直接燃烧利用，这种生物质燃料因其燃烧效率高、污染少、易于使用等优点，越来越受到工业和家庭供暖系统的青睐。

二、太阳能在绿色建筑中的应用

太阳能作为一种清洁、可再生的能源，在绿色建筑中的应用越来越广泛，尤其是在建筑一体化太阳能热水系统、建筑一体化光伏系统以及太阳能供热空调系统方面，这些系统不仅显著提高了建筑的能源利用效率，也成为实现建筑节能减排目标的重要手段。

（一）建筑一体化太阳能热水系统

太阳能热水系统作为太阳能热利用技术中应用较为成熟和普及的形式之一，已经在全球范围内得到了广泛的应用，这种系统主要通过太阳能集热器捕获太阳辐射能量，将其转化为热能，用于加热水，从而为住宅、商业和工业提供热水。太阳能热水系统可以作为独立系统运行，也可以与传统能源系统结合使用（作为辅助热源），以提高能源利用效率，减少对化石燃料的依赖。太阳能热水系统的核心部件是集热器，集热器的设计和效率直接影响系统的整体性能。集热器的类型多样，它包括平板集热器、真空管集热器等，平板集热器因其结构简单、成本较低而被广泛应用于住宅和小型商业建筑；而真空管集热器则因其良好的保温性能和较高的热效率，在寒冷地区和需求较高的热水系统中更受青睐。太阳能热水系统还包括储水箱、循环泵、控制系统等组成部分。储水箱用于存储集热器产生的热水，保证即使在无太阳辐射的时段也能提供热水；循环泵则负责驱动水循环，提高热交换效率；而控制系统则可以根据实际需求和天气条件智能调节系统运行，最大化能源利用效率。这些部件共同工作，确保了系统能够高效、稳定地运行。

太阳能热水系统按照其运行方式可分为四种基本形式，它们分别是自然循环式、自然循环定温放水式、直流式和强制循环式，如图 5-1 所示。我国家用太阳能热水器和小型太阳能热水系统多采用自然循环式，而大中型太阳能热水系统多采用强制循环式或自然循环定温放水式。

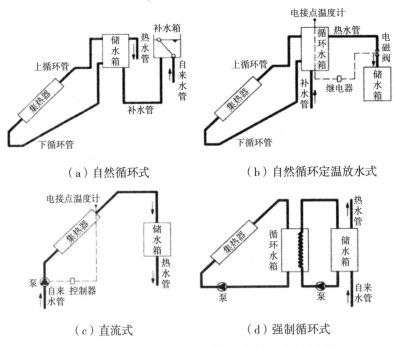

（a）自然循环式　　　　　　　　（b）自然循环定温放水式

（c）直流式　　　　　　　　（d）强制循环式

图 5-1　太阳能热水系统的四种基本形式示意图

　　建筑不仅是人类生活的物理空间，也是文化和艺术的体现，这就要求设计师在将太阳能热水系统整合入建筑设计时，需要尽可能地保持建筑文化特性，同时充分考虑技术与美学的双重要求，实现太阳能技术与建筑形态的和谐统一。一方面，太阳能技术的应用对建筑的影响深远。这不仅涉及建筑的使用功能和围护结构的特性调整，还包括对建筑体形和立面设计的改变。集热器的布局和设计需要与建筑的整体风格相协调，同时需要考虑太阳能热水系统的效率和功能性。例如，集热器的朝向、倾斜角度以及与建筑的整合方式，都需要精心设计以确保既能最大化地捕捉太阳辐射能量，又能保持建筑的美观和谐。另一方面，太阳能技术的选择、产品与建筑形体的有机结合是实现一体化设计的关键。选择适合建筑特性和环境条件的太阳能技术，以及将太阳能设备巧妙地融入建筑元素中，成为设计过程中的重要考虑因素。现代太阳能技术提供了多样化的解决方案，如建筑一体化光伏面板、半透明光伏幕墙，以及与建筑外观相融合的太阳能集热板等，这些技术不仅提高了建筑的能源利用效率，也为建筑外观增添了新的视觉元素。通过对这些技术和美学的综合考虑，建筑师可以创造出既节能环保又具有文化特色的绿色建筑，这不仅满足了当代社会对可持续发展的需求，也推动了建筑领域的创新，为未来的建筑设计提供了新的方向。

（二）建筑一体化光伏系统

20世纪90年代以来，随着常规发电成本的上升及全球环境保护意识的增强，太阳能光伏发电技术迅速发展，尤其是在建筑领域的发展，已经成为现代建筑设计和能源利用领域的重要革命，不仅使发电成本大幅下降，还使太阳能电池在建筑领域的应用成为可能。这种技术的应用不仅彻底改变了建筑对能源的依赖模式，也为建筑美学和功能性的融合开辟了新的可能性。现代太阳能电池的灵活性和适应性，如可弯曲、盘卷的特性，以及其轻薄、易于安装和维护的优点，让其能够与各种建筑材料相结合，甚至替代传统的建筑材料，成为节能墙体的外护材料。

太阳能光伏发电技术与建筑的结合，是现代建筑设计中实现可持续发展和能源自给自足的重要手段，其主要形式分为两种：一是将光伏系统安装在建筑的屋顶或阳台上直接为建筑供电；二是将光伏组件与建筑材料整合，使其既能发电又能作为建筑的一部分。第一种形式属于光伏系统的传统应用，利用了未被占用的空间进行能源生产，多余的电能通过逆变控制器的并网操作输送至公共电网，提供了一种直接、便捷的绿色能源解决方案，增强了能源利用的灵活性，提高了经济效益。第二种形式是太阳能光伏发电技术与建筑结合得更为深入和创新的应用，即建筑一体化光伏系统，通过将光伏电池集成于透明玻璃窗户或模仿传统屋顶瓦形状和颜色的屋顶瓦中，不仅能够满足建筑的功能和美观需求，还能在建筑的日常使用中产生清洁能源，这极大地提高了太阳能光伏发电的可接受度和应用范围，同时提高了建筑的能源利用效率和环境绩效。这种集能源利用与建筑美学于一体的设计理念，正在引领全球建筑业向更加绿色、环保的方向发展。而且，建筑一体化光伏系统的推广使用，不仅降低了建筑对传统能源的依赖，减少了温室气体排放，还通过提供绿色能源，为城市的可持续发展贡献了力量。随着材料科学、太阳能光伏发电技术的持续进步和创新，以及相关政策的支持和市场的推动，建筑一体化光伏系统有望在未来成为新建和翻新建筑的标准配置，为实现全球能源转型和建筑业的绿色革命做出更大的贡献。

（三）太阳能供热空调系统

太阳能供热空调系统作为绿色能源技术的一种，近年来在可持续建筑设计中得到了快速发展和广泛应用，这种系统利用太阳能集热器捕获太阳辐射能量，然后将其转化为热能用于建筑的供暖和制冷。太阳能供热空调系统通过循环泵将热水输送至室内采暖终端设备，如风机盘管或地板采暖盘管，为室内持续稳定供暖。为了缓解太阳辐射强度波动对室内温度的影响，太阳能供热空调系统通常包括一个蓄热水箱，它能够有效地平衡热量供给，确保室内温度的稳定性。太阳能供热空调系统示意图如图 5-2 所示。

太阳能供热空调系统不仅可以在冬季提供温暖，还能在夏季通过吸收式或蒸发式制冷技术，利用太阳能产生的热能来驱动制冷循环，为建筑降温。这样太阳能供热空调系统实现了全年能源利用，显著提高了能源利用效率，并减少了对传统能源的依赖。

太阳能供热空调系统与太阳能热水系统存在一定的相似性，但在末端水路循环方式及水循环温差方面存在差异，这体现了太阳能技术在建筑供热领域的灵活应用和特定需求的适配性。太阳能热水系统的开式循环方式，直接将水经过太阳能集热器加热后储存在储水箱中，供居民日常使用。这种系统简单高效，直接响应居民对热水的需求。相比之下，太阳能

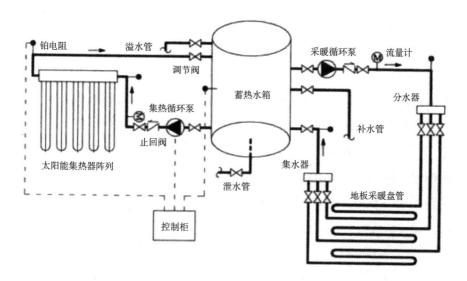

图 5-2 太阳能供热空调系统示意图

供热空调系统采用闭式循环方式，更加适用于建筑采暖需求，系统中的水在室内末端释放热量后不直接消耗，而是通过循环泵送回太阳能集热器重新加热，形成一个闭环循环，这有效提高了能源利用效率。太阳能供热空调系统为保证室内温度的舒适性和热效率的最大化还需要精确控制水温，这就要求系统设计包含先进的温控设备和策略，以调节水温和循环速度，满足不同天气条件和室内热负荷的变化需求。

第三节 绿色建筑中可再生能源系统的管理

一、建筑能耗分析法

（一）静态能耗分析法

静态能耗分析法基于稳态传热理论，简化了分析过程，不考虑围护结构的蓄热效应，直接根据建筑的热损失或增益进行能耗计算。虽然静态能耗分析法不考虑围护结构的蓄热效应在某种程度上限制了其精确度，尤其是在日温差大或建筑蓄热性能显著的情况下，但考虑到部分地区供暖期或制冷期较长，温度的日波动对总能耗的影响相对较小，所以这种方法仍然能够提供有用的能耗估算，尤其是在初步设计阶段或当需要快速评估建筑能耗时。更重要的是，静态能耗分析法为建筑师和工程师提供了一种快速、有效的工具，用于评估建筑设计的能效，指导节能措施的制定。同时，这些方法为政策制定者提供了依据，帮助他们制定合理的建筑能效标准和节能减排目标。常见的静态能耗分析法有度日数法、温度频率法等。

1. 度日数法

度日数法是一个简单而有效的方法，该方法基于每日平均温度与一个规定的标准参考温度（通常称为温度基准）之间的差异来估算建筑在供暖期或制冷期内的总能耗。具体做法：如果供暖期中的某一日的平均温度低于标准参考温度，这个温度差异被记录为供暖度日数；类似地，在制冷期，如果平均温度高于标准参考温度，这个温度差异被记录为空调度日数。通过累计一定时期内的度日数，可以估算出该时期内建筑的总能耗。这种方法的优点在于其简便性和直观性，因为它不需要复杂的设备或高深的计算，仅仅依赖日常的温度记录，就可以对建筑的能耗进行初步分析和快速评估，这使得度日数法特别适合于能源管理初期的快速诊断，以及那些资源有限或需要迅速估算能耗的情况。当然，度日数法也有其局限性，它不能精确反映建筑的绝对能耗，因为实际能耗还受建筑设计、材料、使用方式和维护状态等多种因素的影响。而且此方法假设室内温度恒定，忽略了建筑内部负载和太阳辐射等因素的影响。因此，虽然度日数法适用于初步能耗分析和快速评估，但在进行详细的能耗分析和建筑性能模拟时，需要使用更复杂的方法和模型。

2. 温度频率法

温度频率法是一种在美国广泛应用的建筑能耗分析方法，该方法基于对一个地区室外空气干球温度逐时值出现频率的统计，来设计和评估建筑空调和采暖系统的性能。在实际应用中，温度频率法将一年中的温度数据分成若干个温度区间（通常以 1 ℃ 为间隔），并统计每个区间的温度出现的累计小时数，这种方法不仅能够揭示出现频率较高的温度区间，还能够识别极端天气条件下的温度变化。通过这些信息，设计师可以了解大部分时间内系统将处于部分负荷状态，而全负荷状态仅在极端天气条件下出现。因此，温度频率法有助于优化系统设计，确保系统不仅能够应对极端条件，也能够在大多数时间内高效运行。温度频率法还能够将物理模型与气象参数相结合，从而精确计算出全年或特定季节的空调负荷值，这意味着这种方法充分考虑了建筑的热负荷、空调系统的性能和外部气象条件之间的复杂关系，使得负荷计算更加准确和科学，不仅有助于设计出更优性能、更节能的空调和采暖系统，还能够为建筑能效评估和优化提供重要的数据支持。但是，温度频率法的实施也存在一定的局限性，如温度频率法需要大量的气象数据和较为复杂的计算，这可能会增加设计和评估的工作量。但随着计算技术的发展和大数据的应用，现代软件工具能够自动化处理大量数据，为设计师提供快速、精确的能耗分析结果，因此温度频率法的效率和准确性都有了显著提高。

（二）动态能耗分析法

20 世纪 60 年代以后，计算机技术的飞速进步为能耗分析领域的研究提供了强大的动力，使得能耗分析逐渐从静态转向动态模拟，从而可以更加精确地反映建筑的能耗情况。在这一过程中，美国、加拿大、日本等国家的研究人员和机构发挥了重要作用，他们的研究成果奠定了动态能耗分析的数学理论基础。例如，美国开利（Carrier）公司的蓄热系数法是早期极具盛名的动态能耗分析法，动态能耗分析法不仅增强了对建筑能耗动态变化的理解，还为后续的计算机程序开发提供了理论支持。

20 世纪 70 年代，在计算机技术飞速进步下空调领域的系统动态分析和模拟研究蓬勃发展，一系列具有里程碑意义的建筑能耗模拟程序在这一时期相继诞生了，这开启了利用计算机程序对建筑全年逐时能耗进行精确计算的新篇章，标志着建筑能效研究进入了一个新纪元。1974 年，美国首次推出了 NBSLD 能耗模拟程序，紧随其后的是 NECAP 和日本的 HASP/ACLD/8001，它们成了那个时代评估建筑能耗的重要工具，这些早期的模拟程序虽然在操作性和用户界面上较为原始，但它们的出现无疑为后来的研究和开发奠定了基础，展现了计算机技术在建筑能效分析中的巨大潜力。1979 年，美国加利福尼亚大学的劳伦斯伯克利国家实验室在美国能源部的支持下，基于 NECAP 开发出 DOE-2 建筑能耗分析程序，随后又推出 BLAST 程序。到了 1981 年，这两个程序分别进化为 DOE2.1 和 BLAST3.0，它们的功能和性能均得到了显著提升。DOE-2 和 BLAST 程序不仅拥有更强大的计算能力，还提供了更加友好的用户操作界面，使得设计师和工程师能够更加便捷、准确地进行建筑能耗分析和模拟。与此同时，日本也不甘落后，在东京电力株式会社的赞助下，日本建筑设备协会成立了专门的研究会和开发委员会，经过 6 年的努力，于 1985 年完成了 HASP/ACAD/8501 和 HASP/ACSS/8502 能量模拟程序，这些程序的开发，标志着日本在建筑能耗模拟领域的重要成就，进一步推动了全球建筑能效研究的深入发展。这些开创性的程序和随后的版本更新，不仅极大地提高了建筑能耗分析的精度和效率，也促进了建筑节能规范和设计标准的制定与实施。它们使得设计师在设计阶段就能够对建筑的能效进行全面评估，为实现更高的能效标准和环境可持续性提供了强有力的技术支持。

建筑能耗软件作为当前建筑设计和运营、维护领域的关键工具，承担着多重重要功能，旨在提升建筑能效、降低能耗并促进可持续发展。

首先，通过精确模拟建筑负荷和能耗，这类软件能够为建筑师和工程师提供深入的数据支持，使他们在设计初期就能够考虑到能效问题，为节能设计、评估、审计及节能措施的制定提供了坚实的基础。这种模拟不仅有助于识别建筑设计中的能效潜力，还能够预测和量化不同节能措施的效果，为决策者提供科学的决策依据。

其次，建筑能耗软件在优化分析方面发挥着不可替代的作用。通过模拟不同工况下的建筑性能，这类软件能够评估围护结构、设备、HVAC系统及其控制策略的能效表现，从而识别出能效最优化的设计和运行方案。此外，这类软件还支持多方案比较和经济性分析，以帮助用户从众多设计或改进方案中筛选出成本效益最高的解决方案，实现能效与经济性的双重优化。

再次，建筑能耗软件能够预测设备与系统在各种运行状况下的表现，特别是在考虑到外部环境变化和内部负载波动的情况下。这种预测能力对于确保建筑在实际运行中保持最佳性能至关重要，有助于运营、维护团队提前识别潜在的能效问题和进行故障诊断，从而优化系统运行策略，减少能源浪费。

最后，建筑能耗软件在制定和实施节能规范与设计标准方面也起着辅助作用。通过提供科学准确的能耗数据和分析结果，这类软件为政策制定者和标准机构提供了有力的工具，帮助他们制定出更为合理和可行的节能规范与设计标准，同时为建筑设计和运营的各方参与者提供了遵循这些规范和设计标准的技术支持。

随着计算机和软件技术的不断进步，未来的动态能耗分析将更加精细化、智能化，为建筑的绿色发展贡献更大的力量。如今，动态能耗分析已成为建筑设计和评估的标准部分，不仅对于新建建筑的设计和建筑节能设计标准的制定至关重要，也为既有建筑的能效改造和运营优化提供了科学依据。特别是随着建筑信息模型的应用和云计算等技术的发展，未来的动态能耗分析将更加精准、高效，为实现建筑能源的可持续利用和环境保护贡献更大力量。

二、绿色建筑可再生能源管理系统

（一）建筑能源管理系统概述

1. 建筑能源管理系统的定义

国际能源机构明确提出了建筑能源管理系统（Building Energy Management Systems, BEMS）的定义，它指的是有能力在控制（监视）节点和操作终端之间通信传输数据的控制与监视系统，这一定义凸显了其在现代建筑运营中的核心作用和广泛应用。这类系统通过实现高效的数据通信和综合控制，将建筑内部的各个系统——包括 HVAC 系统、照明系统、火灾系统、安全系统、维护管理及能源管理系统——紧密集成，形成一个智能、互联的管理网络。其主要目标在于创造一个既舒适又安全的室内环境，同时实现能源利用效率的最大化和成本的最小化，确保可持续性与经济效益并重。同时，BEMS 通过精确监控和控制建筑内部环境和系统运行状态，不仅提升了居住和工作空间的质量，还为建筑管理者提供了实时数据支持，使得能源管理更加科学、高效。

我国对建筑能源管理系统（BEMS）的定义：它是一个集成化的管理和控制系统，专注于监视和管理建筑或建筑群内的各种能源使用情况，如变配电、照明、电梯、空调、供暖及给水排水等。通过集中监视与分散控制的策略，BEMS 不仅能够实时监测建筑的能耗情况，还能够进行动态分析，及时发现运行效率低下的设备和能源消耗异常情况，从而采取相应措施进行调整或优化。BEMS 还可以通过降低峰值用电水平减轻电网压力，提高能源使用的可持续性。这种系统化、智能化的能源管理方式，为实现建筑业的绿色发展和可持续发展目标提供了强有力的技术支持，展现了我国在建筑能效提升和环境保护方面的积极努力和成就。

2. 建筑能源管理系统的组成

在绿色建筑能源管理中，建筑能源管理系统（BEMS）旨在通过高效的监测计量、深入的统计分析和精准的系统控制来实现显著的能源节约和优化。监测计量作为 BEMS 的基础，通过对建筑内部如水、电、空调、冷热源、燃气等各项能源消耗进行实时的精准计量，确保了数据采集的全面性和准确性，也为后续的分析和控制提供了坚实的基础。统计分析是 BEMS 的核心，它通过对收集到的大量能源消耗数据进行分析和对比，揭示了能源使用的模式和趋势，识别出节能潜力所在。在这一过程中，BEMS 会评估各种节能控制策略的有效性，为建筑设备监控、电力监控、智能照明等子系统的优化提供科学的指导，同时提出更加合理、高效的节能解决方案，使能源管理更加精细化、智能化。系统控制则是将统计分析阶段形成的控制指令付诸实施，通过自动或半自动的控制方式，调节和控制建筑内部的设备和系统运行，这包括但不限于调整空调系统的工作模式、优化照明系统的亮度和开关时间、控制冷热源设备的运行状态等，以期达到降低能源消耗、提升能源利用效率的目的。通过这样的闭环管理，BEMS 能够确保建筑的能源使用在满足舒适度和功能性需求的同时，达到最佳的节能效果。

整个 BEMS 的实施过程是一个动态的、持续优化的过程，随着建筑使用情况的变化，BEMS 会不断地收集新的数据，通过统计分析形成新的节能策略，并通过系统控制实施这些策略，形成一个良性循环，这不仅使建筑能源管理更加高效和智能，也大幅提升了建筑的运营质量和居住、工作环境的舒适度，同时为实现可持续发展目标做出了贡献。

3. 建筑能源管理系统的结构

建筑能源管理系统（BEMS）采用分层分布式结构，分为现场层、自动化层、中央管理层，每一层都承担着不同的职能，确保了系统的高效运行和易于维护的特性。

现场层作为 BEMS 的基础，负责收集建筑内各种能源消耗的原始数据，包括电能表（单相电能表、三相电能表、多功能电能表）、水表、冷量表等能源计量装置的数据，以及空调系统、动力设备等末端设备的运行参数。这些参数不仅包括设备的运行状态、故障报警信息、启停控制，还涉及供回水温度、风压及流量等关键指标，为 BEMS 的自动化层和中央管理层提供了实时、准确的数据基础。

自动化层的主要职责是对来自现场层的能源消耗数据进行汇总和初步处理，以确保数据的准确性和完整性，同时根据中央管理层的指令，执行具体的控制策略。能源消耗数据被存储在专门的数据库中，并通过建筑内部的局域网安全、高效地提供给 BEMS，这确保了数据传输的实时性和可靠性。

中央管理层则承担着更为复杂和高级的分析任务，它利用汇总来的能源消耗数据进行综合分析和评估，通过专业的建筑能耗软件和大数据分析技术，揭示了能源使用的模式、趋势和潜在的节能空间。分析结果不仅为决策者提供了科学、准确的决策参考，还帮助决策者根据建筑运营的实际需求和能效目标，制定出具体的能耗修正指令。这些指令随后被发送至自动化层，引导系统调整运行状态或优化控制策略，以实现能源使用的最优化和系统能源消耗的降低。

通过这样的分层分布式结构，BEMS 能够实现对建筑能源的全面监控和精细管理，从原始数据采集到自动化控制，再到中央集中管理，每一步都紧密相连，形成了一个高效、灵活、可靠的建筑能源管理网络。这不仅优化了建筑的能源使用，降低了能源成本，还为建筑提供了更为舒适和安全的使用环境，体现了现代建筑科技在促进节能减排和提升建筑智能化水平方面的重要作用。

（二）绿色建筑可再生能源管理系统的工作流程

1. 能源管理目标的设定

在绿色建筑可再生能源管理系统中，设定明确、可量化的能源管理目标是实现能源利用效率最大化和可持续运营的基础，这些目标应覆盖量化目标、财务目标、时间目标和外部目标等，以确保全方位、高效地管理和优化建筑的能源使用。

量化目标是衡量能源管理系统效果的直接指标，包括全年能源消耗量、单位面积能源消耗量、单位服务产品的能源消耗量（如旅馆的每个床位能源消耗量、医院的每个床位能源消耗量、大学的人均能源消耗量）等绝对值目标，以及系统效率（如综合能源消耗效率）、节能效率等相对值目标，这些目标不仅反映了建筑能源使用的实际情况，还为优化方案的制定提供了依据。

财务目标是能源管理项目经济效益的直观体现，包括能源成本降低的百分比、节能项目的投资回报率以及实现节能项目的经费上限等。这些财务目标可以确保节能措施既环保又经济，增强项目的可行性和吸引力，促进节能技术和措施的广泛应用。

时间目标则涉及项目实施的效率，包括完成项目的期限以及在每个分阶段时间节点上要达到的阶段性标准。合理的时间规划不仅能够保证项目按计划推进，还有助于及时调整和优化策略，以应对可能出现的挑战和变化。

外部目标着重于建筑的社会影响和品牌价值，如达到国际、国内或行业内的某一等级或评价标准，在同行业中的排序等。这些目标有助于提升建筑的社会认可度和市场竞争力，促进绿色建筑和可再生能源技术的普及。

在设定这些目标时，实事求是的原则必须被遵循，即考虑建筑的具体情况、所处环境以及可利用的资源,以确保目标的可达性和实际性。通过科学、合理地设定能源管理目标,绿色建筑可再生能源管理系统能够更有效地促进能源的合理利用,实现建筑能效的持续优化,同时推动建筑业向更加绿色、可持续的方向发展。

2. 能源管理策略的建立

在明确了绿色建筑可再生能源管理系统中的各种目标后,为确保实现这些目标,设计师应紧密围绕建筑内各种设备系统的特点,建立将能源消耗控制在最低限度的运行和管理策略。这些策略应基于一系列严格的节能评价基准,这些基准应作为能源管理目标的标准值,以确保策略的科学性和可行性。例如,在自动控制系统的设定上,系统的设定值和目标值就需要根据这些管理策略的要求精确确定,以确保能源使用的最优化。进一步地,为了保障这些策略的有效执行,详细的操作规程必须被制定,包括设备的检测、维护、故障诊断等各个环节,以确保绿色建筑可再生能源管理系统的高效运行。同时,编制各种报表,对能源消耗数据进行定期的收集和分析,这不仅有助于监测能源消耗管理的效果,也为后续的优化和调整提供了数据支持。

通过这样细致入微的管理措施和操作规程,绿色建筑可再生能源管理系统能够更加高效、智能地运行,不仅最大限度地降低了能源消耗,也实现了节能减排的目标,更重要的是这种系统性、全面性的管理不仅符合绿色建筑的发展趋势,也是实现可持续发展战略的重要组成部分。

3. 建筑能源审计

在当前的建筑能源管理实践中,缺乏系统化的能源消耗监测和分析机制导致了对建筑能源管理系统深入分析的困难,特别是在国内,很多项目从设计阶段起就将各类耗能设备交织在一起,缺乏针对性的计量设备,这使得用能管理者难以精确掌握能源消耗的具体情况,更不用说发现能源使用中的浪费环节了。为了有效克服这些挑战，建筑能源审计成为解决问题的关键一步，它不仅对用能管理者有意义，对政府部门也具有重大意义。建筑能源审计的实施需要遵循国家相关的节能法规、技术标准和消耗定额，采用科学的方法和技术手段进行。在审计过程中，大量数据应被收集和分析，包括建筑设计、运行管理、设备性能以及能源消耗情况等，以确保审计的准确性和全面性。

对用能管理者而言，通过对建筑能源使用情况的全面检查和评估，建筑能源审计能够揭示建筑的能源消耗现状、评估其节能潜力，并将其与同类建筑进行比较，从而帮助用能管理者明确节能目标，为制定出具体、可行的节能改造方案提供科学依据。对政府而言，推行建筑能源审计不仅促进了节能管理的常态化和科学化，还有助于建立和完善建筑能源消耗的监督和考核体系，以确保政府能够有效地监督既有建筑的能源使用情况以及建筑节能设计标准的实施，全面评估节能效果，从而推动既有建筑的节能改造和能源管理事业的发展。

4. 能源管理系统的调整

随着绿色建筑和楼宇自控系统的日益普及，能源管理系统调整成了建筑能源管理中的一项关键活动，特别是对于绿色建筑而言，从设计阶段开始直至建筑投入使用后的持续调整，可以显著提升建筑的能源利用效率，实现节能减排的目标。而通常每隔 3 ～ 5 年进行一次能源管理系统定期调整，已成为评估和优化建筑能源使用不可或缺的一部分。

能源管理系统调整的主要任务包括系统的连续运转测试，以检验系统在不同季节及全年的性能，尤其是能源利用效率和控制功能，这一过程不仅能够确保系统的最佳运行状态，还能够发现并解决可能出现的问题，从而避免能源的浪费。同时，在保修期结束前对设备性能及 HVAC 系统、自控系统的联动性能进行检查，对发现的问题进行及时解决，是确保系统长期稳定运行的重要措施。通过能源管理系统调整还可以发掘系统的节能潜力，实现对系统的优化调整，进一步降低能耗，提高能源利用效率。在调整过程中，通过用户调查收集用户对室内环境质量及设备系统的满意度反馈，可以更好地了解用户需求，调整系统以满足用户对舒适性的期望。

在整个调整过程中，记录关键参数并整理成调整报告是非常重要的一步，这不仅为今后的调整提供了宝贵的参考资料，也为建筑能源管理提供了实证数据，有助于评估调整措施的效果，为进一步能源管理决策提供科学依据。

第六章　绿色建筑新材料应用管理

第一节　绿色建筑新材料概述

一、绿色建筑材料的定义

在探讨绿色建筑材料之前，大家需要先了解什么叫绿色材料，这一概念最早是 1988 年提出的，当时恰逢第一届国际材料科学研究会召开，这一概念一经问世，迅速成为国际建筑和材料科学领域关注的焦点。绿色材料概念的提出，标志着人们开始从更广泛的环境和健康视角审视材料的生产和使用。1992 年，国际学术界正式确定了绿色材料的定义，所谓的绿色材料指的是在原料采集、产品制造、应用过程和使用以后的再生循环利用等环节中，对地球环境负荷最小和对人类身体健康无害的材料。绿色材料为一种生态友好的材料，其重要性在于对地球环境的低负担以及对人类健康的无害性。这种材料的开发和使用都围绕着对自然资源的尊重和有效利用，致力减少在整个寿命周期中对环境的影响，而且绿色材料在人类健康资源、能源利用效率、资源利用效率、环境责任和可承受性五个领域的巨大作用构成了其核心价值观。

绿色材料在范围上相较绿色建筑材料更广泛，也可以说是绿色建筑材料范围更为专一，其定义和理解却涵盖了建筑材料寿命周期全过程各阶段的综合考量。在 1999 年召开的第一届全国绿色建材发展与应用研讨会上，我国首次对绿色建筑材料进行了界定，指出：绿色建筑材料是指采用清洁生产技术减少天然资源与能源的利用，大量利用工业或者城市固体废物制造出的无毒害、无污染、无放射性的建筑材料，对环境保护与人体健康都有好处。这一定义强调了清洁生产技术、废弃物利用，以及减少环境影响和促进人体健康，但并未全面涉及原材料的获取、产品生产以及废物处理等全寿命周期的各个阶段。

与国内的定义相比，国外专家在界定绿色建筑材料时，更侧重通过原材料的选择、制造过程的改进和产品的再循环等方式来减少环境影响，这种界定方式强调了生产过程中的能源利用效率、资源利用的最大化和废物的最小化，以及产品末端的再利用和回收，旨在实现环境的最小负担。国内外专家的视角虽有所不同，但共同关注的核心是如何通过绿色建筑材料的应用，促进建筑业的可持续发展，包括节约能源、保护生态环境和提高材料的实用性与环境协调性。因此，绿色建筑材料可定义为对环境影响小且兼具功能性和健康性的建筑材料。

二、绿色建筑材料的特殊品质

建筑的建造离不开建筑材料，建筑材料是基础，决定着建筑的未来，所以绿色建筑材料只有具备一些特殊品质，才能保证以其建造的绿色建筑能够显著减少对环境的负面影响，提高资源利用效率，并促进能源的可持续利用，进而促进建筑业的绿色转型，这为实现可持续的社会发展目标奠定了坚实的基础。

（一）环境保护

在当前全球面临环境挑战和可持续发展需求的背景下，绿色建筑材料通过采用天然、本地化生产的资源，不仅大大减少了建筑材料生产和运输过程中的碳排放，也避免了对环境的负面影响，同时促进了本地经济的发展。绿色建筑材料在选择材料和生产过程中的环保标准尤其严格，坚决避免使用对环境和人体健康有害的化学物质，如甲醛、卤化物溶剂、芳香烃以及含有重金属（如铅、镉、铬）的颜料和添加剂。这种严格的标准不仅减少了有害物质的排放，减少了环境污染，也提高了室内空气质量，为用户提供了更健康、更安全的环境。通过这种方式，绿色建筑材料的使用进一步体现了对环境保护的深度贡献，同时反映了建筑业在材料选择和使用方面的环保意识和社会责任感。通过这种方式，绿色建筑材料的应用实际上是对环境的一种积极保护和尊重，体现了人类对自然资源的负责任态度和可持续利用的承诺。

（二）资源节约

在构建绿色建筑的过程中，节约资源被视为其设计和实施的核心原则之一，而绿色建筑材料的生产，同样紧扣这一原则，它力求在整个寿命周期中实现减量化、资源化和无害化，从而确保对环境的最小化影响和对资源的最大化利用。因此，绿色建筑材料的生产不仅仅关注原材料的高效使用，还包括对固体废物等的有效利用，将之转化为宝贵资源，这正是绿色建筑所倡导的"变废为宝"的典型特征。在绿色建筑材料的选择和应用过程中，设计者和建造者始终将其寿命周期的每个阶段——从原料采集、生产加工到使用和最终的废弃处理——纳入考量范围，特别是在固体废物的处理和综合利用方面，通过采用先进的无害化处理技术和优化资源回收利用的方法，大大降低了对新原料的依赖，同时减轻了环境的负担。例如，建筑拆除产生的固体废物可以通过适当处理后，再次用于建筑或其他行业，从而形成闭环循环，实现资源的持续利用。更重要的是，这种对资源的高效利用体现了对现有资源的尊重和保护，也显示了一种全面的资源管理策略，有效地支持了可持续发展的理念，为未来世代留下了更多的资源和更好的生活环境。

在生产过程中，绿色建筑材料广泛采用如太阳能、风能、地热能等再生能源，这些清洁能源的利用大大减少了建筑材料对传统化石能源的依赖，同时减少了整个生产过程的碳足迹。在建筑的使用、废弃及再利用过程中，绿色建筑材料发挥着降低能源消耗和促进能源循环利用的作用。可以说节约能源是绿色建筑材料品质评价中的一个核心维度，体现了绿色建筑对环保和可持续发展理念的深度承诺。绿色建筑材料还包括能够自动调节室内温度和湿度的智能材料，以及能够最大限度地利用自然光、减少人工照明需求的透光材料，这些材料的设计和应用，不仅为用户创造了更加舒适和健康的环境，也进一步减少了建筑运营阶段的能源需求。

（三）环境改善

绿色建筑材料在推动环境保护、资源节约的同时，更进一步通过其独特的环境改善功能，为建筑空间带来了革命性的变化。这些绿色建筑材料不仅自身具备极强的环保能力，如低碳排放、易回收利用等，还通过其创新的性能，如抗菌、除臭、调温，以及屏蔽有害射线等功能，有效改善了居住和工作环境，提升了生态环境的质量。例如，多功能玻璃不仅能够调节光线和温度，提供更舒适的室内环境，还能屏蔽紫外线和其他有害射线，保护用户的健康；具有抗菌和除臭功能的建筑材料能够减少室内空气中的细菌和异味，创建一个更加健康的环境。这些绿色建筑材料的应用，标志着建筑材料发展不仅仅在于满足基本的建筑功能和环保要求，更在于提升建筑空间的生态性能和舒适度，也变相说明了这些绿色建筑材料的设计和创新，是基于深入理解人类对健康和舒适环境的需求，以及对环境保护责任的承担的。在建筑材料中融入这些多功能性能，不仅对减少能源消耗和保护环境有着直接的积极影响，也在提高人们生活质量和促进人类健康方面发挥着重要作用。

三、绿色建筑材料与传统建筑材料的区别

（一）生产阶段

在生产阶段，传统建筑材料往往依赖不可再生资源，如石油基塑料、金属、天然砂石，这些材料的提取和加工对自然生态系统造成了重大损害，如水体污染、土地退化和生物多样性的丧失，而且整个生产过程能源消耗高、碳排放量大，进而对环境产生较大影响，甚至整个建筑寿命周期都伴随着较高的环境足迹。相比之下，绿色建筑材料的生产重视资源的可持续利用和环境保护，材料通常来源于可再生资源，或者是通过回收再利用的过程制造出的再生木材和再生石材，生产过程多使用低能源消耗制造工艺和不污染环境的生产技术，以最小化能源消耗和污染物排放，进一步减少对环境的影响，努力减少环境足迹。

（二）使用阶段

在使用阶段，某些传统建筑材料可能会释放有害化学物质，影响室内空气质量，进而影响用户的身体健康；墙体和屋顶的传统建筑材料的绝热性能不佳可能会导致空气温度无法保持，进而增加能源浪费，甚至可能会对环境产生负面影响。更重要的是，传统建筑材料的使用寿命可能较短，可能需要频繁更换，这变相增加了资源消耗和废弃物的产生。而绿色建筑材料通常具有优良的耐久性、良好的隔热性能和透气性能，能有效降低建筑在使用过程中的能源消耗，对环境的影响相对较小。它们还能提供更好的室内空气质量，减少对用户健康的潜在威胁。更重要的是，绿色建筑材料的设计初衷就是为了延长使用寿命，减少维护需求，进而在整个使用周期内节约资源。

（三）回收阶段

在回收阶段，传统建筑材料往往缺乏可持续性，很多材料难以被回收或重复利用，这意味着一旦建筑寿命结束，这些材料往往会成为建筑垃圾，占用大量的填埋场空间，且可能因为处理不当而对环境造成二次污染。而绿色建筑材料恰恰相反，在设计时就考虑了其寿命周期的结束阶段，可以更容易地被回收利用，或者在生物降解方面表现更佳，从而减少了废弃物对环境的影响。通过促进材料的循环利用，绿色建筑材料有助于建立更加可持续的建筑实践体系，减少资源浪费。

四、绿色建筑新材料的类型

（一）再生材料

在现代建筑领域中，再生材料通过重新利用废弃物或回收材料，显著减少了对新原料的需求，同时减轻了废物处理系统的负担和垃圾填埋场的环境压力，正逐渐成为推动可持续发展的重要途径。再生材料的核心优势在于它通过将废旧钢铁、玻璃、塑料和木材等转化为可用的建筑材料，不仅为建筑业提供了一种减少资源消耗和环境影响的方式，还促进了循环经济的发展。因为回收和加工废弃物所需的能量通常低于生产新材料所需的能量，所以再生材料通常具有比传统建筑材料更低的碳足迹。

再生材料的使用还鼓励了创新技术的发展，这些技术能够提高材料回收的效率和增强材料回收的效果，进而推动建筑设计和施工方法的革新。例如，回收的钢铁可以用于加固建筑结构，而回收的玻璃可被加工成装饰性或功能性的建筑元素，如隔热的彩色玻璃窗或反射瓷砖；回收的木材不仅能够用于建筑的结构和装饰，还能够带来独特的美学效果，增加建筑的文化价值和视觉吸引力。

（二）节能材料

在现代建筑设计和施工中，节能材料通过显著提升建筑的能效，直接影响能源消耗和环境可持续性。常见的节能材料包括高效隔热材料、低辐射涂层窗户和反射性屋顶材料等，它们不仅有助于减少建筑对传统能源的需求，还对抗击气候变化发挥着积极作用。聚苯乙烯泡沫塑料、聚氨酯泡沫塑料和玻璃棉等高效隔热材料，通过最小化热量流失，保持了建筑内部的温度稳定，这意味着使用这些材料建造的建筑在冬季可以保持室内温暖，而在夏季则可以保持室内凉爽，极大地减少了供暖和空调的能源需求；低辐射涂层窗户则通过特殊的涂层技术，减少了热量通过窗户的进入和逸出，进一步提高了能源利用效率；反射性屋顶材料，如白色或光亮色的屋顶涂料和瓦片，通过反射阳光来减少建筑吸收的热量，降低了内部温度和对空调的依赖。节能材料还有助于提升室内舒适度和空气质量，维持恒定的室内温度，减少霉菌生长的可能性，为用户创造了更健康、更舒适的环境。

节能材料的使用并不仅限于新建筑，它们也可以在既有建筑的翻新和升级中发挥重要作用，例如，通过替换旧的窗户、增加额外的隔热层或应用反射性屋顶材料，可以使既有建筑的能效得到显著提升，大幅度降低能源消耗和运营成本。未来，随着技术的进步和消费者意识的提高，节能材料将在全球建筑市场中占据更加重要的地位，成为推动建筑业向更加绿色、更加可持续方向发展的关键因素。

（三）生物基材料

生物基材料是生物质资源（包括植物、微生物）生成的材料，这种材料不仅能有效减少建筑对化石燃料的依赖，还能显著降低温室气体排放，进而促进生态平衡和环境保护，将逐渐成为建筑业向可持续性和环境友好性转型的关键因素。生物基材料的多样性及其环境益处为现代建筑提供了新的设计和实施路径。常见的生物基材料包括生物塑料、天然纤维绝缘材料和生物基油漆。生物塑料是由植物油或糖类转化而来的塑料材料，这种材料不仅生物可降解，减轻了废物处理的环境压力，还在其生产过程中释放出远低于传统塑料的碳足迹，有助于减缓气候变化，更重要的是为人们提供了一种减少建筑业对传统石油基塑料依赖的替代方案；天然纤维绝缘材料，如木纤维、麻、羊毛和竹纤维，来源于可再生资源，其卓越的隔热性能有效提高了建筑的能效，同时保证了室内空气质量的安全和健康；生物基油漆将自然植物油和树脂作为主要成分，不含或含有极少量挥发性有机化合物，这对改善室内空气质量和用户的健康状况极为有益。

随着全球对环境可持续发展的日益关注，生物基材料在建筑业的应用日趋广泛，它们不仅用于建筑结构和装饰材料，还广泛用于家具、地板、隔音材料等方面，这展示了其多功能性和适应性。随着生物技术的进步，未来的生物基材料将具有更优异的性能，如更高的强度、更好的耐久性和更低的成本，这将进一步促进其在建筑业中的应用。

（四）适应性材料

适应性材料作为建筑领域的一种创新进展，正重新定义建筑设计和功能的边界，其独特之处在于这些材料能够响应外部环境变化，自动调整性能，这种智能调节不仅大幅提升了建筑的能效，还极大增强了建筑空间的舒适性和功能性。除了提高能效和舒适性，适应性材料还有助于实现建筑的可持续发展目标。通过减少对人工照明和空调系统的依赖，这些材料能显著减少建筑的能源消耗和温室气体排放，为建筑提供更加环保和经济的运营方式。适应性材料的应用还推动了建筑设计理念的创新，使建筑能更好地融入周围环境，与自然环境和谐共生。

适应性材料的应用范围广泛，从温度敏感材料到光敏材料，再到湿度敏感材料，这些材料在建筑领域的应用为环境控制和能源管理提供了前所未有的可能性。例如，温度响应型涂料能在特定温度下改变颜色，反射更多的阳光，从而减少建筑的冷却需求。同样，光敏变色玻璃能自动调节其透明度以应对日照变化，既保护了用户免受强烈光线的干扰，又最大限度地利用了自然光，减少了照明能源消耗。但适应性材料的研发和应用也面临技术和成本方面的挑战，高成本和复杂的安装过程可能限制了其在广泛市场的推广。因此，持续的研究和开发是必要的，以提高这些材料的性能，降低成本，简化安装过程。

（五）低排放材料

低排放材料在提高室内空气质量和保护用户健康方面具有显著的作用，这主要是因为它们在生产和使用过程中释放的有害化学物质远低于传统建筑材料释放的，从而显著降低了室内空气污染的风险。这种材料的诞生为建筑师和设计师提供了更健康的选择，也为用户创造了一个更安全、更舒适的环境。常见的低排放材料包括无毒油漆、环保黏合剂等。

低排放材料的优势不仅体现在它们对人体健康的积极影响上，还体现在对环境的保护上，它们通过减少有害化学物质的使用和排放，可以减少对外界环境的负面影响，这一点恰恰符合可持续发展和环境保护的现代建筑趋势。例如，使用基于水的无毒油漆代替传统的基于溶剂的油漆，不仅可以降低室内空气中挥发性有机化合物的浓度，还可以减少对外界环境的污染。低排放材料的使用还与 LEED 认证等建筑的可持续性认证紧密相关，因为这些认证标准鼓励采用低排放材料，以提升建筑的整体环境性能和用户的健康水平。尽管低排放材料的好处众多，但它们的普及和应用仍面临一些挑战，包括成本、市场认知度以及与传统材料相比的性能差异等问题。

五、绿色建筑材料新产品

（一）高性能混凝土

与传统混凝土相比，高性能混凝土在多个方面展现出显著的优势，其中包括更高的抗压强度、更高的流动性、更高的耐久性和较低的渗透性，这些特性不仅使高性能混凝土能够在减少材料用量的同时保持或提升结构的性能，还能显著降低建筑的整体成本和提高其使用效率。而高性能混凝土之所以具有如此卓越的性能，是因为其独特的配方设计，包括使用高质量的水泥、细骨料、添加剂和掺合料，这些材料的精心选择和比例调整，赋予了高性能混凝土超出传统混凝土的强度和耐久性。高性能混凝土的高强度特性不仅减少了结构的自重，为建筑设计提供了更大的灵活性和空间利用率，还有助于减少工程的用料，从而使高性能混凝土在经济上更可行。高性能混凝土的高流动性使其能够更易于施工，更好地填充模板，有效减少了气孔和缺陷的产生，直接提高了施工质量。而且这种高流动性同样减少了施工过程中对人力和机械设备的依赖，降低了施工资源的消耗，进一步提升了经济效益和环境可持续性。[①]

高性能混凝土的高耐久性和低渗透性使得材料能够有效防止水分、气体和化学物质的渗透，显著延长了结构的使用寿命，这不仅意味着建筑能够更长时间地保持其性能和外观，还意味着减少了维修和更换的需求，从而降低了长期的能源和材料消耗。

（二）天然橡胶材料

与传统建筑材料相比，天然橡胶材料不含任何有害物质，避免了有

---

① 马祥宇.浅析新型建筑材料在土木工程施工中的应用 [J].散装水泥，2022（2）：10-12.

害气体的释放，特别是在封闭的室内空间中，对维护用户尤其是儿童和老年人的健康至关重要，而其也正是凭借这种无毒无害的特性在建筑领域得到了广泛的应用，为创造安全、健康的室内环境提供了优秀的解决方案。除此之外，由橡胶树提取的天然橡胶，得益于橡胶树的周期性产胶特性，具有显著的可再生优势，这不仅意味着天然橡胶的生产对环境的影响相对较小，还意味着其使用减少了对非可再生资源的依赖。同时，天然橡胶材料的回收再利用能力减少了环境污染和资源消耗，体现了环境保护和资源节约的双重价值。

天然橡胶材料在室内环境改善方面的功能除了环保和健康的优点之外，还能有效吸收室内空气中的二氧化碳，减少有害气体含量，从而提高室内空气质量。更重要的是其良好的隔音性能显著降低了室内噪声水平，为用户提供了一个更加安静、舒适的环境。[①]

（三）纳米材料

纳米材料指的是利用纳米颗粒制备成的建筑材料，由于纳米颗粒的尺寸极小，这些材料具有较大的比表面积，这变相增大了热阻，降低了热量的传导速率。这一特性不仅提升了材料的保温效果，还意味着纳米材料在减少建筑能源消耗、降低供暖和制冷成本方面具有显著优势。而且，纳米材料是由天然材料制成的，不含有害物质，其生产过程相比传统材料更加环保，有效减少了对自然资源的消耗和对环境的污染，从而为现代建筑技术带来了新的可能性。纳米材料还具备较长的使用寿命，这不仅降低了材料更换的频率，还降低了长期的维护成本，进一步减少了对环境的影响。更重要的是，纳米材料的高活性和大比表面积使得纳米颗粒能够吸附和分解空气中的有害物质，有效净化室内空气，为用户提供更加健康的环

---

① 张连浩.现代医疗建筑设计中的绿色节能材料的应用 [J].中国建筑金属结构，2023（6）：108-110.

境。同时，这种材料的吸音性能也为减少室内噪声、提升建筑舒适度提供了可能。

（四）泡沫玻璃

泡沫玻璃是一种创新的建筑材料，其核心优势在于发泡结构，这种结构赋予了它极低的导热系数，从而有效阻止了热量的传递。这意味着泡沫玻璃在冬季可以有效地保持室内温暖，而在夏季则能防止外界热量的侵入。相较于传统建筑材料，泡沫玻璃提供了更为优异的保温效果，这使其在现代建筑领域中越来越受到重视。泡沫玻璃的闭孔结构不仅防止了水分的渗透，确保了其长期的稳定性和持久的保温效果，还显著提高了材料的防潮性能，这一特性使得泡沫玻璃在潮湿环境下也能维持性能不变，不受真菌、细菌和昆虫侵蚀，极大地延长了其使用寿命。

在防火性能方面，泡沫玻璃作为一种无机材料，具有较高的熔点和出色的抗火性能，能够在火灾发生时有效地阻止火势的蔓延，其隔热和阻燃能力保护了建筑结构的完整性，为人员的安全撤离提供了宝贵时间，与传统建筑材料相比，泡沫玻璃在这方面展现出无可比拟的优势。泡沫玻璃还具有良好的吸音性能，其发泡结构能够有效吸收室内外的噪声，创造出一个更为安静和舒适的居住和工作环境。

（五）植物纤维材料

植物纤维材料凭借其固有的多孔结构优势，不仅能有效地吸收和隔离声音，减少噪声的传递，还能提高室内环境的舒适度，从而创造一个安静的居住和工作空间。这种隔音性能使得植物纤维材料成为众多公共和私人建筑项目中的首选材料，特别是在需要良好声学环境的图书馆、剧院、会议室以及住宅中。除了卓越的隔音效果，植物纤维材料还具备出色的保温性能，其较低的导热系数意味着可以有效防止热量的散失，这对于提高建筑的能效、减少能源消耗具有重要意义。喷涂在墙面上的植物纤维材料不仅能够在冬季保持室内温暖，也能够在夏季保持凉爽，从而减少对暖气和空调的依赖，实现节能环保的目标。环境可持续性是植物纤维材料的另一个显著优点，这些材料主要由农林剩余物制成，不仅减少了对自然资源的消耗，还有效减少了环境污染，这种循环利用农林剩余物的做法符合可持续发展的理念，为建筑业提供了一种减少废弃物和促进资源再利用的有效途径。

此外，植物纤维材料具有可定制性，通过调整配比和颜色，不仅能满足不同的建筑要求和客户偏好，还能实现丰富的装饰效果，增强了建筑的美观性和艺术性，为建筑师和设计师提供了广阔的创意空间。

第二节　绿色建筑新材料的应用

一、绿色建筑新材料在顶层设计中的应用

在当前建筑业中，绿色建筑新材料的运用成了推动可持续发展战略的重要一环，特别是在顶层设计中，这些材料的应用不仅展现了其机械性能的优越性，更在环境保护方面发挥了重要作用。随着城市化进程的加速，土地资源变得日益紧张，高层建筑如同雨后春笋般迅速增长。这就要求顶层设计不仅要满足建筑技术的需求，还要与城市规划和美学视觉相协调，更要考虑其对生态环境的影响。

（一）选择合理的材料

在当今追求可持续发展的建筑业中，绿色建筑新材料在顶层设计中的应用显得尤为重要，这不仅因为顶层设计往往代表了建筑的视觉高点和技术集成度，更因为其在实现建筑整体节能、环保目标中扮演着关键角色。顶层设计的绿色建筑新材料选择，必须基于对建筑整体功能需求和环境影响的全面考量，以确保所选材料既美观又实用，同时符合绿色环保的

原则。其中，轻质高强度的复合材料因能显著减轻建筑顶部结构的负担，同时能提供良好的结构强度，成为顶层设计中的理想选择，这种材料不仅能适应复杂的顶部形态设计，还能适应不利的气候条件，保证建筑顶层的安全和稳定；具有优异隔热性能的材料可以有效减少建筑的整体能源消耗，实现节能减排的目标，而且这些材料通过减少热量的传递，可以帮助建筑维持恒定的内部温度，从而减少对空调和供暖系统的依赖。

同时，顶层设计的绿色建筑新材料的选择要考虑材料的长期维护和耐久性，尽可能选择维护成本低、耐久性高的材料，这可以在建筑的整个寿命周期中减少资源的消耗，真正实现绿色可持续发展的目标。

（二）与总体布局保持一致

随着城市化进程的加速，土地资源的日益稀缺使得高楼大厦成为城市建设的主要形态，在这样的背景下，顶层设计不仅成为建筑设计的重要组成部分，更在城市的空间布局和天际线塑造中扮演着关键角色。顶层设计的创新和绿色建筑新材料的应用，需紧密结合城市规划的总体要求，以确保建筑不仅在技术上先进、环保，还在视觉和功能上与城市的整体发展战略相协调。这就要求建筑师和工程师深入理解和运用绿色建筑新材料的特性，以满足建筑在美观、环保和功能性方面的需求。例如，利用轻质复合材料或绿色屋顶技术，不仅能提高建筑的能效和环境友好度，还能为城市居民提供更多的绿色空间和休闲场所。这种设计理念的转变，要求设计师具备前瞻性的思维和创新能力，能够预见建筑与城市环境的互动关系，并在设计中加以体现。顶层设计应与城市的总体布局和发展目标保持一致，这不仅意味着顶层结构在视觉上要与周围环境相协调，更要在功能上响应城市的长期需求。例如，在高密度的城市中心区，顶层设计可以考虑增设公共设施，如观景台、绿色休闲空间等，以提升城市的生活质量和公共价值。同时，顶层设计需考虑其对城市微气候的影响，通过合理的设计，如设置遮阳系统、风力发电装置等，为城市的可持续发展贡献力量。

顶层设计的成功不仅体现在建筑本身的技术和美学成就上，更在于其对城市空间的积极贡献上。通过采用绿色建筑新材料和创新设计理念，顶层设计能够为城市带来更多的生态价值和社会价值，成为城市发展中不可或缺的一部分。

（三）采用先进的建筑技术

在当今建筑顶层设计领域，采用先进的建筑技术已成为实现高效、可持续建筑目标的重要途径，特别是在屋顶设计中，通过运用新能源、智能控制、雨水收集与利用等绿色建筑技术，人们可以探索出一套新的节能、节水、运营管理方法，这套方法不仅能提升建筑的能效和舒适性，还能减少对环境的影响，实现节能节水和高效运营管理，进而推动建筑业的绿色转型和可持续发展。新能源技术的应用，尤其是太阳能光伏板的集成，可以将屋顶空间转化为清洁能源的生产基地，这不仅能为建筑本身提供部分或全部所需电力，还能减少对传统能源的依赖和碳排放。同时，结合建筑的智能控制系统，可以实现能源利用效率的最大化，例如，通过智能传感器和控制技术调节室内光照、温度和湿度，可以提升建筑的舒适度。雨水收集与利用系统的引入，不仅可以缓解城市排水系统的压力，还能有效利用雨水资源。通过合理设计的收集、过滤和储存系统，雨水可以用于绿化灌溉、冲厕和清洁等，这大大减少了建筑用水量，实现了水资源的循环利用和节约。采用高效的隔热和保温材料，结合通风和自然光照的最优化设计，可以进一步提高建筑的能效，减少能源消耗。例如，利用轻质高强度的保温材料和高反射率的屋顶表面材料，可以有效降低建筑内部的热负荷和冷暖系统的能耗。

（四）循环利用建筑材料

在当代建筑顶层设计实践中，考虑建筑材料的循环利用已成为实现可持续发展战略的重要组成部分，这一理念的应用不仅体现了对环境保护的承诺，还展示了建筑设计和施工过程中对资源利用效率的深度思考。通过采用可再生或可回收的建筑材料、模块化设计以及整体的拆卸程序等策略，可以最大限度地减少废料产量，从而减少资源消耗，实现建筑材料的最大化循环利用。

可再生或可回收的建筑材料能够在建筑寿命结束后被重新回收或安全处置，从而减少了建筑对新资源的需求和废弃物对环境的潜在污染。例如，使用再生钢材、再生混凝土以及可再生的木材等，不仅能够保障建筑的结构安全，还能有效减少碳足迹。

而模块化设计使得建筑的顶部结构可以在未来需要时进行有效的拆解和重组，这不仅便于未来的维护和升级，也为材料的回收和再利用提供了便利，极大地提高了材料的使用效率和建筑的适应性。

实施整体的拆卸程序是确保建筑材料循环利用的另一个关键措施，精心规划的拆除和回收流程，可以确保建筑材料在拆除过程中的最大化保存，减少损耗，同时促进建筑材料的分类回收和再利用，但想要实现这一点，不仅需要建筑师和工程师在设计阶段考虑拆卸的可行性，还需要施工团队对循环利用原则的深入理解和有效实施。在顶层设计中考虑建筑材料的循环利用，不仅是对环境负责的体现，也是对未来城市建设可持续发展理念的践行，可以减少资源浪费，减少建筑对环境的整体影响，同时为建筑业提供了一种创新和可持续的发展路径，将推动建筑设计向更加绿色、高效和智能的方向发展，为实现绿色建筑和可持续城市提供了坚实的基础。

（五）完善评价体系

在顶层设计中运用绿色建筑新材料，确实需要建立一套完善的评价体系，以确保这些材料不仅能在技术上符合标准，还能在环保和节能方面实现最佳表现。这套评价体系应当涵盖材料的环保性、耐久性、经济性等多个维度，通过科学的评估方法和先进的技术手段，全面审视和优化材料的应用效果。

　　环保性能评价是评价体系的核心，它需要考虑材料在整个寿命周期中对环境的影响，包括原材料采集、生产、使用以及回收利用等各个环节的环境负担。通过评估材料的碳足迹、能源消耗、水资源消耗以及可能产生的污染物，可以确保选用的材料真正达到绿色环保的标准。而耐久性评价关注的是材料在长期使用过程中的稳定性和抗老化能力，耐久性强的材料可以减少因更换或维修造成的资源浪费，延长建筑的使用寿命，从而减少建筑的环境影响。因此，评价体系应包含对材料耐候性、抗腐蚀性和抗疲劳性等方面的测试和分析。除了对材料环保性和耐久性的考虑外，经济性评价考量同样重要，它是材料的成本效益比，包括初期投资、维护保养成本以及可能的节能降耗收益，它能帮助设计者和决策者权衡不同材料的经济性，从而帮助决策者选择既满足环保和技术要求又在经济上最为合理的方案。评价体系还应包含对材料应用效果的持续监测和评估。利用智能传感器、数据分析等技术手段，可以实时监控材料的性能表现，及时发现问题并进行优化调整。这种动态的评估机制能够确保顶层设计在整个使用周期内都保持最佳状态，实现环保、技术和经济的多赢。

二、绿色建筑新材料在施工中的应用

（一）在外部施工中的应用

　　外部施工由于面临的环境条件复杂多变，施工难度相对较大，加之施工周期漫长，因此采用绿色建筑新材料显得尤为重要。绿色建筑新材料不仅能有效提高外部施工质量，优化建筑的外部结构，还在保温、环保等方面相较于传统建筑材料有更为显著的表现，为建筑外墙施工带来了新的可能性。我国地域广阔，自然条件和气候多样，建筑工程在不同地区面临着截然不同的外在条件和要求。因此，施工人员在采用绿色建筑新材料进行外部施工时，必须充分了解并考虑到各地区的差异，以保证材料的合理使用和施工的高效性。例如，在南方高温多雨的气候条件下，最好选择具有良好通风、散热和除湿功能的绿色建筑新材料，这类材料能有效隔绝外界的热量和太阳辐射，降低室内温度，从而达到节能减排的目的，同时能保证室内的舒适度和环境的健康。在外部施工时，采用模块化和预制化的建筑方式能有效缩短施工周期，减少现场作业带来的环境污染。模块化的绿色建筑新材料可在工厂预制成型，并在现场快速组装，这不仅提高了施工效率，还确保了建筑质量。

1. 新型建筑墙体

在现代绿色建筑工程中，墙体材料的选择和应用变得尤为重要，因为它们直接关系到建筑结构的稳定性、环境适应性以及能效表现。相较于传统的水泥和混凝土砌块，新型绿色墙体材料如板材、块状材料等，不仅能够在强度和耐用性上满足建筑要求，更能够在提高废物利用率、增加室内空间和降低材料成本等方面展现出显著优势。例如，通过利用工业和农业废弃物如炉渣、稻草等原料生产新型绿色墙体材料，不仅节约了不可再生资源，还提升了生产效益和环境可持续性。新型绿色墙体材料还能通过纳米技术和稀土技术的融合实现建筑内部的空气净化功能，有效去除室内空气中的有害物质，为用户提供更加健康、清新的环境。从这个角度讲，这些技术的应用不仅提升了墙体材料的附加值，也使绿色建筑工程在促进环境可持续发展的同时，更加贴近人们对健康生活的追求。更重要的是，由于绿色建筑新材料具有更好的隔热和保温性能，在建筑墙体设计和施工中采用绿色建筑新材料，可以有效减少能源消耗，降低建筑的运营成本，从而提高建筑的能效。同时，这类材料的轻质特性能减轻建筑结构的负担，提高建筑的抗震性能，确保建筑的安全稳定。

2. 新型保温隔热层

在现代建筑设计中，保温隔热材料的选择和应用对于提升建筑能效、改善环境以及降低能源消耗具有重要意义，特别是在绿色建筑项目中。此处以纳米气凝胶为例展开阐述，纳米气凝胶作为一种新型保温隔热材料，因其卓越的性能而受到广泛关注。纳米气凝胶以其轻质、低密度、高隔热性能、强阻燃性能以及优异的降噪吸音效果，在建筑保温隔热层中的应用展现出巨大的潜力和优势。

纳米气凝胶的轻质和低密度特性，使其在建筑施工中的运用极为方便，不会增加建筑结构的负担。而纳米气凝胶出色的隔热性能可以有效阻止热量的传递，使其无论是在炎热的夏季还是在寒冷的冬季，都能显著改善室内的温度环境，减少对空调和供暖系统的依赖，从而降低能源消耗和运营成本。纳米气凝胶的强阻燃性能，能有效提高建筑的安全性能，使得在发生火灾等紧急情况时，能为人员撤离赢得宝贵的时间。纳米气凝胶在降噪吸音方面的应用也不容忽视，在城市密集的居住区或是嘈杂的商业区，使用纳米气凝胶作为保温隔热材料，不仅能提高环境的舒适度，还能有效减少噪声污染，为居民创造一个更加宁静的空间。

在具体应用中，将纳米气凝胶应用于房屋窗户或屋面的设计，可以进一步增强建筑的保温隔热效果。例如，采用纳米气凝胶节能窗不仅能调节紫外线，隔离红外射线，还能有效调节室外气压，保证室内温度的舒适性。而在屋面太阳能集热器的应用中，纳米气凝胶的加入可以增强集热器的透光性能和热稳定性，有效转换太阳能为热能，进一步提升能效。

（二）在内部装饰中的应用

在绿色建筑工程中，选择合适的装饰装修材料对于实现建筑的美观性、舒适性及环保性有着不可磨灭的重要影响。

1. 在地面装饰中的应用

在地面装饰方面，施工人员需要选择那些既符合绿色环保设计理念，又满足高舒适度、耐用性和安全性要求的材料，如软石地板和安全玻璃等。软石是一种天然材料，其开采和加工过程对环境的影响相对较小，软石符合绿色建筑对材料寿命周期和环境影响的考量，以其制成的地板，因天然的纹理和色彩，为室内空间增添了一抹自然风采，同时其良好的耐磨性和防滑性确保了地面装饰的耐用性和使用者的安全。安全玻璃具有良好的光线透过性和较强的抗冲击性，不仅能增强室内的自然采光效果，还能保障使用者的安全。同时，安全玻璃的可回收性质符合绿色建筑对资源循环利用的要求。安全玻璃在现代建筑地面装饰中的应用越来越广泛，尤其是在需要采光或创造视觉通透效果的空间设计中。

在选择地面装饰材料时，其对室内空气质量的影响还需被考虑，即尽可能地选择那些排放低挥发性有机化合物的材料，这可以减少对室内空气质量的影响，为使用者创造一个更加健康的环境。采用具有热稳定性和隔音性能的地面装饰材料，不仅能提高建筑的舒适度，还能有效节约能源，降低建筑的运营成本。绿色建筑新材料在建筑地面装饰中的应用，不仅能使建筑地面更美观和实用，还能对环境产生积极影响和为人们健康做出贡献。通过精心选择和应用这些绿色建筑新材料，可以大幅提升建筑的整体环保性能和质量，这符合现代社会对可持续发展和绿色生活的追求。

2. 在吊顶装饰中的应用

在现代绿色建筑设计中，吊顶装饰材料的选择尤为关键，它不仅关系到整体装饰效果的呈现，还直接影响建筑的环保性能和舒适度。软膜天花作为一种绿色建筑新材料，以其防水防火性能高、节能效果显著、安装便捷、隔音效果良好等特点，在绿色建筑工程中受到了广泛欢迎，在吊顶装饰中的应用展现了独特的优势。软膜天花还能够根据室内灯光的亮度变化呈现不同的色彩和效果，极大地丰富了室内装饰的视觉层次，为居住和工作空间提供了多样化的美学体验。

除了软膜天花，哑光面材料和珠光面材料等绿色建筑新材料在吊顶装饰中的应用也日益增多，这些材料不仅具有良好的装饰效果，还能有效减少建筑装修过程中的环境污染。哑光面材料以其柔和的光泽、出色的耐污染性能和易清洁特性，成为现代简约风格设计的首选；而珠光面材料则以其独特的光泽和质感，为室内空间增添了一抹光彩。这些材料都具备良好的环保性能，都排放低挥发性有机化合物。

在选择吊顶装饰材料时，施工人员还需考虑材料的综合性能，如其对室内温度调节的贡献、对室内空气流通的影响以及对声波反射和吸收的能力，这些都直接关系到建筑的节能效果和用户的舒适体验。因此，合理选用具有良好保温隔热性能、优异空气透过性和高效声学调节能力的绿色建筑新材料，对于提升建筑整体的环保性能和节能水平至关重要。

3. 在墙面装饰中的应用

在绿色建筑工程中，墙面装饰材料的选择显得尤为重要，因为这不仅关乎建筑美观性的提升，更直接影响用户的健康和建筑的环保性能。随着人们环保意识的增强和对健康生活的追求，含有高浓度有害物质的传统装饰材料，如普通乳胶漆，逐渐被绿色、无毒害的新型艺术漆所取代。壁纸漆和真石漆是绿色建筑新材料，其在墙面装饰中的广泛应用，不仅展现了建筑业向绿色可持续发展转型的趋势，也为现代建筑装饰提供了更多选择和可能性。

壁纸漆以其多样的色彩和纹理，提供了比传统壁纸更为丰富和灵活的装饰效果，且在环保性能上有了显著提升，它不含有害物质，且易于施工和维护，使得墙面装饰不但美观而且安全。壁纸漆的使用寿命长、不易褪色的特点，可以大大降低维护和更换的频率，从而降低长期使用过程中的环境影响和经济成本。真石漆则以其独特的装饰效果，在模仿天然石材方面具有无可比拟的优势，它不仅能够重现大理石等天然石材的光泽和纹理，还在环保性能上做到了无辐射、无有害物质排放，完全符合绿色建筑的要求。真石漆的耐候性和透气性也非常优秀，它能够有效防止墙体潮湿和霉变，保证室内空气质量，为用户创造一个更加健康舒适的环境。采用这些绿色建筑新材料进行墙面装饰，不仅能够提升建筑的视觉美感，还能实现节能减排和环保目标。建筑师和设计师通过对这些材料的应用能够在保证装饰效果的同时，更加充分地考虑建筑的环境影响和用户的健康需求，以推动建筑业向更加绿色、健康、可持续的方向发展。

第三节　绿色建筑新材料的应用管理

一、我国绿色建筑材料应用面临的难题

我国绿色建筑材料的发展虽然已经迈出了积极的步伐，且成绩斐然，但总体而言，建筑材料行业在绿色建筑和可持续发展的应用上仍旧处于探索和起步阶段，特别是面临的问题多元而复杂，既有产业结构的调整需求，也有技术研发和创新的挑战，更不乏市场认知和接受度的提升需要，这些根深蒂固的问题制约了绿色建筑材料行业的快速发展，亟须通过政策引导、技术革新、标准制定及市场机制的完善等多方面的努力来解决。

（一）技术基础薄弱

我国绿色建筑材料的发展由于起步较晚，加之长期以来科技投入不足、绿色建筑材料领域专业技术人才培养机制尚不完善，多数绿色建筑材料在制备技术和装备方面与国际先进水平存在明显差距，这种技术和人才的双重短板，使得国内绿色建筑材料行业在创新能力、产品性能、生产效率等多个方面难以满足高速发展的需求，真正具有高技术含量和高附加值的绿色建筑材料大多依赖进口。这一现状不仅影响了绿色建筑材料的普及和应用，也限制了我国在全球绿色建筑材料市场中的竞争力和话语权。面对如此挑战，我国亟须加大对绿色建筑材料科研的投入，鼓励和支持企业、高校和科研机构加强合作，共同推进绿色建筑材料关键技术的研发和创新。同时，加快专业技术人才的培养和引进，建立健全绿色建筑材料人

才培养体系，通过提供更多的培训和学习机会提升现有人才的专业技能和创新能力。此外，政府应发挥引导和支持作用，出台更多激励政策，为绿色建筑材料的研发和产业化提供资金支持和市场环境，同时加强国内外技术交流与合作，引进先进的技术和管理经验，以提升我国绿色建筑材料行业的整体水平。通过这些措施，可以逐步缩小与国际先进水平的差距，推动我国绿色建筑材料行业实现技术突破和产业升级，为建筑业的绿色转型和可持续发展贡献力量。

（二）循环利用率低

我国在践行绿色发展的过程中面临着诸多挑战，在绿色建筑材料的应用领域尤其显著，有数据显示，2022 年全国一般工业固体废物产生量高达 41.1 亿 t，而综合利用率约为 57.66%，[①] 这一数据凸显了我国在大宗固体废物综合利用方面的巨大潜力和迫切需求。而《关于"十四五"大宗固体废弃物综合利用的指导意见》对 2025 年大宗固体废弃物综合利用率提出了明确目标，即综合利用率要达到 60%，特别是尾矿、建筑垃圾等综合利用率较低的品种，其可提升空间尤为显著。基于此，我国许多专家对绿色建筑材料应用循环利用率低的难题进行了深入的剖析，最终发现其受到多方面因素的制约，主要有以下三点：第一，尾矿、赤泥等的综合利用技术不成熟、成本较高，这大大增加了材料循环利用难度；第二，专业处理设备与国际领先水平的设备存在较大差距，高技术含量、高附加值的产品基本依赖进口；第三，建筑垃圾的回收和处理体系不健全。这些因素不仅限制了绿色建筑材料的循环利用率，更限制了绿色建筑材料在更广泛领域的应用与推广。

为了解决这些难题，多元化的策略需被采取，如加大研发投入，推

---

① 中华人民共和国生态环境部.2022 年中国生态环境统计年报 [EB/OL].（2023-12-29）[2024-3-24].https://www.mee.gov.cn/hjzl/sthjzk/sthjtjnb/202312/t20231229_1060181.shtml.

动绿色建筑材料处理技术的创新和突破，提升国内绿色建筑材料的核心竞争力。同时，加快绿色建筑材料专业人才的培养和引进，构建全面的人才支撑体系。政府应出台更多激励政策，包括税收优惠、财政补贴、市场准入优先等，以促进固体废弃物的综合利用率提升。更重要的是，建立健全固体废弃物回收和处理体系，提高建筑垃圾等的利用效率，不仅有助于节约资源，还能减少环境污染，推动绿色建筑材料的可持续发展。

（三）行业发展不平衡

我国绿色建筑材料行业的发展呈现出显著的不平衡性，这一现象在企业规模、技术发展以及地域分布上尤为突出，其中中央管理企业和大型骨干企业凭借雄厚的资本和技术基础，建立了较为完善的绿色建筑材料发展体系，包括明确的发展目标、健全的研发基础条件和重点项目的有效开发，这些企业在推动绿色建筑材料技术创新和市场应用方面起到了领军作用，为行业的整体进步做出了显著贡献。相比之下，多数中小型企业在绿色建筑材料领域的发展却缺乏长期的发展规划、专业的研发团队和充足的技术投入，这使得它们在技术创新和市场竞争中处于不利地位，这种情况在一定程度上抑制了绿色建筑材料技术的普及和行业的整体进步，限制了绿色建筑材料在更广泛领域的应用。高科技绿色建筑材料的产业分布也存在明显的地域不平衡性，它们主要集中在省会城市和东南沿海地区，因为这些地区具有较好的经济基础、技术支撑和人才集聚优势，而内陆和西部地区由于经济条件、技术水平和人才支持等方面的限制，绿色建筑材料行业的发展明显滞后，这种区域间的不平衡不仅影响了绿色建筑材料技术的全面推广，也加剧了地区经济发展的不平衡性。

为了解决这些问题，国家需要加大对绿色建筑材料行业的支持，优化政策环境，鼓励技术创新和人才培养，特别是加强对中小型企业的扶持，帮助它们提升技术能力和市场竞争力。同时，加强区域间的交流合作，促进先进的绿色建筑材料技术和管理经验的分享，缩小地区发展差距。通过这些措施，可以推动我国绿色建筑材料行业向更加平衡、健康和可持续的方向发展，为实现绿色建筑和可持续发展目标做出更大贡献。

（四）评价体系不完善

在我国绿色建筑材料应用中，技术标准与工程设计及施工规范之间的衔接问题成了一个突出的矛盾点，这不仅反映了绿色建筑材料技术标准的不成熟，也暴露了我国在推广绿色建筑材料过程中的一些深层次问题。对于同一功能类别的建筑材料，不同部门和地区在标准制定上的差异，导致了其在可靠性、耐久性和可维护性等关键指标上的不一致，甚至出现了直接矛盾的情况，这种现象不仅为设计和施工部门带来了极大的困扰，也严重影响了绿色建筑材料的市场信任度和应用推广。这种不平衡的状况是多方面因素共同作用的结果，但主要因素有以下三种：第一，绿色建筑材料行业的发展速度超过现有技术标准和规范的更新速度，导致新材料、新技术的应用标准滞后；第二，我国广阔的地域和地域之间不同的经济发展水平导致地方政府在标准制定上各行其是，缺乏统一的指导和协调；第三，绿色建筑材料行业内部的技术创新很快，新材料、新技术层出不穷，现有的标准体系难以全面覆盖，这使得标准化工作面临巨大挑战。

为了解决这一问题，国家需要加强对绿色建筑材料技术标准和规范的统一规划和协调，建立和完善绿色建筑材料的国家标准体系，以确保标准的前瞻性、科学性和适用性，为绿色建筑材料的应用提供坚实的技术支撑。同时，推动标准化工作的地方性和国际性协同，通过建立标准共享机制，减少地区间标准的差异，以提高标准的通用性和互操作性。此外，加强绿色建筑材料行业的监管和市场准入机制，确保所有上市的绿色建筑材料均符合国家和地方的相关标准和规范，可以从源头上保障产品的质量和性能。通过这些措施可以有效提高绿色建筑材料技术标准与工程设计和施工规范的衔接性，解决目前存在的不一致和矛盾问题，促进绿色建筑材料行业的健康、均衡和可持续发展，为实现绿色建筑和可持续发展目标提供有力支撑。

（五）市场机制不健全

我国绿色建筑材料行业的发展虽然取得了一定的进展，但在生产和流通过程中缺乏有效的监督机制，导致市场秩序混乱，影响了绿色建筑材料的健康发展。虽然我国出台了一系列的法律法规，为绿色建筑材料的推广和应用提供了基本的框架，但在具体执行过程中力度不足，缺乏严格的监管和惩罚措施，使得部分企业在追求利润最大化的同时忽视了环保标准和产品质量的严格控制。许多企业由于处于产业升级和转型的关键期，过时的生产技术和设备难以满足绿色建筑材料高标准、高性能的生产需求，而软件建设方面，包括管理体系、信息化水平、技术研发能力等方面的不足，使得企业在快速响应市场变化和满足绿色建筑需求方面显得力不从心，这种硬件设施老化和软件建设能力不足的双重挑战使得企业难以为继。行业内部信息交流和技术共享的不足，进一步加剧了市场机制的不完善，特别是缺乏一个统一、开放的绿色建筑材料技术数据库，使得设计和施工部门难以获取到准确、全面的材料信息，影响了绿色建筑材料的有效应用和推广，这种信息孤岛的现象不仅限制了技术创新和知识传播，也阻碍了行业的整体协同和发展。

针对上述问题，加大法律法规的执行力度，建立健全市场监管机制，对违规企业进行严厉的处罚，是规范市场秩序、提升行业整体水平的基础。同时，鼓励和支持企业加大技术改造和创新力度，更新生产设备，提高自动化和信息化水平，可以加强绿色建筑材料的研发和品质控制。此外，建立全行业共享的技术信息平台，促进企业之间、企业与研究机构之间的信息交流和技术合作，是促进绿色建筑材料行业创新发展的重要措施。这些综合措施可以有效地推动我国绿色建筑材料行业的健康发展，促进绿色建筑的广泛应用，实现经济社会的可持续发展目标。

二、绿色建筑中新材料的应用管理

（一）建筑材料选择管理

在绿色建筑的实践中，对绿色建筑新材料的选择进行严格管理是确保建筑项目可持续性的关键，为此，制定并遵循一套绿色建筑新材料选择标准成为项目成功实施的基石。这套标准不仅涵盖建筑材料的寿命周期评估，还包括对建筑材料的综合考量，通过这种全面的评估机制，可以确保所选用的建筑材料在整个寿命周期内对环境的负面影响最小，同时促进资源的高效利用和保护用户的健康。建筑材料选择标准主要包含以下几种。

（1）寿命周期评估。它是衡量建筑材料环保属性的重要工具，通过分析材料获取、生产、运输、使用到最终处置的全过程，从能源消耗、水资源利用、温室气体排放等多个维度评估其对环境的影响，帮助决策者选择那些整体环境影响最小的材料，促进建筑项目的绿色转型。

（2）能效。能效是选择绿色建筑新材料的另一个重要标准，高能效的建筑材料能够减少建筑的能源需求，降低运营成本，同时减少对环境的影响。例如，高绝缘性的建筑材料可以有效降低建筑的供暖和制冷需求，从而减少能源消耗和碳排放。

（3）再生能力。再生能力是评价绿色建筑新材料的关键因素之一，优先选择可再生、可回收或来自可持续管理资源的材料，不仅有助于保护自然资源，减少对生态系统的破坏，还可以促进建筑业的循环经济发展。

（4）对环境和人体健康的影响。绿色建筑对环境和人体健康的影响是建筑材料选择必须考虑的因素，尽可能选择排放低挥发性有机化合物的建筑材料，可以改善室内空气质量，保护用户的健康。同时，材料在生产和处置过程中产生的环境污染也应尽量减少，以减少对周围环境和社区的负面影响。

（二）供应链管理

在绿色建筑项目的实施过程中，对绿色建筑新材料供应链的管理不仅涉及建筑材料的环保性和质量，更关乎整个建筑项目的可持续性和对环境的综合影响。因此，确保建筑材料的供应链环保、高效和可持续，成了绿色建筑新材料应用管理中不可忽视的一环。这就要求设计师和建筑师从原材料的采购到建筑材料的生产制造、运输和施工使用的每一个环节，都必须细致考虑其对环境的影响，以尽可能地减少这些活动对生态系统的负面作用。

原材料的采购是供应链管理的起点，选择那些来源可持续、环境影响小的原材料，是实现绿色建筑目标的基础，这不仅涉及对原材料生产过程中的资源消耗和污染排放的考量，还涉及对生物多样性保护的关注。因此，优先选择具有环保认证的供应商，如森林管理委员会认证的木材供应商，可以确保所用原材料的生态友好性和可追溯性。在建筑材料的生产制造过程中，采用环保和节能的技术和方法也至关重要，通过改进生产工艺，减少能源消耗和废弃物产生，不仅能提高建筑材料的环保性能，还能降低生产成本，实现经济效益和环境效益的双赢。同时，鼓励供应商进行环境管理体系的认证，进一步提升了整个供应链的环境管理水平。在建筑材料的运输环节，选择低碳的运输方式和优化物流路径，是减少建筑材料供应链环境影响的有效措施。通过缩短运输距离、提高装载效率，以及采用清洁能源驱动的运输工具，可以大幅减少运输过程中的碳排放。在建筑材料的施工使用环节，通过有效的现场管理和施工技术，可以减少建筑材料的浪费，提高建筑材料的使用效率，这有助于实现供应链的可持续性。

（三）经济成本分析

在绿色建筑新材料的应用管理过程中，经济成本分析超越了传统的基于初期投资成本的考量，转而基于更全面的视角，评估建筑材料在其整个寿命周期中所带来的经济效益。这包括从建筑材料的采购、运输、安装到长期的使用维护，乃至最终的更换和回收处理等所有环节的成本。这种全面的经济成本分析可以帮助决策者选择那些在全寿命周期内具有最优成本效益的绿色建筑新材料。

虽然绿色建筑新材料的初期采购成本可能高于传统材料，但是它们在使用过程中往往能带来更低的能源费用和维护成本。例如，高效的保温材料虽然在购置时成本较高，但可以显著减少建筑的供暖和制冷需求，从而在整个使用周期内节约大量的能源费用。同样地，采用耐用且维护成本低的建筑材料，虽然初期投资较大，但从长期来看可以降低更换频率和维护成本，从而降低整体的经济成本。对绿色建筑新材料的更换和终端处理成本进行评估，可以进一步降低使用成本。同时优先选择那些可回收的建筑材料，不仅有利于环境保护，也能在建筑材料寿命周期结束时降低处理成本，甚至可能通过建筑材料的回收再利用获得一定的经济回报。例如，使用可循环再生的金属材料和可生物降解的自然材料，可以在不影响建筑功能和美观的前提下，实现建筑材料的可持续利用和经济效益的最大化。

绿色建筑新材料的选择还应考虑其对建筑整体价值的影响，绿色建筑因其更高的能效标准和更好的环境，往往能在房地产市场上获得更高的评价和更好的销售或租赁价格，这种长期的资产增值效应是绿色建筑新材料经济成本分析中不可忽视的一个重要方面。

（四）持续性能监测

在绿色建筑项目中，对所使用绿色建筑新材料的性能进行持续监测和评估是确保建筑长期维持预期环保和能效标准的重要环节，这种持续性能监测不仅关乎建筑的能效和环境影响，更是对建筑质量和使用寿命的长期投资。通过持续性能监测，人们可以及时发现建筑材料性能的任何下降或偏差，从而采取适当的维护或更换措施，以确保建筑整体的性能符合最初的设计标准。

持续性能监测涵盖了建筑材料的多个方面，包括但不限于热性能、气密性能、水密性能、耐久性和环境影响等。例如，通过安装温湿度传感器，可以实时监控建筑内外的温度和湿度变化，评估保温隔热材料的实际工作效果；利用空气质量监测设备，可以评估室内外空气污染物的浓度，确保使用的排放低挥发性有机化合物的建筑材料能有效减少室内空气污染；通过外墙和屋顶的定期检查，可以评估防水和防潮材料的耐久性，保证建筑的干燥和舒适；通过收集和分析建筑运营过程中的能源消耗数据，可以评价节能材料的实际节能效果，以及其对减少温室气体排放的贡献，这些数据不仅有助于优化建筑管理和运营策略，还能为未来的绿色建筑设计提供宝贵的实践经验和数据支持。

实施持续性能监测的关键在于采用先进的监测技术和系统，以及建立完善的数据分析和管理流程，这要求绿色建筑项目的设计和施工团队与运营维护团队之间进行紧密合作，共同为建筑的长期性能和可持续发展目标贡献力量。

（五）废弃物管理

在绿色建筑新材料的应用管理中，废弃物管理是一个至关重要的环节，其目的在于最大限度地减少建筑产生的废弃物对环境的影响，有效的建筑废弃物管理计划不仅强调废弃物的减量化，更重视废弃物的回收再利用，可以推动建筑业向更加可持续的方向发展。废弃物管理具体包括以下内容：

（1）制定建筑废弃物管理计划时，需要从源头上进行控制，优化设计和施工流程，减少建筑材料的浪费。这包括使用精确的计算方法和先进的施工技术来确保材料的有效利用，避免不必要的剩余和废弃。选择可回收的建筑材料也是减少废弃物生成的有效方法。

（2）建筑废弃物的分类回收是实现废弃物资源化的关键步骤。通过对建筑废弃物进行有效的分类，如混凝土、金属、木材和塑料等，可以更容易地将这些材料送往相应的回收和处理设施，实现资源的再利用。例如，回收的混凝土可以作为骨料重新用于建筑项目，而废旧木材可以用于生产复合材料或作为生物质能源。

（3）对于难以回收再利用的建筑废弃物，探索和采用环保的处理方法很重要。这可能包括将一部分废弃物转化为能源的技术，或者开发新的材料回收技术，以减少废弃物的最终填埋量。

（4）提高行业和公众对建筑废弃物管理重要性的认识，是推动废弃物管理计划成功实施的关键。通过教育和宣传，增强建筑业内外对于资源循环利用和环境保护的意识，可以促进更多参与和支持，共同为减少建筑废弃物对环境的影响做出努力。

第七章 绿色建筑节能运行管理

第一节 建筑节能运行管理概述

一、建筑节能运行的背景

根据《绿色建筑评价技术细则》可知，绿色建筑的运营管理在住宅项目中的指标权重虽然比较小，且比在公共建筑项目中的占比小，但这并不意味着只需要在绿色建筑的设计和施工阶段，重点强调和控制节地、节能、节水及节材等指标，而忽视运营管理的重要性。在建筑存在的 50～70 年的寿命周期中，绝大多数能源消耗实际上发生在建筑的运行阶段。中国工程院院士、清华大学建筑节能研究中心主任江亿在 2023 年 4 月 1 日在北京西郊宾馆成功举行的第十九届"清华大学建筑节能学术周"的公开论坛上发布了《中国建筑节能年度发展研究报告 2023》，其中有明确数据显示，2021 年中国建筑总量达到 678 亿 m²，其中城市住宅 305 亿 m²，商品能耗量（除北方采暖外）为 2.78 亿 tce（吨标准煤当量）；农村住宅 226 亿 m²，商品能耗量为 2.32 亿 tce，还有 0.90 亿 tce 的生物质能消耗；公共建筑 147 亿 m²，商品能耗量（除北方采暖外）为 3.86 亿 tce；北方供暖共消耗能源 2.14 亿 tce，商品能耗总量为 11.1 亿 tce，占总能耗的比例约为 21%，且在社会总能耗中的比重正在逐年上升。面对这一现状，如何在确保为用户提供舒适宜人的建筑内外环境的同时，有效降低能源系统的能耗，成为政府、企业、社会各界人士共同关心的问题。

建筑运行能耗指的是建筑在建成后其供暖、空调、电器、照明、热水供应等系统运行过程中每年消耗的能量总量，随着城市化的加速以及经济的快速发展，建筑运行能耗正逐渐超越工业、交通等传统高能耗行业能耗，成为城市发展和产业结构调整过程中的一个关键考量因素。如果这一趋势持续下去，尤其是如果我国按照发达国家的发展模式，追求人均建筑能耗达到发达国家的水平，那么我国的建筑用能可能会消耗全球现有能耗总量的1/4。这样的能耗模式对于促进社会的可持续发展极为不利，不仅会加剧能源资源的紧张，还将对环境造成重大影响，包括加剧温室气体排放和环境污染等问题。因此，寻找和实施有效的能耗降低措施，优化建筑设计，提高建筑材料和设备的能效，以及改进建筑运营管理，成了实现能源节约和环境保护的重要途径。

二、建筑节能运行管理的定义

为了全面了解和改善建筑系统的运行状况及其能耗问题，以探索更有效的节能运行措施和制定相应的规范，中国建筑科学研究院曾启动了一项围绕建筑环境人工控制与改善的地区调研，通过深入调研分析，旨在揭示建筑运行中存在的问题和挑战，探索有效的解决策略，以确保建筑在运行阶段能够达到预期的节能效果，从而实现能源的高效利用和环境的可持续发展。这项研究的开展对于提升建筑节能水平、优化能耗结构，以及促进绿色建筑的发展和实现可持续发展目标具有重要意义。

建筑运行管理是在建筑使用过程中对其进行的管理，是确保建筑节能、减少能耗的重要环节，是建筑节能全过程中实现节能目标的关键，也是降低建筑能耗的最后一步，甚至可以说建筑是否能够实现节能，最终取决于其运行阶段的能效表现是否良好。对建筑来讲，优秀的节能设计和精密的节能施工过程极为重要，但如果运行阶段的管理出现问题，如系统运行混乱、调节控制失常、建筑围护结构损坏、冷桥问题以及冷风渗透等，同样会导致能源的无效消耗，出现所谓的"节能建筑不节能""耗能建筑更耗能"的现象，形成能耗的"黑洞"。这种情况在公共建筑中尤为突出，特别是在大型商场、豪华旅馆、酒店及高档办公楼等大型设施中，其中有50%～60%的能耗是由空调制冷和采暖系统造成的。

根据上述内容可以得出，建筑节能运行管理是一个涵盖建筑全寿命周期的综合管理过程，旨在通过高效、合理地使用能源，减少能耗，提高能源利用效率，同时确保建筑的舒适性和功能性不受影响。建筑节能运行管理是当前社会推进绿色发展、实现可持续发展目标的重要措施之一，其重要性在于通过科学合理的管理手段，显著降低建筑能耗，提高能源利用效率。从广义上讲，建筑节能运行管理涉及国家层面的宏观管理和监管体系建设，即国家通过制定一系列与建筑节能相关的法律法规、标准和政策，建立起一套完整的建筑节能运行的管理制度和监管框架。这不仅包括能耗监测、能源审计、能耗公示等能源监管措施，还涉及对建筑节能运行管理过程的持续调整和优化，以确保在全社会范围内形成节约能源、优化能源结构的良好氛围。通过这种宏观层面的管理和监督，可以促进建筑节能技术的创新和应用，推动建筑业的绿色转型和高质量发展。而从狭义上讲，建筑节能运行管理聚焦于单体建筑层面，注重构建和完善建筑内部的能源管理体系。这包括设立具体的设施设备节能指标、规范技术操作和行为管理流程，以及通过智能化管理系统监控能源使用情况，及时发现能源系统存在的问题并采取有效措施进行改进。单体建筑层面的节能运行管理，不仅要求建筑设计和建造阶段采用高效节能的材料和技术，还要求在建筑的使用和维护过程中，通过合理的操作和维护管理，最大限度地减少能源浪费，提升建筑的整体能源利用效率。无论是从广义上的国家层面，还是从狭义上的单体建筑层面来理解建筑节能运行管理，其最终目的都是降低能耗，减少环境污染，推动经济社会的可持续发展，这不仅需要政府、企业、社会各界的共同努力和配合，还需要利用现代科技手段，如物联网、大数据分析等，提高建筑节能运行管理的智能化和精细化水平，从而实现节能减排目标。

　　建筑节能运行管理过程包括但不限于建筑设计、施工、运营和维护各个阶段，它通过采用先进的技术手段和管理策略，对建筑的能源需求进行精细化管理。在设计阶段，建筑节能运行管理强调采用节能材料、高效能源系统和优化建筑设计，以降低建筑能耗。在施工阶段，建筑节能运行管理则注重施工方法和材料的选择，以确保建筑的节能设计标准得到实施。在运营阶段，建筑节能运行管理强调通过智能化系统监控和控制建筑的能源使用，如 HVAC 系统、照明和其他设备，以实现能源的最优化配置和使用。同时搭配定期的维护和检修，以确保建筑节能运行，维护和检修主要包括对能源系统的定期检查、维护和必要的升级改造，以防止能源浪费。建筑节能运行管理不仅仅是技术问题，还涉及政策制定、经济激励和用户行为等多个方面，需要政府、运营商和使用者等多方面的共同努力和配合。通过有效的建筑节能运行管理，不仅可以显著降低能耗和运营成本，减少环境污染，也可以提高建筑的经济价值和舒适度，这对于推动可持续发展和应对气候变化具有重要意义。

三、建筑节能运行管理的内涵

　　作为建筑节能全过程中的重要环节，建筑节能运行管理不仅是落实建筑节能指标、降低建筑能耗的终端环节，也是实现建筑业可持续发展战略的关键，它要求从设计、建造到运营的每一个环节都紧密结合，以形成一个全面的、系统的节能管理体系。通过科学的管理和技术创新，建筑节能运行管理不仅能够有效降低能耗，减少环境污染，也能够提高建筑的经济价值和社会效益，为构建资源节约型、环境友好型社会贡献力量。建筑节能运行管理的内涵包含以下几部分内容。

（一）节能降耗的核心目标

　　建筑节能运行管理的核心目标是通过一系列切实可行的措施和策略，

实现能源利用效率的最大化，从而显著降低建筑在其寿命周期内的能耗。这一目标的实现，不仅关乎采用更加高效的建筑材料和融入先进的节能技术，还涉及在建筑的日常运营和维护过程中，通过智能化管理系统实现能源的最优化分配和节约。在更广泛的层面上，建筑节能运行管理的推广和实施，对于促进社会整体的能源利用效率提升和可持续发展具有重要意义。它不仅可以帮助减少温室气体排放，缓解全球气候变暖的压力，还能降低能源供应的压力，为经济的绿色低碳发展提供强有力的支撑。因此，实现建筑节能降耗的目标，需要政府、企业和社会各界的共同努力。政策引导、技术创新和公众参与，共同推动了建筑业朝着更加节能高效和环境友好的方向发展。

（二）功能和舒适度的双重需求

在建筑节能运行管理的实践中，在确保建筑足其功能需求的同时，还要保证其舒适度，这是一个至关重要的双重目标，这就要求设计师和建设者在设计和实施节能措施时必须精心平衡两种需求，以确保这些措施既能有效降低能耗，又不会对建筑的舒适性和功能性造成负面影响。例如，在办公楼或住宅中，节能设计需要考虑自然光的最大化利用和室内空气质量的优化，以及恰当的温度控制，这些都是提升建筑舒适度的关键因素。

实现功能和舒适度的双重需求，不仅需要技术的支持和创新，还需要对人的行为和需求有深入的理解和考虑。为了达到这一目标，建筑设计师和工程师需要采用创新的设计理念和先进的技术手段，如采用智能建筑系统来实时监测和调整室内环境，以确保在满足建筑功能需求和节能减排的同时，为用户提供一个健康舒适的空间。同时，用户通过教育性和参与性活动来了解节能的重要性，并通过合理的使用习惯来支持节能目标的实现。因此，建筑节能运行管理是一个综合性的挑战，它要求设计师、工程师、建设者和用户之间紧密合作和共同努力，通过科技和创新手段，实现功能与舒适度的和谐统一，推动建筑业的可持续发展。

（三）能耗的精准测量

在建筑节能运行管理中，能耗的精准测量是实现高效能源管理和优化节能措施的基石。通过引入先进的能耗监测系统和技术，建筑管理者可以对建筑内的能源使用情况进行细致的分区、分类和分项计量，从而实现对能耗的精确掌握。这种精准测量能够揭示建筑内部的能源流动和消耗模式，帮助识别能效较低的区域或系统，这不仅提高了能源使用的透明度，还为制定针对性的节能策略提供了可靠的数据支持，使得节能措施可以更加精细化和个性化，以适应不同区域、不同功能和不同用户的具体需求。例如，通过精细的能耗分析，可以发现某些楼层或房间的照明或暖通系统过度消耗能源，或者某些设备的使用效率较低，进而采取相应的节能改造或优化操作策略。

实现能耗的精准测量，需要部署一系列的传感器、计量设备和智能监控系统，这些技术组件可以实时收集能耗数据，如电力、水、燃气和热能的使用量，然后数据分析平台对这些数据进行处理和分析，生成详细的能耗报告和趋势图。借助这些工具，建筑管理者可以实时监控能源使用情况，及时调整运营策略，以确保能源利用效率的最大化。更重要的是，精准测量还可以帮助建筑管理者和用户了解能源使用的具体成本，增强节能意识，激励他们采取节能行动。

（四）节能改进的持续过程

建筑节能运行管理是一个持续的过程，这个过程从制订切实可行的节能计划开始，涵盖了识别节能潜力、选择合适的节能技术和策略、实施具体的节能措施、检查和评估这些措施的实际效果，体现了对建筑能效提升和可持续发展的长期承诺。这一循环迭代的管理过程还强调了节能工作的动态性和持续性，使人们认识到建筑的能耗状况和环境条件是不断变化的，因此，节能措施需要不断地被评估和优化以适应这些变化。持续的建筑节能运行管理需要建立一套有效的监测和评估机制，这包括使用先进的能耗监测设备、定期进行能效评估和审计。通过这些手段，可以准确地测量和分析能耗数据，识别节能潜力，评估节能措施的效果，从而为制定和调整节能策略提供科学的依据。

四、建筑节能运行管理的准备工作

（一）技术资料归档

为了实现建筑设备系统的节能运行管理，建设者与后期建筑管理者之间的良好技术交接至关重要，这一过程涉及设计资料与施工资料的系统归档管理，以确保所有相关信息得以保留。在建筑设备系统的寿命周期中，从设计、施工、试运转及调试、验收、检测、维修到评定，各阶段的技术资料的完整性和设备良好状态的保持是确保设备系统高效、稳定运行的基础，这些资料不仅是节能运行管理、责任分析、管理评定的重要依据，还对于设备的长期维护、故障排查及未来改进具有不可估量的价值。为了保障技术资料的真实性和准确性，它与设备系统的实际情况的对照核对必须定期进行。必备的技术资料档案：建筑设备系统的设备明细表，主要材料与设备的技术资料和出厂合格证明、进场检验报告，仪器仪表的出厂合格证明及使用说明书，图纸会审记录，设计变更通知书，竣工图，更新改造、维修改造记录，隐蔽部位或内容的检查验收记录，必要的图像资料，设备及各系统的安装与检验记录，管道压力试验记录，单机试运转记录，系统联合试运转与调试记录，以及系统综合能效测试报告等。

随着计算机存储技术的发展，传统的纸质技术资料管理方式在实践中虽然展现了巨大的价值，但面临着资料不齐全、易损坏等问题，严重时甚至会影响建筑设备系统的安全运行和效能评估，因此，将技术资料数字化存储变得越来越可行和必要。数字化技术资料可以通过电子方式进行存储、管理和查询，这大大提高了资料的安全性、完整性和可访问性。而且电子方式存储不仅节省空间，还便于快速检索和分享，极大地提高了管理效率和响应速度。为实现技术资料的有效数字化管理，一套系统化的档案数字化流程应被建立，包括资料的扫描、质量检验、分类存储和定期备份等环节。同时，先进的文档管理系统或资产管理系统被用来支持技术资料的电子化管理，这些系统可以提供强大的数据加密、访问控制、版本控制和审计跟踪功能，以确保技术资料的安全性和完整性。更重要的是培训相关人员掌握数字化技术资料管理的相关技能，确保了他们能有效地使用这些资源。通过实施这些措施，可以确保建筑设备系统的技术资料得到有效的管理和保护，为建筑设备的节能运行、维护保养、故障诊断与改进提供强有力的支持，进而提升建筑设备系统的运行效率和可靠性，为设施管理团队提供准确的技术支持，最终实现建筑的高效能运行和长期可持续发展。

（二）管理制度健全

建筑节能运行管理的核心在于通过健全的管理制度来确保设备的高效运行和能源的合理利用，从而达到节能减排的目标。为此，运行管理部门必须建立一套全面的管理体系，该体系涵盖设备操作规程、常规运行调节方案、机房管理、水质管理等各个方面，以确保在制冷期和供暖期设备能够高效稳定地运行。

首先需要制定详细的岗位责任制、安全卫生制度、运行值班制度、巡回检查制度、维修保养制度和事故报告制度等规章制度，明确每个员工的职责范围，提高运行管理的安全性和有效性，确保设备运行的每一个环节都有明确的操作规程和应急预案，从而最大限度地减少设备故障和安全事故的发生。而用户使用能耗公示、奖惩制度或计量收费制度的建立，可以有效激励用户节能减排，促进资源的合理使用，这不仅有助于提高能源使用的透明度，也增强了用户的节能意识和责任感。

定期检查执行这些规章制度的情况是确保制度有效性的关键，这就要求运行管理部门通过定时或不定时抽查、数据统计和运行技术分析等方式，对操作人员和建筑设备系统状态进行监控，及时发现并纠正异常情况，确保建筑设备系统的稳定运行。同时运行管理部门要对制冷期、供暖期进行年度运行总结和分析，全方位评估建筑设备系统的运行状况、设备的完好程度、能耗状况以及节能改进措施的效果，这不仅为未来的运行管理提供了宝贵的经验和数据支持，也有助于持续改进和提高节能效率。

在设备工作期内，设备供应商提供的技术支持，如实时监控服务、保修服务、售后服务及配件供应等，还需被充分利用，从而保证设备处于良好的运行状态。这需要运行管理部门与供应商建立良好的合作关系，以确保在设备出现问题时能够快速响应和解决。对于清洗、节能、调试和改造等工程项目的实施，运行管理部门还必须确保合同中明确量化了实施结果和有效期限，以确保项目质量和效果、保障建筑节能运行管理取得优异成效。

（三）设备运行管理记录齐全

建筑设备的运行管理记录的全面性不仅是确保设备高效、稳定运行的关键因素，也是日后分析、优化和维护设备性能不可或缺的依据，这些记录包括设备的日常运行数据、巡回检查、事故处理、值班日志、维护保养以及能耗统计等多个方面，对于不间断运行的建筑设备系统，交接班记录是确保运行连续性和安全性的重要组成部分。所有原始记录的填写必须做到详尽、精确且清晰可辨，每项记录都需有填写人的亲笔签名，以证明其真实性和准确性，这符合相关的管理制度和标准。

对于采用计算机集中控制系统的建筑，通过定期的数据打印、汇总和数字化存储，不仅提高了数据管理的效率，还为长期的数据分析提供了便利。维护保养记录、检修记录、运行记录、水质化验报告，以及各类能耗的统计记录，如水、电、气、油、冷量和热量等，都为设备的节能运行提供了数据支持。在技术资料管理方面，设备系统的运行管理措施、控制使用方法、运行说明以及不同工况下的设置等，都应当详细记录并作为技术资料管理，这不仅有助于标准化操作流程，还能为设备运行遇到的特殊情况提供参考和指导。业主可以依托自身的专业技术团队，或是委托设计单位的专业人员、外部专业服务机构来制定和完善这些技术资料，以确保设备运行管理的专业性和科学性。通过这种系统化、专业化的运行管理记录和技术资料管理，建筑设备的运行效率和安全性能得到了有效保障，这不仅有助于降低运行成本，提高能源利用效率，还能在设备发生故障时快速定位问题，有效地进行故障分析和处理。长期而言，这些详尽的记录和管理措施将为建筑设备的持续优化和升级提供坚实的数据支持和技术基础，推动建筑设备管理向着更加智能化、高效化的方向发展。

（四）人员合理分配

1. 管理人员

在建筑节能运行管理中，管理人员不仅是建筑设备系统的日常管理者，更是维护建筑正常使用、实现节能目标的关键。为此，管理人员需具备一系列专业技能和责任意识，以确保建筑设备系统的高效、稳定运行，同时达到节能减排的目的。

管理人员应深入熟悉自己管理的建筑设备系统，具备扎实的节能知识和强烈的节能意识，这不仅要求他们对系统的工作原理和运行状态了如指掌，还要求他们能够识别和利用节能潜力，通过优化操作方式和调整维护策略来降低能耗，他们需要定期检查系统运行情况，分析能耗数据，发现节能改进点，并实施相应的节能措施。管理人员必须根据建筑设备系统的规模、复杂程度以及维护管理的实际工作量来配备必要的专职或兼职技术人员，这就要求管理人员有足够的洞察力和规划能力，能够准确评估建筑设备系统运行管理的人力需求。对管理人员进行专业培训及节能教育可以提升建筑设备系统管理效率和节能效果，主要培训内容包括最新的节能技术、设备操作规范以及维护保养知识。严格的考核机制能够确保每位管理人员合格上岗。运行管理部门还需对管理人员的技能进行定期评估和更新，以确保他们的专业能力能够满足日益增长的节能管理需求。

管理人员在推动建筑节能运行管理的过程中，还需发挥领导作用，形成节能文化，鼓励和引导全体员工参与到节能减排的实践中来，这涉及建立有效的激励机制，认可和奖励节能成效显著的个人和团队，通过正面的反馈和例子激励更多的员工参与节能行动。通过这些措施，管理人员不仅能够确保建筑设备系统的高效、稳定运行，还能够促进建筑的节能减排目标的实现，为可持续发展做出贡献。

2. 用户

在建筑节能运行管理中，用户的日常使用习惯和行为直接影响建筑的能耗水平和节能效果，这就要求用户必须积极参与到建筑节能运行管理中。用户通过遵循一系列旨在减少能源浪费的操作和维护规定，可以确保建筑设备的高效运行。用户需要接受有关节能常识的宣传教育，包括正确的使用、操作和维护建筑设备系统的知识。同时通过定期的培训和宣传，可以增强用户的节能意识，防止或减少不必要的能源浪费行为。例如，合理设定室内温度是节能的重要一环。根据规定，冬季采暖温度为 16 ~ 24 ℃，夏季制冷温度为 22 ~ 28 ℃，这样的温度设定既能保证室内舒适度，又能避免过度消耗能源。进一步，用户在使用房间空调器时应遵守特定的气温条件，在冬季户外干球温度 ≥ 16 ℃，夏季户外干球温度 ≤ 28 ℃ 时禁止开启房间空调器。这一规定旨在鼓励用户在过渡季节利用自然通风调节室内空气和温度，减少空调设备的使用，从而降低能耗。当用户离开房间时应关闭采暖、空调装置和其他电器设备的电源，这一简单行为可以大幅减少不必要的能源浪费。用户的这些节能行为不仅有助于降低能耗，还对减轻环境压力、推动可持续发展目标的实现具有重要意义。因此，每个用户都应成为建筑节能运行管理的积极参与者，通过自身的责任感和行动，共同创造一个更加节能高效的生活和工作环境。

五、绿色建筑节能运行管理面临的问题

（一）重设计，轻管理

在绿色建筑领域，很多项目在设计阶段会采用先进的技术和材料，以期达到高效节能的标准，这种做法的出发点虽好，但实践证明仅凭优秀的设计和高端技术并不能完全保证建筑的长期能效，因为建筑的节能运行管理同样重要，缺乏有效的节能运行管理，即使是设计再完美的建筑，也难以实现其节能目标，甚至会出现能耗超标的现象。这一问题在一些获得LEED认证等绿色建筑认证的项目中表现得尤为明显，这些建筑在设计和建设阶段达到了高标准，但在实际运行中，由于缺乏有效的节能运行管理，其能源利用效率远低于预期的效率，有的甚至不如普通建筑。

造成这一问题的根本原因之一是相关人员和市场对绿色建筑的理解存在偏差，部分业主和开发商认为，一旦建筑设计和建设完成，绿色建筑的标准就自然能够得以维持，对后续的节能运行管理投入不足，忽视了建筑运行阶段节能管理的重要性。而且，管理人员对绿色建筑技术的了解不足，管理能力有限，会导致建筑运行的节能效果不能充分发挥，即便是具备高效节能设备的建筑，也会因操作不当或维护不足而使效果大打折扣。更为严重的是，当前绿色建筑市场的监管和激励机制尚不完善，缺乏对节能运行管理效果的持续监测和评价，导致一些项目在获得初期认证后，便缺乏持续改进能效的动力。在这种情况下，建筑运行阶段的能耗控制和效率优化未能得到应有的重视，影响了绿色建筑整体的节能效果和可持续发展目标。

（二）设计成果转化率低

虽然当前市场上的主流绿色建筑节能技术，如自然采光技术和自动

化控制技术，理论上能够提供显著的节能效果，但这些技术的实际应用效果往往受到多种因素的影响，导致理想与现实之间存在较大差距。这种差距主要来源于设计到施工再到运行管理的各个环节中存在的缺陷和不足，反映出设计成果到实际运行成效的转化率较低问题。

在设计阶段，创新想法和节能方案都是在理想情况下得出的，但在施工过程中由于技术限制、成本控制、时间管理等实际问题，很多设计方案无法完全按照原计划实施，被迫做出调整，这直接影响了设计成果的实现。即使设计和施工阶段能够较好地完成，但由于运行阶段需要对建筑设备系统进行能耗监控、设备维护、用户行为管理等一系列精细化管理，运行管理的不足也可能导致节能效果大打折扣，最终导致建筑的节能潜力无法充分发挥。设计成果的成功转化还依赖一套完善的制度和管理手段，这就需要一系列针对绿色建筑的标准和规范，以确保从设计到施工再到运行的每一个环节都能遵循节能减排的原则，这有助于加强对绿色建筑项目的监督和评估，及时调整和优化运行管理策略，确保设计成果在实际运行中得到有效转化。

（三）专业知识和培训缺乏

绿色建筑的成功涉及多个领域，如建筑的特殊设计、绿色建筑新材料的选择、能源系统的优化以及智能化管理系统的应用等，而想要充分发挥这些领域的具体作用不仅需要深厚的专业知识，还需要丰富的实践经验和对新技术的了解。但是，在当前的实践中，教育和培训体系未能与行业的快速发展同步，导致了专业技术人员的供给不足和现有人员专业能力的不匹配。已经在这些领域工作的专业人员，面对绿色建筑技术的不断进步和更新也会面临着知识更新的挑战，再加上缺乏持续和系统的专业培训机会，这些人员很难掌握最新的节能技术和管理方法，从而影响了节能措施的实施效果。缺乏专业知识和培训的问题还可能导致误解和误用节能技术，不仅不能达到预期的节能效果，甚至可能造成资源的浪费。例如，对建筑材料或节能设备的不当选择和应用，可能会降低建筑的能效，增加长期的运营、维护成本。因此，加强专业知识和技能培训，不仅是提升绿色建筑节能运行管理效果的需要，也是提高行业整体水平和竞争力的关键。

（四）公众意识与参与度不足

当前，尽管绿色建筑和节能减排的概念逐渐被提倡，但公众对于这些概念的理解和认识仍然存在较大差异，这种差异直接影响了公众对于节能措施的接受程度和参与意愿，进而影响了绿色建筑措施的有效推广和实施。在许多情况下，由于缺乏对节能重要性的认识，公众可能不愿采取或支持节能措施，如节能建筑材料的使用、节能设备的安装和日常能耗的管理等。而公众参与度不足不仅减缓了绿色建筑措施的推广速度，也限制了节能效果的最大化。

绿色建筑节能运行管理不仅是技术和设备的问题，更是一个涉及公众参与的综合管理过程，公众的行为和习惯对建筑能耗有着直接的影响，其日常的能源使用习惯、对节能设施的正确操作等，都是影响节能效果的关键因素。因此，增强公众的节能意识和参与度成了推动绿色建筑发展的一大挑战。

（五）技术设备更新维护间断

随着时间的推移，即便绿色建筑最初应用了先进的节能技术和设备，也会因为自然磨损、技术老化或更高效新技术的出现而需要进行定期的维护和更新，但在实际操作中，人们往往对这一环节重视不足，这不仅会导致设备性能逐渐下降，还可能影响整个建筑的节能效果。以节能设备维护为例，缺乏有效的维护计划可能会导致节能设备不能在最佳状态下运行。例如，空调系统若长时间不进行清洁和维护，会导致系统效率下降，能耗增加；照明系统若不及时更换老化的灯具，会增加不必要的能源浪费。

现代社会科技发展迅速，技术的快速发展会导致新的节能技术和设备不断涌现，建筑原来使用的技术和设备可能很快就会过时，在这种情况下，缺乏及时更新的计划意味着错过了进一步提高能效的机会，从而无法最大限度地降低能耗和减少碳排放。

人们之所以不重视维护和更新的计划，主要原因是资金和资源的短缺，高效的节能设备更新往往需要较大的初期投资，这对于部分建筑业主或管理者来说可能是财务负担，尤其是在经济收益不能立即可见的情况下。而且，有效的维护和更新还需要专业的技术支持，这就要求有足够的技术人员和维护人员具备相关的知识和技能，而这一点在实践中也常常难以做到。

第二节　绿色建筑节能运行管理策略

一、绿色建筑节能运行监管体系构建

构建绿色建筑节能运行监管体系是一个系统工程，需要政府部门、行业协会、科研机构、建筑企业和广大用户的共同努力和配合，以提高建筑的节能水平，促进节能减排和可持续发展。

（一）政策和法规框架的构建

在构建绿色建筑节能运行监管体系的过程中，政策和法规框架的构建是提供基础支撑的关键环节，这不仅涉及现有建筑节能法律法规、标准和政策的审视和升级，还包括对未来发展趋势的预测和前瞻性规划。绿色建筑节能运行监管体系的政策和法规框架旨在建立一个全面、高效和灵活的监管环境，以促进建筑业的绿色转型和可持续发展。这一框架的核心在于法律法规的制定，包括对建筑设计、施工、运营和维护全过程中节能减排要求的明确，以及对绿色建筑新材料使用、能源利用效率、室内环境质量和水资源利用等方面的规范。通过法律法规的强制性要求，可以确保所有建筑项目从规划到拆除的每个阶段都能遵循节能减排的原则。标准和政策的制定则更侧重技术和操作层面，这些标准和政策包括绿色建筑认证标准、能效标签制度，以及针对不同建筑类型和地区特性的定制化节能指南，为建筑业提供了具体的执行指南和评价标准。

在实施过程中，必须确保政策和法规框架的动态更新和适应性，以应对技术进步、市场变化和环境挑战带来的新要求，这要求政府部门、行业协会、科研机构和建筑企业之间建立有效的沟通协调机制，并要求它们共同参与政策和法规的评估、修订和完善工作。通过不断优化政策和法规框架，可以为绿色建筑节能运行监管体系的构建提供坚实的法律基础，推动建筑业向更高效、更环保、更可持续的方向发展。

（二）监测和评估系统的构建

构建一个全面的监测和评估系统是绿色建筑节能运行监管体系的核心组成部分，它使得能耗监测、数据分析和评估成为可能，进而确保了建筑在其寿命周期内的能源利用效率最大化。这个系统不仅需要高度的技术集成，还需要对数据分析和处理的深入理解，以便提供准确、实时的能源使用信息，并据此制定有效的节能措施。

能耗监测作为监测和评估系统的基础，要求安装先进的传感器和计量设备，这些设备能够实时收集建筑的能耗数据，这些数据不仅包括总体能耗，还包括各个系统和设备的能耗，如照明系统、空调系统、加热系统等，从而实现了精细化管理。数据分析和评估是监测和评估系统的核心，往往通过采用先进的数据分析软件和算法实现，它们不仅能够对收集到的大量数据进行深入分析，识别能源使用的模式和趋势，发现存在的问题和不足，如不合理的能源分配、过度消耗或设备效率低等问题，还可以将这一过程获得的实际能耗与设计预期或行业标准进行比较，评估建筑的能效表现，并识别节能改进的机会。评估结果是监测和评估系统的最终目标，管理者可以基于评估结果制定具体的节能措施，如调整操作策略、优化设备配置、进行设备维护或更新等。管理者还可以应用评估结果报告证明绿色建筑的能效表现，支持绿色建筑认证申请，同时向各方利益相关者展示节能成果，提升建筑的市场价值和品牌形象。

为了实现这一目标，监测和评估系统需要不断地更新和优化，以适应新的技术发展和市场需求，可以采用物联网技术实现更加智能化和自动化的监测，利用大数据技术和人工智能技术提高数据分析的准确性和效率，以及通过云计算技术实现数据的远程访问和共享，甚至通过跨学科合作和知识共享，集成建筑科学、能源工程、环境科学和信息技术等多个领域的专业知识，共同推进绿色建筑节能运行监管体系的发展。

（三）信息技术的支持

信息技术的应用在绿色建筑节能运行监管体系中起到了革命性的作用，不仅实现了能耗的实时监控和管理，还通过数据分析和智能算法优化了建筑的能源使用，确保了建筑在满足功能和舒适度需求的同时，达到最低的能耗水平，大幅提高了建筑能效和监管的效率。

建筑能源管理系统（BEMS）作为核心的信息技术应用，能够整合和分析来自建筑各个系统和设备的能耗数据，包括照明、空调、供暖、通风以及其他能源消耗设备的使用情况。通过这些数据，BEMS能够实时监测能源使用情况，识别过度消耗或不合理使用的情况，并自动调整设备运行状态或提示管理人员采取措施，以优化能源利用效率。随着物联网技术的发展，建筑节能运行监管体系在信息技术支持方面的能力得到了进一步扩展，因为物联网设备能够在建筑各个角落收集细致的数据，这些数据不仅限于能耗，还包括室内外环境条件、用户行为模式等，为管理控制系统提供了更加丰富和精准的输入，实现了更细致的能源管理和控制。在信息技术支持下，绿色建筑节能运行监管体系还能够实现高级功能，如预测性维护和故障诊断，即通过分析历史数据和实时数据预测设备的维护需求和潜在故障，以提前进行维护或修复，避免因设备效率下降或故障导致的能源浪费。

（四）监管机构与人员的培训

在构建绿色建筑节能运行监管体系中，监管机构与人员培训的重要性不容忽视，它确保了节能政策和标准的有效执行，同时提升了人员对于节能重要性的认识和理解，为绿色建筑节能运行创建了坚实的人文基础。

建立专门的监管机构是确保绿色建筑节能政策和标准有效执行的前提，这些机构不仅负责制定和更新节能标准，还负责监督这些标准的实施情况，以确保所有相关建筑项目都能遵循既定的节能要求。为了实现这一目标，监管机构需要配备专业的技术人员，这些技术人员不仅需要对建筑节能的政策和技术有深入的了解，还需要具备监督和执行这些政策的能力。对于建筑业的从业人员而言，专业的培训则是提升其节能设计、施工、运营和维护能力的关键。这些培训应覆盖绿色建筑设计原则、节能材料和技术、能效评估方法等内容，旨在培养一支既懂技术又懂管理的复合型节能人才队伍。因此，专业人员的培训成了监管机构正常运作的关键，常见的培训包括定期的技术培训、政策解读，以及监管技巧的培训等。与此同时，通过组织节能宣传周、绿色建筑展览、线上线下研讨会等各种形式的宣传教育培训活动，不仅可以极大地增强公众的节能意识和技能，提高公众对节能重要性的认识，还能激发公众参与节能行动的积极性，为建筑节能运行管理贡献力量。

（五）激励和支持措施

在构建绿色建筑节能运行监管体系中，激励和支持措施必不可少。财政补贴、税收优惠、金融支持等措施不仅可以有效地激发市场和个体对绿色建筑节能项目的兴趣和投资意愿，降低绿色建筑实施的经济门槛，还能加速节能技术的普及和应用，进而推动整个建筑业向更加可持续和环保的方向发展。财政补贴措施通常直接针对绿色建筑的设计、建设、运营等各个阶段，提供资金支持，以减轻绿色建筑的初期投资负担，包括对采用节能材料、设备和技术的项目给予一定比例的资金补贴，对获得绿色建筑认证的项目给予奖励，这种直接的经济激励能够显著提高业主和开发商实施绿色建筑措施的积极性。税收优惠措施则通过减免绿色建筑项目的相关税费来提供支持，如对绿色建筑项目的所得税、增值税、企业所得税等给予一定比例的减免，对投资绿色建筑节能改造的企业和个人给予税收抵扣。这种措施不仅减轻了企业和个人的财税负担，也使更多的资金流向绿色建筑和节能改造项目。金融支持措施包括为绿色建筑项目提供低息贷款、信贷优惠、担保支持等金融服务，它为绿色建筑项目的开发和运营提供了必要的资金保障，降低了融资成本，提高了融资效率。政府还可以设立专门的绿色建筑投资基金，吸引私人资本参与绿色建筑的投资和开发，形成政府引导、市场参与的多元化投资机制。

（六）反馈和持续改进机制

一个有效的反馈和持续改进机制是绿色建筑节能运行监管体系成功实施的关键，这种机制不仅能够确保监管体系在初始阶段有效，还能够使其随着时间的推移、技术的发展和政策环境的变化而持续进步和优化。这需要管理人员定期收集、分析反馈信息，并基于这些信息调整和改进监管策略和措施，从而提高整个监管体系的效率和效果。

反馈机制的建立需要从多个层面收集信息，包括但不限于绿色建筑的能效表现、节能技术的应用效果、政策和激励措施的实际影响，以及各参与方的满意度和建议，这些信息可以通过定期的能效评估、满意度调查、专家评审和公众意见收集等多种方式获得。更重要的是，收集的信息应覆盖监管体系的所有关键方面，以确保反馈是全面和有代表性的。而有效的数据分析和处理流程能够确保反馈转化为改进措施，但这意味着需要有专门的团队或系统来负责数据的整理、分析和解读。通过应用先进的数据分析技术和工具，如大数据分析和人工智能算法，可以识别监管体系中存在的问题和不足，以及潜在的改进机会。监管机构基于反馈和数据分析的结果，需要定期进行政策和程序的调整和优化，修订现有的监管标准，调整激励措施，优化监管流程和方法，或引入新的技术和工具。这种调整和优化应该是一个动态的、持续的过程，以灵活应对外部环境和内部管理需求的变化。

为了保证反馈机制的开放性和透明性，监管机构应该定期向公众报告监管体系的执行情况和改进成果，包括成功案例、面临的挑战和未来的改进计划。这种方式不仅可以提高监管体系的透明度和公信力，还能够促进知识和经验的共享，激发更多的人参与和支持。

二、绿色建筑系统智能化运行

（一）智能照明系统

在绿色建筑系统的智能化运行中，智能照明系统通过利用先进的传感器技术来监测室内外的光线条件以及空间的占用状态，确保在需要时提供适量的照明，而在光线充足或无人使用时自动减少或关闭照明，以节约能源。智能照明系统还能通过预设场景或用户自定义设置来满足不同活动的照明需求，如会议室在不同会议类型下的照明需求，家庭环境中的阅读、休息等不同场景的照明需求，进一步提升用户的舒适度和满意度。这种个性化的照明解决方案不仅提高了照明系统的灵活性和适应性，也使得绿色建筑在提供健康和舒适的居住和工作环境方面更加出色。

随着物联网技术的发展，智能照明系统现在可以轻松地与其他家居或建筑自动化系统集成，如安全系统、温控系统等，它们通过中央控制台或智能手机应用进行统一管理。这不仅为用户提供了前所未有的便利性，还大大提高了能效和经济效益，因为系统可以根据实际需求和使用模式进行优化，从而实现更加精细化的能源管理。

（二）智能温控系统

在绿色建筑系统的智能化运行中，智能温控系统是实现能源利用效率最大化的关键技术之一，它通过精密的传感器监测室内外的温度和湿度变化，结合用户预设的舒适度参数，自动调整空调和供暖系统的运行状态，以确保在最低的能耗下提供最佳的室内气候条件。这种系统的智能化不仅体现在能够自动响应环境变化上，还包括能够学习用户的行为模式和偏好，从而预测用户需求并对系统进行相应调整，以进一步优化能源使用。智能温控系统的高级功能还允许它与建筑的其他智能系统，如智能照明系统、建筑能源管理系统（BEMS）以及室内空气质量监控系统等，实现无缝集成，这种集成不仅能使能源管理更加高效，还能为用户提供更加个性化和舒适的环境。例如，智能温控系统可以在检测到房间无人时自动减少热量或冷量的输出，在空气质量较差时增加新风量，确保室内环境的健康和舒适。智能温控系统还支持远程控制功能，使用户可以通过智能手机或其他网络连接的设备，无论身在何处都能调整室内温度设置，这增强了系统的灵活性和便利性，同时使能源利用更加高效，因为用户可以根据实际需要而不是固定的时间表来调整室内温度。此外，智能温控系统通过实时数据分析和云计算技术，能够提供能耗的详细报告和趋势预测，帮助管理人员识别节能改进的机会，这种深入的数据洞察力不仅有助于及时调整策略以减少能源浪费，还能长期规划建筑的能源管理策略，以实现更加可持续的运营模式。

（三）智能窗户和遮阳系统

在绿色建筑系统的智能化运行中，智能窗户和遮阳系统通过高度先进的技术自动调节窗户的透光率以及遮阳设施的状态，使室内光照和温度得以根据季节变化和天气条件进行优化调整。这种自适应调整机制不仅显著提升了居住和工作空间的舒适度，还有效提高了能源利用效率，为实现可持续发展目标贡献了力量。以电致变色窗户为例，它能够在电流的作用下改变其透明度，从而控制进入室内的自然光量和热量。在夏季，智能窗户可以自动变暗，减少热量的进入，从而降低空调系统的负担和能耗；而在冬季，智能窗户可以保持清晰透明，最大限度地利用自然光，以减少供暖需求。而智能遮阳系统能够根据太阳的位置自动调整角度和位置，有效阻挡过量直射光线，同时保证足够的自然光进入，进一步优化室内光环境和温度。

这些系统的智能化不仅体现在自动响应环境变化上，还包括与建筑整体的智能管理系统集成，实现跨系统的协同工作。例如，智能窗户和遮阳系统可以与智能照明系统相结合，确保在自然光充足时减少人工照明的使用，以此达到节能的目的。同时，通过实时监测室内外的温度和光照条件，系统能够做出快速反应，调整窗户和遮阳设施的状态，以维护室内环境的稳定和舒适。智能窗户和遮阳系统的应用还带来了建筑外观和室内视觉环境的改善，该系统通过精心设计不仅功能性更强，还能增强建筑的美观度和现代感，为建筑用户提供更加宜人和健康的居住与工作环境。更重要的是，系统的高度自动化和智能化降低了对人工操作的依赖，提高了管理效率和便捷性。

（四）智能水系统

智能水系统在绿色建筑系统的智能化运行中起着至关重要的作用，通过高度先进的技术监控和水资源的使用管理，它不仅促进了水资源的节约，还提高了整体的水质和水资源利用效率。这种系统包含多个组成部分，如雨水收集与利用系统、智能灌溉系统以及实时水质监测系统，每个部分都针对水资源管理的不同方面进行优化，以实现最大限度的水资源利用效率和可持续性。雨水收集与利用系统能够捕获屋顶和地面的雨水，这些雨水经过过滤和净化处理后可以用于冲厕、灌溉和补充景观水体等，这大幅减少了对城市供水系统的依赖；智能灌溉系统则利用土壤湿度传感器、天气预报数据和植物需水量计算，自动调整灌溉计划和水量，确保植物得到充分且精确的灌溉，同时避免过度用水；实时水质监测系统则通过持续监控水质参数，如 pH 值、浊度、有害化学物质等，确保再利用水和饮用水的安全性，及时发现和处理潜在的水质问题。可以说，通过数据驱动的这种综合性的智能水系统，能够实现水资源的高效管理和优化使用，对于实现建筑的绿色可持续目标至关重要。

智能水系统还包括用户交互界面，它可以使建筑管理者和用户轻松获取水使用数据，了解水资源利用效率，甚至参与到水资源管理中来。智能水系统还可以通过提供详细的水使用报告和分析，帮助用户识别节水潜力，鼓励他们采取更加节水的行为，从而进一步提高整体的水资源利用效率。

（五）智能电网系统

智能电网系统代表了绿色建筑系统智能化运行的一个重要发展方向，它通过整合太阳能板、风力发电等，以及利用先进的智能电网技术，实现了能源的高效生产、存储和消耗。这种系统不仅显著提升了建筑能源的自给自足能力，还优化了能源的使用效率，减少了对传统化石燃料的依赖，从而大大降低了建筑对环境的影响。这一系统允许建筑直接从太阳能和风能中获取电力，而智能电网技术则可以确保这些能源的有效分配和利用。同时该系统通过实时监控能源需求和供应情况，进行动态调整，可以确保能源供应的稳定性和高效性。例如，当太阳能板在晴朗日子产生过剩电力时，多余的电力可以存储起来或反馈到电网中，以供日照不足或需求高峰时使用。同样，风力发电在风力强劲时可以提供额外的电力支持，通过智能调控确保能源的高效利用。智能电网技术还支持需求响应策略，可以在电网负荷过高时自动调整建筑内部的能耗，如降低照明强度或调节空调温度，以减轻电网压力并提高系统的整体能源利用效率。这种互动式的能源管理方式不仅提高了能源利用的灵活性和效率，还降低了能源成本，为建筑的管理者和用户带来经济上的收益。智能电网系统的存在也促进了对先进储能技术的应用，如电池存储系统，这对于平衡可再生能源的间歇性供应和建筑能源需求尤为重要。通过有效的储能解决方案，建筑可以在能源供应充足时存储能源，并在需求增加时使用，从而进一步提高能源利用效率和系统的可靠性。

参考文献

［1］马兴文，张鑫，张龙.建筑能源应用工程与绿色建筑协同发展研究[M].北京：北京工业大学出版社，2019.

［2］宋德萱，朱丹.绿色建筑设计概论[M].武汉：华中科技大学出版社，2022.

［3］胡文斌.教育绿色建筑及工业建筑节能[M].昆明：云南大学出版社，2020.

［4］董孟能.建筑节能管理[M].重庆：重庆大学出版社，2012.

［5］侯立君，贺彬，王静.建筑结构与绿色建筑节能设计研究[M].北京：中国原子能出版社，2020.

［6］王如竹，翟晓强.绿色建筑能源系统[M].上海：上海交通大学出版社，2013.

［7］卢军.建筑节能运行管理[M].重庆：重庆大学出版社，2012.

［8］饶戎.绿色建筑[M].北京：中国计划出版社，2008.

［9］彭琳娜.绿色建造全过程量化实施指南[M].北京：中国建筑工业出版社，2023.

［10］高露，石倩，岳增峰.绿色建筑与节能设计[M].延吉：延边大学出版社，2022.

［11］何伟.浅谈绿色建筑设计思路在设计中的应用[J].石材，2024（1）：34-36.

［12］李莜.浅析建筑设计中绿色建筑设计理念的运用[J].中国建筑装饰装修，2024（1）：94-96.

［13］沈伟锋.论高层建筑设计中绿色建筑设计的运用[J].城市建设理论研究（电子版），2024（1）：86-88.

［14］张联进.基于绿色建筑理念的装配式住宅建筑设计[J].中国建筑金属结

构，2023，22（12）：124-126.

［15］李希杰.绿色建筑设计理念在房屋设计中的应用策略［J］.佛山陶瓷，
2023，33（12）：115-117.

［16］朱皓.浅谈绿色建筑材料与技术在风景园林设计中的应用［J］.佛山陶瓷，
2023，33（12）：182-184.

［17］武涛.被动式超低能耗绿色建筑节能系统与技术研究［J］.大众标准化，
2023（23）：49-51.

［18］王娟.绿色建筑材料在建筑工程中的应用［J］.造纸装备及材料，2023，
52（12）：85-87.

［19］陈伟.绿色建筑理念下建筑设计发展趋势［J］.城市建设理论研究（电子
版），2023（35）：181-183.

［20］韩鲁冀.建筑节能技术与绿色设计策略研究［J］.居舍，2023（35）：88-91.

［21］羊树文.运营管理视角下的绿色建筑节能措施研究［N］.山西科技报，
2023-11-09（B6）.

［22］廖志强.解读：《关于宜春市建筑节能和绿色建筑管理办法》［J］.宜春市
人民政府公报，2022（4）：69-70.

［23］吴景山，孙起.新时期我国建筑节能与绿色建筑立法需求分析与对策研
究［J］.建设科技，2021（19）：12-16.

［24］侯恩哲.加强超高层建筑节能管理，标准层平面利用率不得低于80%，
绿色建筑水平不得低于3星级标准［J］.建筑节能（中英文），2021，49
（9）：165.

［25］李莉芳，沈飞.绿色建筑电气节能设计与能源管理系统可行性研究及解
决方案［J］.现代建筑电气，2021，12（1）：8-12.

［26］刘健.建筑节能与绿色建筑统计信息管理系统设计与应用［J］.信息记录
材料，2020，21（12）：123-124.

［27］张艳云.浅谈绿色建筑的可持续发展［J］.陕西水利，2020（11）：174-175.

［28］任德山，牛吉苹，展召柱.绿色节能建筑施工技术质量控制与管理研究
［J］.居业，2020（8）：134-135.

［29］佚名．黄石市民用建筑节能与绿色建筑管理办法 [J]. 黄石市人民政府公报，2020（8）：14-19.

［30］张弛．绿色节能建筑造价管理及实施要点探索 [J]. 四川水泥，2020（7）：316，318.

［31］董晓亚，李德英，吴景山．我国建筑节能与绿色建筑立法策略研究 [J]. 建筑热能通风空调，2020，39（4）：69-73.

［32］祁兆玉．推进绿色建筑工程管理的关键问题研究 [J]. 居舍，2020（12）：144.

［33］戴欣萌．绿色建筑的运营管理问题剖析及应对策略分析 [J]. 现代物业（中旬刊），2020（4）：34-35.

［34］陈蓉．现代化绿色节能建筑工程造价管理 [J]. 散装水泥，2020（1）：57-58.

［35］赵辉．绿色节能建筑施工管理研究 [J]. 居舍，2019（31）：155.

［36］李靖之．建筑施工管理及绿色建筑施工管理 [J]. 地产，2019（20）：105.

［37］王宏宇．绿色节能建筑的防水技术及生产运营管理 [J]. 节能，2019，38（5）：14-15.

［38］佚名．绿色建筑装饰：中国方案、技术与实践 [J]. 中国建筑装饰装修，2019（3）：96-99.

［39］祝刚，骆煜超．绿色建筑设计理念在建筑设计中的整合与应用：江山市城南邻里中心建设项目绿色之路 [J]. 智能建筑与智慧城市，2024（2）：126-128.

［40］李贵民，张萌萌．绿色建筑设计在高层公共建筑中的应用探析 [J]. 中国建筑装饰装修，2024（3）：69-71.

［41］余宁哲．建筑设计中绿色建筑设计理念的应用 [J]. 中国住宅设施，2024（1）：32-34.

［42］潘艳茹．基于被动式设计策略的夯土建材运用初探 [J]. 中国住宅设施，2024（1）：151-153.

［43］刘昕．探讨建筑设计中绿色设计理念的应用问题 [J]. 居舍，2024（2）：103-106.

［44］秦杰.绿色建筑设计在装配式住宅建筑设计中的应用研究［J］.居舍，
　　　2024（2）：63-66.

［45］李思友，华珊珊.智能化技术在高层建筑绿色建筑设计中的创新应用分
　　　析［J］.佛山陶瓷，2024，34（1）：81-83.

［46］刘毅，李衡，程骁.装配式绿色建筑给排水设计中的优化措施［J］.佛山
　　　陶瓷，2024，34（1）：119-121.

［47］杨东英.绿色建筑技术在建筑设计中的应用与实践［J］.城市建设理论研
　　　究（电子版），2024（2）：59-61.

［48］黄延禄，李政.乡村节能绿色住宅设计方法探讨［J］.价值工程，2024，
　　　43（1）：154-158.

［49］王逸玮.基于绿色建筑理念的洛南第三初级中学设计研究［D］.西安：西
　　　安建筑科技大学，2022.

［50］邵培起.吉林省当代农村住宅绿色建筑设计研究［D］.长春：吉林建筑大
　　　学，2022.

［51］卫伟.空间改造与再利用的绿色建筑设计策略：以巫家坝机场文化广场
　　　既有建筑改造为例［D］.昆明：昆明理工大学，2021.

［52］杨嘉楠.基于绿色建筑理念的夏热冬暖地区公共档案馆设计研究［D］.广
　　　州：广州大学，2021.

［53］徐进.湿热气候区绿色建筑设计对策与方法研究［D］.西安：西安建筑科
　　　技大学，2019.

［54］马如月.基于江南传统智慧的绿色建筑空间设计策略与方法研究［D］.南
　　　京：东南大学，2018.

［55］肖葳.适应性体形绿色建筑设计空间调节的体形策略研究［D］.南京：东
　　　南大学，2018.

［56］张珉.绿色节能建筑施工管理研究［D］.北京：中国科学院大学，2017.

［57］洪辰玥.地下公共空间绿色建筑设计理论及方法研究［D］.成都：西南交
　　　通大学，2018.

［58］陈杰.重庆市建筑节能管理制度的实施效果评估研究［D］.重庆：重庆大

学，2016.

［59］唐中义.绿色建筑设计方案的综合评价研究[D].西安：长安大学，2014.

［60］李义.基于绿色建筑理念的夏热冬冷地区小型公共建筑节能设计实践[D].株洲：湖南工业大学，2013.

［61］陈志兴.国内外大型公共建筑节能管理模式研究及对上海的启示[D].上海：复旦大学，2011.